Amazon Bedrock 超入門

Tuyano SYODA
掌田津耶乃 著

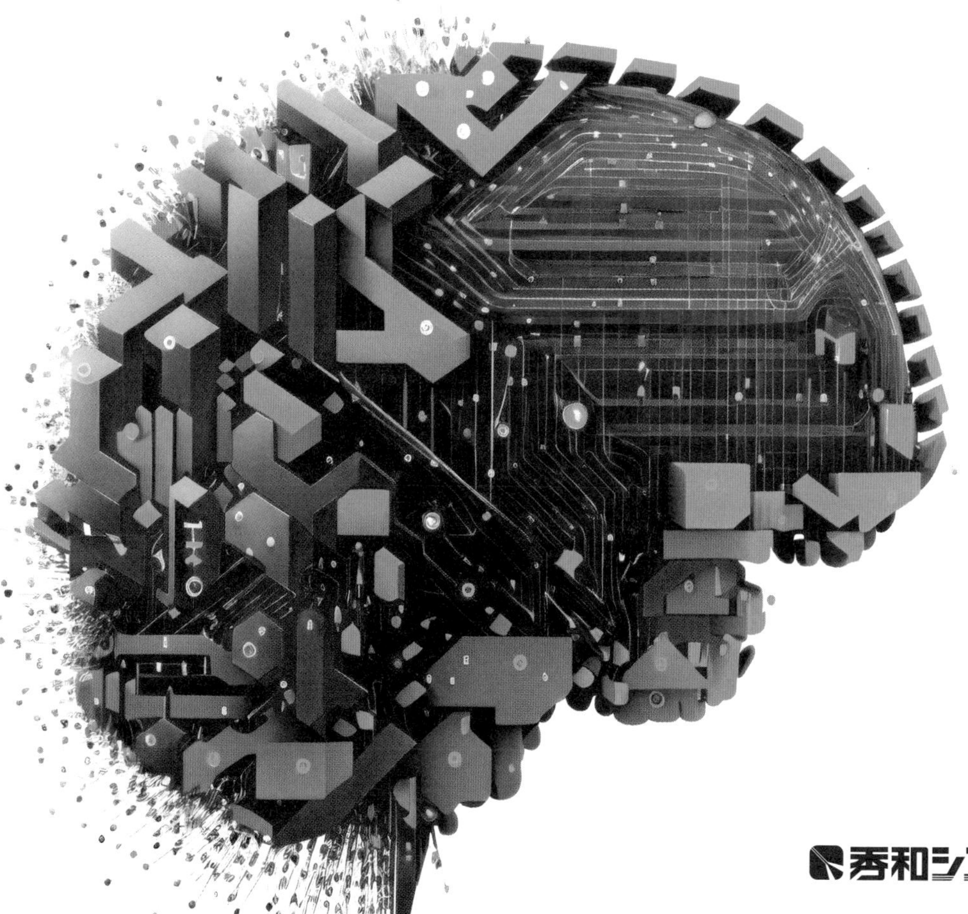

秀和システム

サンプルのダウンロードについて

サンプルファイルは秀和システムのWebページからダウンロードできます。

●サンプル・ダウンロードページURL

http://www.shuwasystem.co.jp/support/7980html/7192.html

ページにアクセスしたら、下記のダウンロードボタンをクリックしてください。ダウンロードが始まります。

ダウンロード

はじめに

クラウドの巨人Amazonが、遂にAIへと動き出した！

2023年から2024年にかけてのAIの世界は、実に激動の毎日でした。そんな中、Amazonは2023年秋、新たなAIサービス「Amazon Bedrock」をリリースしました。

このBedrockは、非常に野心的なAIサービスです。Bedrockでは、Amazonが密かに開発していた完全オリジナルAIモデル「Titan」を正式に公開しただけでなく、ChatGPTやBardなどに匹敵する高品質なAIチャットを開発する企業と提携し、Jurassic-2、Claude、Cohere/Commandといった一流のAIモデルをもBedrockで利用可能としました。

そこで「最先端のAIモデルをいろいろ試して開発を始めたい！」と考える人のために、Bedrockの入門書を用意しました。

本書ではBerockで提供されてるモデルの管理やプレイグラウンドの利用、またAWSにあるAIモデル開発環境「Sage Maker」のノートブックを使った開発について説明します。また、Google Colaboratoryを利用し、Bedrockが提供する各種AIモデルを利用したコーディングについて説明します。更には、さまざまな環境からのAI利用を可能とするため、LangChainによるBedrockのAIモデル利用や、curlによるコマンドラインからのBedrockアクセス等まで説明します。

ただし、これらを理解するためには、ある程度の基礎知識が必要です。本書は以下のような人を読者対象として想定しています。まずはこれらの条件を確認の上、本書を購入するか考えて下さい。

- **Pythonという言語を一通り使える人。本書ではPythonの使い方などは特に説明をしません。Pythonそのものに関する問題を自力で解決できる人を対象としています。**
- **AWSの基本的な使い方がわかっている人。本書ではAWSのアカウント作成から説明をしていますが、全くの知識がない人は理解が難しいでしょう。**
- **「AIを利用するためにはある程度の費用がかかるのは構わない」と考える人。タダでAIを使いたいという人は、Bedrockは使えません。**

AIの世界は、既に「１つでいいから使えるAIモデルがあればいい」という黎明期を過ぎ、「いくつもの最先端モデルを使いこなしていく」という時代に入っています。Bedrockは、乱立するAIモデルをすべて同じ方式で利用できるようにします。Bedrockで、「さまざまな大規模モデルに自由にアクセスする」醍醐味をどうぞ体験して下さい。

2024.01　掌田津耶乃

Contents

目次

Chapter 1

Amazon Bedrockを開始する

Amazon Bedrockは、Amazon Web Services（AWS）のサービスです。まずはAWSにアカウント登録し、Bedrockを使えるようにしましょう。そして用意されている主な機能の概要を頭に入れておきましょう。

Section 1-1 Bedrockの準備

生成AIモデルの現状

OpenAIによるChatGPTの登場以降、AIの世界は急速に変化しました。それまでのAIは「機械学習」という、専門家以外には具体的な使い方もわからないような難しげな仕組みで動いていましたが、生成AIの登場により、AIはぐっと身近な存在となりました。生成AIは、利用するのに専門的な知識は一切必要ありません。誰でもチャットから質問するだけでAIを利用できるようになったのです。

ChatGPTに代表される生成AIは、それまでのAIモデルと大きく異なる点があります。それは、現在の生成AIのモデルは「事前学習済みモデル」である、という点です。

事前学習済みモデルとは？

それ以前のAIモデルは、自分で学習データを用意してAIモデルを訓練し、それによってさまざまな情報の予測を行わせる、というものでした。どのようなデータを用意し、どのような仕組みを使って訓練するか、それによってモデルの内容や応答の結果が変わるようになっていました。

データを元に訓練しますから、そのAIモデルでは訓練したデータに関連することしかわかりません。非常に限定された形でのみ働くAIだったのです。データの作成には膨大な労力がかかり、またそれらのデータを使って学習させるのにも長い時間がかかりました。AIは、技術と時間と労力のある人しか試すことのできないものだった、といえるでしょう。

大規模言語モデル

しかし現在のChatGPTなどのAIモデルでは、こうした作業は不要です。これらは事前に学習が行われており、利用者が自分でモデルを訓練する必要はありません。ChatGPTなどの生成AIモデルは「大規模言語モデル（Large Language Model、略称LLM）」と呼ばれ、膨大な自然言語によるデータを学習済みです。これにより、どんな質問をしても大抵のことには答えてくれるAIモデルが登場することとなったのです。

こうしたLLMは、ChatGPTだけではありません。ChatGPT（正確には、このサービスで使われているGPT-3.5/GPT-4といったAIモデル）は確かに大きなインパクトを与えましたが、だからといってそれまでAIを研究してきたその他のIT企業が指を咥えて見ているわけがありません。

この1年ほどの間に、ChatGPTのようなAIサービスを提供する企業が次々と登場しました。その多くが、自前でAIモデルを開発してサービスに利用しています。「生成AI = ChatGPT」という時代はあっという間に過ぎ去り、この分野はまさに群雄割拠の時代を迎えたのです。

自由に使えるさまざまなAIモデル

これだけ多彩なAIモデルが登場し、それらを利用したサービスが展開されるようになると、開発に携わる人は誰しもこう考えるはずです。「自分のプログラムに、このAIの機能を組み込めないだろうか」と。

生成AIのサービスを展開している機能の多くが、自社製の生成AIモデルを開発し利用しています。こうしたところでは、「自分たちが作ったAIモデルは自社の財産だ。絶対他人に使わせるものか」と考えているに違いない、なんて思っていませんか？

実は、全く違うのです。生成AIモデルを開発しているところの多くが、実は「誰でも自分のプログラムから利用できる」ようにするための仕組みを用意しています。これは無償から有償まで、また単にアクセスするAPIをリリースしているだけのところからさまざまなAIプラットフォームにモデルを提供しているところまで、対応の仕方は千差万別です。しかし、ほとんどのところが「自分たちの作ったAIモデルをみんな使ってほしい」と願っているのです。

AIモデルは、猛烈な勢いで作成されています。ちょっと気を抜いていると、あっという間にその中に埋もれてしまい、忘れ去られてしまうかもしれません。少しでも多くの人に知ってもらい、使ってもらう。そして「このAIモデルはかなりいいぞ」ということになれば、着実にシェアの拡大につながります。

こうして、実に膨大な数のAIモデルが「誰でも使える」状態で公開されるようになったのです。アカウントの登録や利用のためのAPIキーの取得などが必要なものもありますが、ほとんどのモデルは誰でも利用できるような形で公開されているのです。

AIプラットフォームの登場

しかし、「膨大な数のAIモデルがある」といわれても、どうやってそれを探して使えばいいんでしょうか。おそらく1つ1つのモデルごとに利用の仕方やAPIの仕様などは異なるはずです。それらをいちいち調べて学習していかなければいけないとしたら、大抵の人は二の足を踏むことでしょう。

現在、公開されている多数のAIモデルはあちこちに点在しており、それぞれ微妙に扱いが異なります。ならば、こうしたAIモデルを集め、まとめて管理し、誰でも必要に応じて使えるようなサービスを作れば、大勢が利用するようになるんじゃないか。

こうして、さまざまなAIモデルが利用できるプラットフォームとなるサービスが登場するようになりました。中でも、もっとも注目されているのが、Microsoft, Google, Amazonといった巨大IT企業が提供するAIプラットフォームです。

Azure AI

Microsoftのクラウドプラットフォームである Azureのサービスとして提供されています。ChatGPTの開発元であるOpenAIのモデルを利用する「Azure OpenAI」や、その他の多くのAIモデルをまとめて扱える「Azure AI Studio」など多数のサービスが用意されています。

Google VertexAI

Googleが提供するクラウドプラットフォーム「Google Cloud」のサービスです。Googleが開発する生成AIモデル「PaLM 2」や、次世代マルチモーダルとして話題の「Gemini」を筆頭に、オープンソースのAIモデルなどを多数揃えています。また用意されているAIモデルを使ってカスタマイズしたチャットや検索機能をノーコードで作成するツールなども公開されています。

Amazon Bedrock

Amazonのクラウドプラットフォーム「Amazon Web Services (AWS)」のサービスです。Amazonが開発する生成AIモデル「Titan」の他、メジャーなAIモデルをいくつも用意して押し、それらを利用した開発が行えます。またAIのモデルを利用した開発のためのプラットフォーム「SageMaker」なども用意されており、Bedrockと連携して開発を行えます。

これらの共通した特徴は、「その場でAIモデルを実際に操作できるツールが用意されている」という点が挙げられるでしょう。また、自社開発のモデルだけでなく、それ以外のAIモデルの利用まで行えるところは上記の3大プラットフォーム以外にはほとんど見られないのではないでしょうか。

生成AIのモデルを開発し、独自のチャットサービスを展開しているIT企業は他にも多数ありますが、こうした統合的なプラットフォームを提供しているところはほとんどないのです。これからAIについて学習したり開発を始めたいと考えているのなら、これら3大プラットフォームを利用するのが最良の選択といっていいでしょう。

Bedrockとは？

本書では、この中の「Amazon Bedrock (以下、Bedrockと略)」について解説していきます。3大プラットフォームはそれぞれに特徴がありますが、Bedrockはどのようなものなのでしょうか。その特徴を整理しましょう。

自社開発のAIモデルを持っている

意外に思うかもしれませんが、こうしたクラウドプラットフォームの中で、自社で一から開発した大規模言語モデル(LLM)を持っているのは、GoogleとAmazonだけです。Microsoftは、提携するOpenAIのAIモデルをAzureで提供していますが、自社でLLMは持っていません。

自社が開発するAIモデルを持っているということは、少なくとも生成AIについて高度な技術を持っているということであり、また他社のAIモデル開発企業の影響を受けずに安定したサービスを提供できるということになります。

例えばOpenAIの開発するGPT-3.5/4を利用したサービスを展開している企業はMicrosoft以外にも多数ありますが、これらはOpenAIの経営方針に大きく影響を受けます。自社製のモデルを(もちろん、他のAIモデルと対等に戦える高品質のモデルを)持っていれば、こうした心配はありません。また今後のAIモデルの開発方針もすべて自社で決めることができます。

高品質のAIモデルを提供

Bedrockは、自社製モデル以外にもいくつかのメジャーな生成AIモデルを提供しています。どのようなものが用意されているのか、ここで簡単にまとめておきましょう。

●Amazon/Titan

Amazonが開発する大規模言語モデルが「Titan」シリーズです。このTitanには3種類のモデルが用意されています。1つ目がテキスト生成モデルで、「Titan Text G1-Lite」「Titan Text G1-Express」の2つがあります。Liteが軽量版で、Expressがメインのモデルと考えていいでしょう。

2つ目はEmbedding（埋め込み）モデルと呼ばれるもので、「Titan Embeddings G1-Text」「Titan Multimodal Embeddings G1」というものです。埋め込みモデルは、テキストをベクトルデータに変換するもので、セマンティック検索(意味的検索)などの用途に使われるものです。いわゆる「テキスト生成AIモデル」とは少し違うものと考えてください。

残る1つは、イメージを生成するモデルです。これには「Titan Image Generator G1」というものが用意されています。テキストからイメージを生成したり、イメージから別のイメージを作ったりできます。

Titanは、Amazonが総力を挙げて開発に取り組んでいるモデルですが、2023年12月にようやくリリースされたばかりで情報があまり多くありません。また現時点では日本語に未対応なのが残念です。どの程度の実力があるのか、これから検証されていくことになるでしょう。

●AI21 Labs/Jurassic-2

AI21 Labsは、イスラエルを拠点とするAIのスタートアップです。自然言語処理を専門としており、大規模言語モデルの開発に取り組んでいます。

「Jurassic-2」は、2022年に発表された生成AIモデルです。パラメータ数の違いによりいくつかのモデルが用意されており、Bedrockでは「Jurassic-2 Ultra」「Jurassic-2 Mid」の2つが利用可能です。このJurassic-2は商用APIとして公開されていますが、研究学習目的であれば無料で利用することができます。

Jurassic-2の対応言語は欧米の主要なものだけで、日本語は正式対応していません。ただし、簡単な受け答えぐらいはできるようです。

●Anthropic/Claude

Anthropicは、OpenAIから独立したメンバーによって作られた企業です。このAnthropicが提供する「Claude」は、現在、もっとも高品質の応答をするといわれているGPT-4に近い(場合によってはそれ以上の)クオリティを持つといわれています。2023年11月には最新版として2.1がリリースされています。

AnthropicはGoogleなど大手企業が投資しており、トップを独走するOpenAIを猛追しているところです。クオリティ的には、Bedrockにあるモデルの中でもっとも高品質なモデルといえるでしょう。また、ClaudeはBedrockに用意されているモデルの中で日本語に正式対応している唯一のモデルでもあります。

●Cohere/Command

Cohereはカナダに拠点を置くAIスタートアップです。GoogleのAI開発部門であるGoogle Brainで機械学習アーキテクチャの「トランスフォーマー」という技術を開発したメンバーが独立して作った会社です。トランスフォーマーは現在の生成AIの基礎技術となるものであり、その技術を作ったメンバーが新たに作った企業がCohereなのです。

ここが開発する「Command」は、特にエンタープライズ市場で広く支持されているモデルです。チャットボットやセマンティック検索のためのツールなどが用意されており、企業で導入しやすい環境を整えています。

Cohereは現在、Oracle社などと提携し、エンタープライズ分野で広く利用が広がっています。一般ユーザー向けのサービスには力を入れてないため、あまり知られていませんが、AIの分野では非常に注目されている企業の1つです。

●Meta/Llama 2

FacebookやInstagramを提供するMeta(旧Facebook)が開発するAIモデルが「Llama 2」です。このLlama 2の最大の特徴は「オープンソースモデル」である、という点でしょう。多くのAIモデルが内容を公開していないクローズドモデルであるのに対し、Llama 2はすべてを公開しており、誰でも自由に利用できます。また性能もGPT-3.5を超えると言われています。

現在、商用の生成AIに匹敵する高品質の応答が可能なオープンソースの生成AIモデルは、Llama 2しかないといっていいでしょう。そのため、生成AIの研究開発などの分野で急速に利用が広がっています。現在、新たなテキスト生成AIが猛烈な勢いで誕生していますが、その大半はLlama 2をベースに開発されています。

●Stability AI/Stable Diffusion XL

Stability AIは、英国のスタートアップ企業です。Stable Diffusionというのはディープラーニングのモデルで、Stability AIを中心としたチームで開発されました。「Stable Diffusion XL」は、その最新版となる生成AIモデルです。

これは、Bedrockで提供されているAIモデルの中で数少ない「イメージ生成」を行うためのものです。イメージ生成を行えるモデルは、Stability AI以外にはTitan Image Generator G1があるだけです。

またStable Diffusionはオープンソースであり、このXLもオープンソースとして公開されていて誰もが利用可能です。イメージ生成AIモデルのほとんどが非公開である中、オープンソースであり、ホームユースのコンピュータでも実行可能なStable Diffusionは、イメージ生成AIの勢力図を一気に塗り替える存在となっています。

Bedrockの特徴は「メジャーモデル」の対応

Bedrock対応モデルの特徴は「メジャーなAIモデルがいくつもサポートされている」という点でしょう。Google CloudやAzureでも多くのモデルが用意されていますが、そのほとんどはオープンソースであったり、研究目的で作られて公開されているものであり、商業レベルの高品質なモデルは実質的に自社の開発するモデルだけしかありません。

が、Bedrockは違います。他のプラットフォームでは使えない高品質のモデルばかりが揃っているのです。中でもAnthropicの開発するClaudeは、現在、もっとも優秀なLLMとしてGPT-4と並び評価されているモデルです。2023年11月にリリースされたClaude 2.1はGPT-4を凌駕するとの評価もあります。このClaudeが利用できるプラットフォームは、今のところBedrockだけです。

また、イスラエルのAL21 LabsによるJurrasic-2や、CohereのCommandなど、市場で既に広く利用されているAIモデルが利用できるのも大きいでしょう。3大プラットフォームの中で、Bedrockはもっともクオリティの高いAIモデルを揃えているといえるでしょう。

SageMakerとの連携

AWSには、それ以前より「SageMaker」というサービスが提供されていました。これは機械学習のためのもので、さまざまなモデルの訓練やデプロイなどを行います。また専用のStudioと呼ばれるUIツールも用意されており、データサイエンティストなどが効率的に機械学習を利用できるようになっています。

Bedrockは、このSageMakerと連携しており、SageMakerに用意されている「Jump Start」という機能からBedrockのAIモデルを利用するノートブックを自動生成し、その場でコードを実行し試すことができるようになっています。またSageMakerにはJupyterによるノートブックも用意されており、これを利用してコードをオンラインで実行することも可能です。

（ただし、SageMakerは本格的に機械学習を研究する人のためのサービスですので、利用コストなども高く、個人が学習目的で使うには少々敷居が高いでしょう。本書では、SageMakerについては、ノートブックという比較的手軽に扱える機能だけ取り上げます）

AWSを開始する

では、実際にBedrockを利用できるように準備をしましょう。Bedrockを使うには、まずAWSのアカウントを作成する必要があります。まだアカウントを持っていない人は、以下のURLにアクセスしてください。

```
https://aws.amazon.com/jp/
```

図 1-1　AWSのWebサイトにアクセスする。

このページの右上に「コンソールにサインイン」というボタンがあります。これをクリックしてください。AWSのサインインのページに移動します。既にアカウントがある場合は、ここでアカウントとパスワードを入力してサインインします。

まだアカウントを持っていない場合は、「新しいAWSアカウントの作成」ボタンをクリックし、以下の手順でアカウント登録をしましょう。

(※なお、Webベースのサービスのため、表示や細かな手順などは随時変更される場合があります。その場合も、全体的な入力情報や必要な作業などは大きく変わらないので、全体の流れを頭に入れて対応してください)

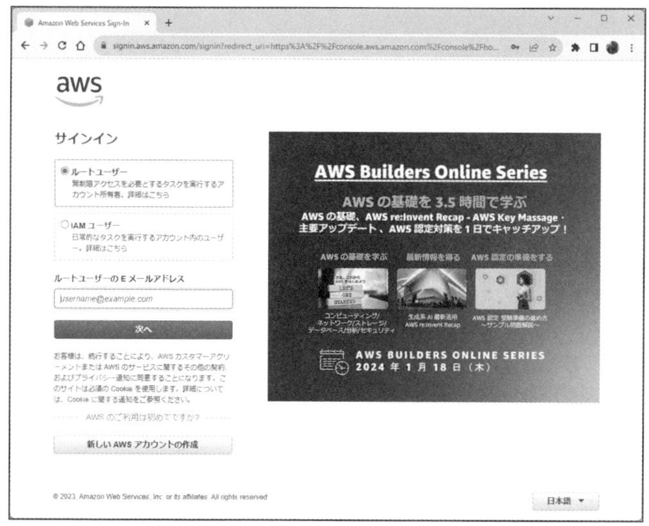

図 1-2　サインイン画面。ここから新しいアカウントを作成できる。

●1. ルートユーザーのEメールアドレス

アカウントの登録は、「ルートユーザー」と呼ばれるユーザーの登録から行います。ルートユーザーというのは、実際にアカウント登録する本人のことだと考えてください。ここで登録するユーザーのメールアドレスとアカウント名を記入します。

図 1-3　メールアドレスとアカウント名を入力する。

●2. Eメールアドレスによる本人認証確認

入力したメールアドレス宛に認証コードが送信されます。それをコピーし、「確認コード」の欄にペーストしてメールアドレスの確認を行います。

図 1-4　送信されてきたコードを入力する。

●3. パスワードの作成

ルートユーザーのパスワードを設定します。2つのフィールドに同じパスワードを記入してください。そしてセキュリティチェックに表示された英数字を正しく入力して次に進みます。

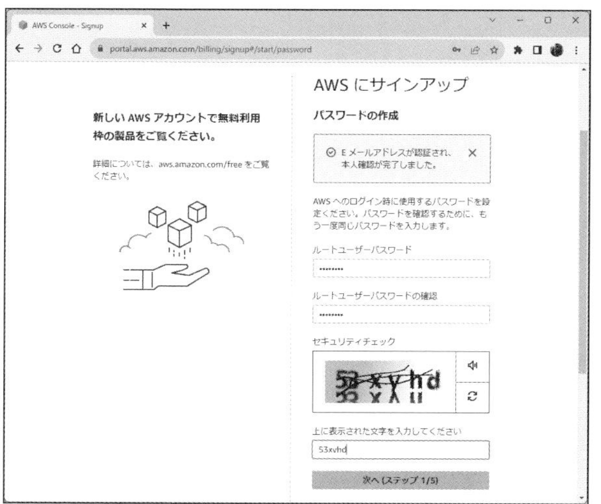

図 1-5　パスワードとセキュリティチェックの文字を入力する。

●4. 連絡先情報

ユーザーの名前・電話番号・住所・郵便番号といったものを記入します。一番下の「AWSカスタマーアグリーメント」のチェックをONにして次に進みます。

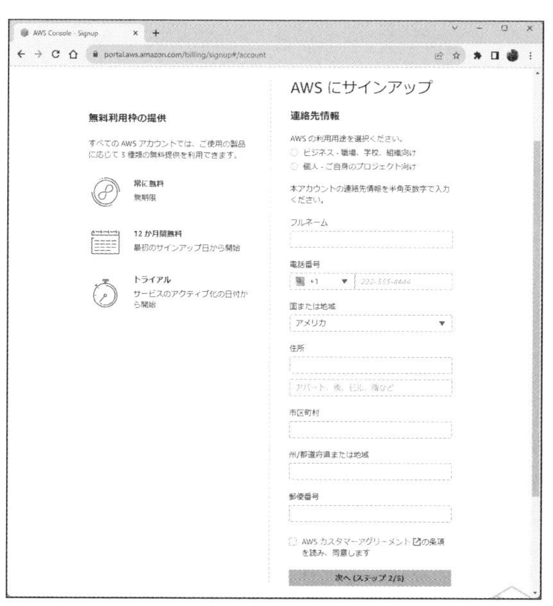

図 1-6　連絡先の情報を記入します。

●5. 請求情報

料金の支払いに関する情報を入力します。支払いに使うクレジットカード情報と請求先の住所を指定します。これが連絡先と同じならば再度入力する必要はありません。

図 1-7　クレジットカードと請求先の住所を指定する。

●6. 本人確認(1)

本人確認のための携帯電話番号とセキュリティチェックの英数字を記入します。そのまま次に進むと、入力した番号に認証コードが送られます。

図 1-8　携帯電話の番号とセキュリティチェックの文字を入力する。

●7. 本人確認(2)

認証コードが届いたら、それを「コードを検証」欄に記入し、次に進みます。これで本人確認ができたらサインアップの準備が完了です。

図 1-9　認証コードを入力する。

●8. サポートプランを選択

最後に、サポートプランを選択します。これは、利用しながら別のプランに変更することもできるので、最初は「ベーシックサポート - 無料」を選んでおきましょう。これを選んでおけば、サポート費用は発生しません。

図 1-10　サポートプランは「ベーシックサポート - 無料」を選んでおく。

これですべて完了です。AWSのアカウントが作成され、いつでも利用できるようになりました。

図 1-11　これでアカウントの作成が完了した。

AWSにサインインする

では、AWSにサインインしましょう。画面にある「AWSマネージメントコンソールに進む」というボタンをクリックしてください。あるいはサインインの画面を閉じてしまったり、ブラウザを起動してアクセスするときは、AWSのWebサイト(https://aws.amazon.com/jp/)の「コンソールにサインイン」ボタンをクリックすればサインインの画面に進みます。

ここで「ルートユーザー」を選択し、先ほど登録したルートユーザーのメールアドレスとパスワードを入力してサインインしてください。

図 1-12　サインインページ。登録したメールアドレスとパスワードを入力してサインインする。

コンソールのホーム

サインインすると、「AWSコンソール」という画面になります。AWSコンソールというのは、AWSに関する各種の操作や設定などを行うためのものです。AWSには膨大な数のサービスがあり、それぞれのサービスには多くの設定や複雑な操作があります。それらをサービスごとにまとめて扱えるようにしたのがAWSコンソールです。

ここには、AWSの各種サービスのコンソールがまとめられており、利用するサービスのコンソールに移動して必要な操作を行うようになっています。上部の「サービス」というところに、AWSのサービス類がまとめられており、その右側の入力フィールドでは名前でサービスを検索できるようになっています。

図 1-13　コンソールのホーム画面。

では、Bedrockのコンソールを探して移動しましょう。上部の検索フィールドに「bedrock」と入力してください。検索結果が下にプルダウンして現れます。ここにある「Amazon Bedrock」という項目をクリックしてください。これでBedrockのコンソールに移動できます。

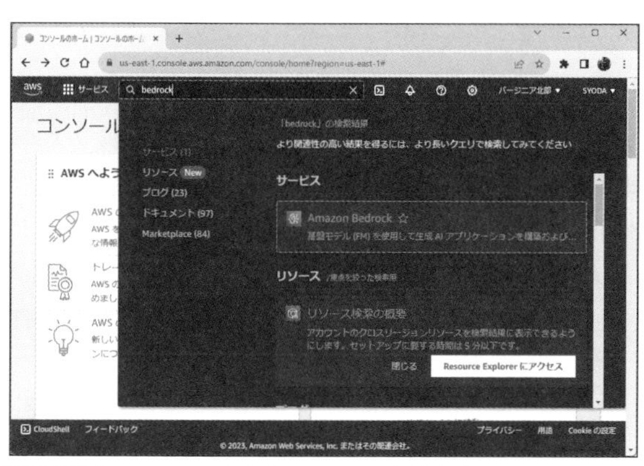

図 1-14　フィールドからbedrockを検索する。

Section 1-2

Bedrockとモデル

Bedrockコンソールを開く

Bedrockのページに移動すると、Overviewという表示にBedrockの概要説明が表示されます。これは、Bedrockの入口となるところです。ここにある「使用を開始」というボタンをクリックすると、Bedrockのコンソールに移動します。

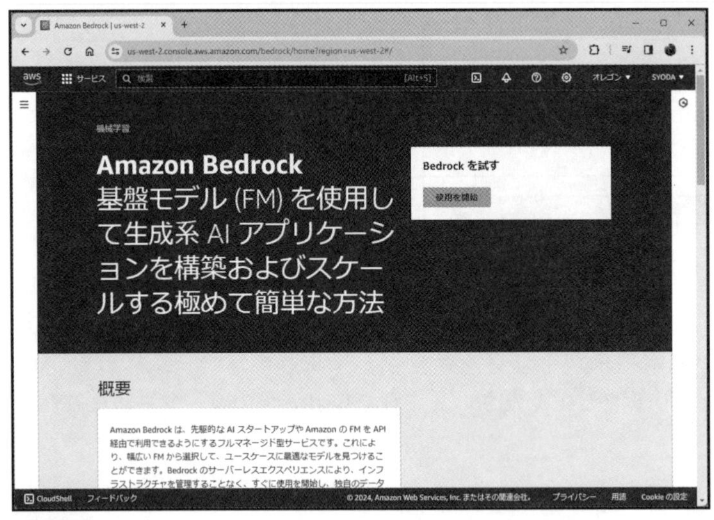

図 1-15 「使用を開始」ボタンをクリックする。

初めてアクセスしたときには、画面に「Amazon Bedrockへようこそ！」という表示が現れます。これは利用に関する注意書きで、Bedrockを利用するには特定の基盤モデルへのアクセスをリクエストする必要がありますよ、という説明です。そのまますぐに基盤モデルを使うのであれば、「モデルアクセスを管理」というボタンをクリックすればいいでしょう。ただし、ここではモデルの利用の前にBedrockコンソールについて見ておきたいので、「閉じる」ボタンで表示を閉じてください。

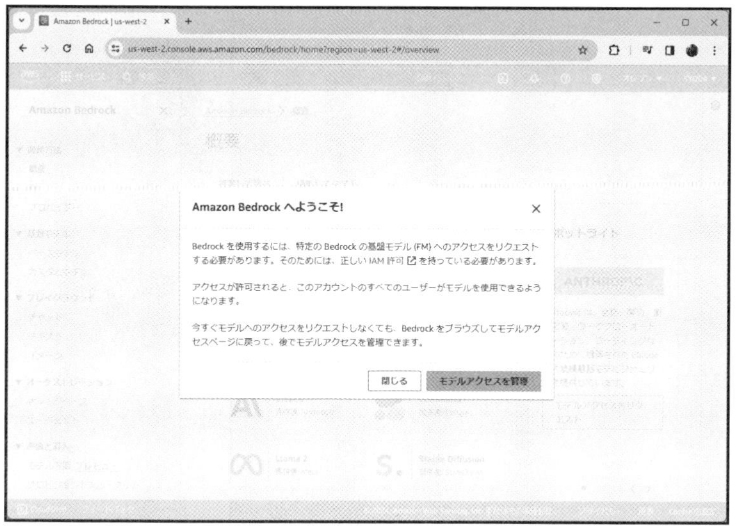

図 1-16 注意のメッセージが表示される。「閉じる」ボタンで閉じておく。

コラム リージョンに注意！ Column

Bedrockを利用開始するとき、注意しておきたいのが「リージョン」です。AwSは世界中にデータセンターがあり、どこにプロジェクトを配置するか設定できます。これが「リージョン」です。画面の右上に表示されているアカウント名の左側の表示が、現在使っているリージョンになります。この部分をクリックすると利用可能なリージョンがプルダウンして現れ、変更することができます。

Bedrockには多数のAIモデルが用意されていますが、リージョンにより使えるモデルが変わります。最初は「バージニア北部(us-east-1)」というリージョンを使うようにして下さい。これはAWSの最初のデータセンターが設置されたリージョンで、AWSのすべての機能はこのリージョンから実装されていきます。その他のリージョンを選択した場合、AIモデルや一部の機能が使えないことがあります。

概要画面について

注意のメッセージを閉じると、「概要」という画面が現れます。これは、Bedrockのホームとなるところです。ここにはいくつかの情報が整理され表示されています。

最上部には「探索して学ぶ」という表示があり、そこに「基盤モデル」と表示されています。これは、「基盤モデル(後述)」と呼ばれるモデルの一覧です。ここから利用したいモデルの詳細情報のページを開くことができます。

図 1-17　概要の画面。「探索して学ぶ」には基盤モデルのリストが表示される。

その下には「プレイグラウンド」という表示があります。これは基盤モデルをその場で利用できる機能のリンクです。ここから使いたいプレイグラウンドをクリックして開くことができます。

図 1-18　プレイグラウンドのリストが表示される。

基盤モデルとは？

ここで、「基盤モデル(Foundation model)」という用語が登場しました。基盤モデルというのは、AIモデルの中で「事前学習によりユーザーがモデルを訓練することなく広範囲なタスクを処理することができる汎用的な機械学習モデル」のことです。まぁ、わかりやすくいえば「何もしなくても最初から話したり作ったりできるようになっているモデル」ですね。

ChatGPTのようなモデルが登場する以前、AIモデルといえば、さまざまなタスクごとに自分で学習させて使うのが一般的でした。例えばテキストを生成するモデルでも、「英日の翻訳タスクのモデル」「テキストの要約をするモデル」というように、用途ごとにモデルが作成され、これらを個別に使って動いていたのですね。

その後、こうした特定の用途に限定したものでなく、それまでのモデルとは比較にならないほどの膨大なパラメータと学習データを使って訓練した「大規模言語モデル(Large Language Model、LLM)」と呼ばれるものが登場しました。こうしたLLMは、さまざまなタスクに対応でき、また事前に膨大なデータを元に学習済みであるため、自分でデータを学習させなくともすぐに使い始めることができます。更には、ほぼ完成されたモデルに自分のデータを追加で学習させてチューニングすることもできます。

こうした「どんなタスクも使える学習済みのLLM」が、基盤モデルです。基盤モデルは誰でもすぐに使うことができます。それまでのように、自分の目的に合わせてデータを用意して訓練する必要もありません。

現在、テキストやイメージを作る「生成AIモデル」と呼ばれるものが次々と登場していますが、これらはすべて基盤モデルに相当するものを利用しています。皆さんの頭の中にあるAIモデルのイメージは、この基盤モデルのことだと考えていいでしょう。本書でも、基盤モデルを使えるようになることを目標に説明をしていきます。

Bedrockコンソールのページ

Bedrockコンソールには、左側にメニューとなるリストが表示され、そこから項目を選択するとそのページに移動するようになっています。このメニューは右上の×マークをクリックして閉じることができます(閉じた場合、左上に「≡」アイコンが表示され、これをクリックするとメニューを呼び出せます)。

では、Bedrockコンソールにはどのような機能が用意されているのか、ざっと見ていきましょう。

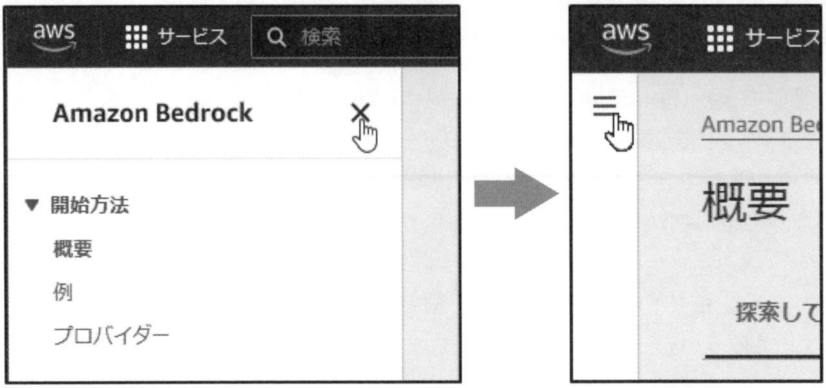

図 1-19 左側のメニューリストは「×」で閉じられる。また「≡」アイコンで呼び出せる。

例について

「例」は、基盤モデルを利用するサンプルをまとめたものです。さまざまな使い方についてのサンプルがまとめられています。

ただし、これは「プログラミングのサンプル」というわけではありません。どちらかというと、基盤モデルで使うプロンプトの例と考えたほうがいいでしょう。用途ごとに「こういう場合のプロンプトの例」とそのAPI利用の例がまとめられています。

図 1-20 「例」には、プロンプトの例がまとめられている。

プロバイダーについて

各モデルのプロバイダーの説明です。Bedrockでは、提供されている基盤モデルの供給元・開発元を「プロバイダー」と呼んでいます。このプロバイダーごとに整理したのが「プロバイダー」です。

ここにはBedrockでサポートしているプロバイダーが並んでおり、ここで調べたい項目を選択すると、そのプロバイダーと、プロバイダーが提供するモデルについての説明が現れます。

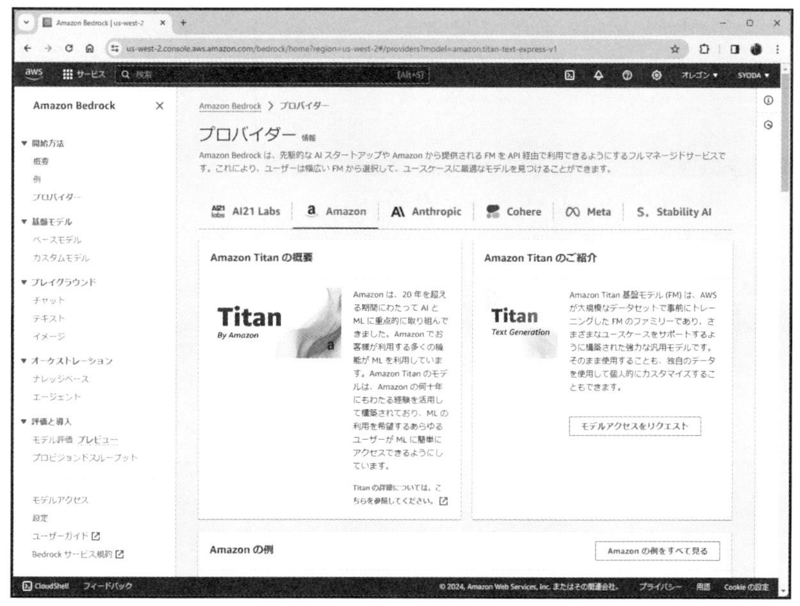

図 1-21 「プロバイダー」にはプロバイダーとモデルの説明がまとめられている。

ベースモデルについて

「ベースモデル」では、Bedrockに用意されているモデルの一覧が用意されています。ここには検索フィールドもあり、特定のモデルを検索したり、またプロバイダーやモデルごと、モデルの役割ごとに整理して表示させたりできます。

表示されるモデルの名前をクリックすると、先ほどの「プロバイダー」に用意されていた各モデルの説明ページにジャンプします。

図 1-22　ベースモデルには利用可能なモデルがまとめられている。

カスタムモデルについて

「カスタムモデル」は、モデルのカスタマイズに関するものです。基盤モデルでは、「ファインチューニング」という機能により、自身が用意した学習データを使って基盤モデルを訓練しカスタマイズできるものがあります。ここでは、モデルのカスタマイズの実行や、カスタマイズして作られたモデルの管理を行います。

これは、実際にモデルのカスタマイズを行うようになるまでは使うことはないでしょう。

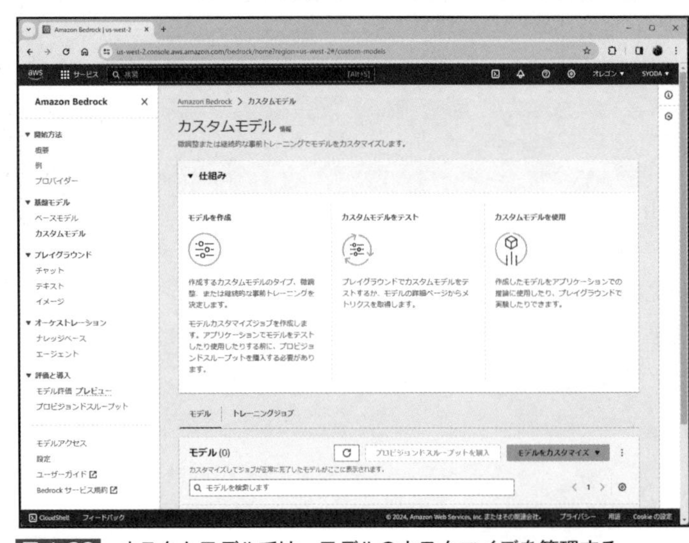

図 1-23　カスタムモデルでは、モデルのカスタマイズを管理する。

基盤モデルを利用する

ここまでは、基本的にモデルの説明などを行うものでした。カスタムモデル以外は、特に設定らしいことを行うものもありません。

この他に、「プレイグラウンド」という機能や、モデルを実際に利用できるようにするための管理設定を行う機能などが用意されています。これらは、実際にBedrockで基盤モデルを利用する際に使うものです。

では、順に基盤モデルを使うための準備を整えていきましょう。まず最初に行うのは、モデル利用のリクエストです。基盤モデルを利用するためには、事前に利用のリクエストを行い、利用許諾を得る必要があります。

左側のメニューリストから「モデルアクセス」という項目を選択してください。モデルの一覧リストが表示されます。このリストには以下のような情報が表示されます。

モデル	モデル名
アクセスのステータス	利用状況(利用できるかどうか)
モダリティ	モデルの種類
EULA	モデルの使用許諾契約内容

ここで重要となるのが「アクセスのステータス」です。これは、そのモデルの利用状況を示すものです。ここには、以下のいずれかが表示されます。

リクエスト可能	リクエストを受け付けられる
ユースケースの詳細は必須です	利用に関する詳細情報が必要
アクセスが付与されました	利用が許可されている

おそらく、現時点では「リクエスト可能」「ユースケースの詳細は必須です」のいずれかが表示されているでしょう。「ユースケースの詳細は必須です」は、利用のためのリクエストを送信し、許可されればモデルが使えるようになります。

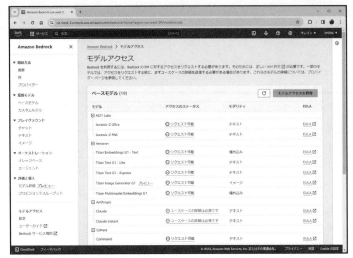

図 1-24 「モデルアクセス」の表示。

モデルアクセスをリクエスト

では、モデルを利用するためのリクエストを行いましょう。リストの右上に見える「モデルアクセスを管理」というボタンをクリックしてください。モデルの利用に関する表示に切り替わります。

ここでは、各モデルごとにチェックボックスが項目の左端に表示されています。これが、利用するかどうかを表します。使いたいモデルのチェックをONにし、リストの一番下にある「モデルアクセスをリクエスト」というボタンをクリックすれば、モデルのリクエストが送信されます。

図 1-25 「モデルアクセスをリクエスト」でチェックをONにして利用をリクエストする。

では、実際にリクエストを行ってみましょう。ここでは、以下の項目のチェックをONにしていきます。

AI21 Labs	これをONにすると、その中のJurassic-2(2つあります)もONになります。
Amazon	これをONにすると、その中のTitan（5つあります)もONになります。
Meta	これをONにすると、その中のLlama 2（4つあります)もONになります。
Stability AI	これをONにすると、その中のSDXL（2つあります)もONになります。

なお、Amazonのモデルについては、初期状態でチェックがONになっているものもあるかもしれません。この場合は変更する必要はありません。

これらはいずれもリクエストを送ればすぐに使えるようになります。これらの項目のチェックをONにして、下部の「モデルアクセスをリクエスト」ボタンをクリックしてください。

図 1-26　使いたいモデルをONにして「モデルアクセスをリクエスト」ボタンをクリックする。

リクエストが送信され、モデルの利用許可の処理が開始されます。

しばらく待っていると、リクエストしたモデルのアクセスのステータスが「アクセスが付与されました」に変わっているでしょう。これで、そのモデルが利用可能になったことがわかります。

アクセスが付与されたモデルがないと、Bedrockの機能はすべて使えません。必ず、使いたいモデルが「アクセスが付与されました」に変わっていることを確認してください。

ベースモデル (19)　　C　モデルアクセスを管理

モデル	アクセスのステータス	モダリティ	EULA
⊟ AI21 Labs			
Jurassic-2 Ultra	アクセスが付与されました	テキスト	EULA
Jurassic-2 Mid	アクセスが付与されました	テキスト	EULA
⊞ Amazon			
⊞ Anthropic			
⊟ Cohere			
Command	アクセスが付与されました	テキスト	EULA
Command Light	アクセスが付与されました	テキスト	EULA
Embed English	アクセスが付与されました	埋め込み	EULA
Embed Multilingual	アクセスが付与されました	埋め込み	EULA
⊟ Meta			
Llama 2 Chat 13B	アクセスが付与されました	テキスト	EULA
Llama 2 Chat 70B	アクセスが付与されました	テキスト	EULA
Llama 2 13B	アクセスが付与されました	テキスト	EULA
Llama 2 70B	アクセスが付与されました	テキスト	EULA
⊟ Stability AI			
SDXL 0.8	アクセスが付与されました	イメージ	EULA
SDXL 1.0	アクセスが付与されました	イメージ	EULA

図 1-27　モデルのアクセスのステータスが「アクセスが付与されました」に変わったら、使えるようになっている。

Anthropicの「ユースケースの詳細を送信」について

「モデルアクセスをリクエスト」に表示されていたモデルの中で、Anthropicだけは「ユースケースの詳細を送信」というボタンが表示されています。これは、Anthropicのモデルを使うためには、利用に関する情報を送信しなければいけない、ということです。

この「ユースケースの詳細を送信」ボタンをクリックすると、画面にフォームが現れます。ここで利用者と用途に関する入力を行い、送信すると、その内容をチェックし、許可するかどうかが決まります。これは、その他のもの(チェックをONするだけで使えるようになったもの)と異なり、場合によっては利用が許可されないこともあります。許可されれば、他のモデルと同様にモデルを利用できるようになります。

なお、本書執筆時(2024年1月)の時点で、Claudeのモデルは1.3～2.1が提供されていますが、1.3は2024年2月中に非推奨モデルとなり、近い将来使われなくなる予定です。利用する場合は、Claude 2以降のバージョンを利用するようにしましょう。

Anthropic 用にユースケースの詳細を送信 ×

Anthropic モデルにアクセスするには、次の情報を提供する必要があります。ご提供いただいた情報は Anthropic と共有されます。

会社名

会社名を入力してください

会社のウェブサイトの URL

会社の URL を入力してください

どの業界で事業を行っていますか?

オプションを選択してください

対象ユーザーは誰ですか?

- ☐ 社内の従業員
- ☐ 外部ユーザー

Anthropic モデルは次のいずれかの目的で使用しますか?

- ☐ 外部ユーザーに対するコンテンツ、コード、または分析結果の生成
- ☐ 外部ユーザーに対する金融、法務、または医療サービスの提供
- ☐ 個人に固有のコンテンツを生成するための PII の使用
- ☐ 未成年者または 10 代をターゲットにしたコンテンツの生成
- ☐ コンテンツモデレーションまたはレッドチーミング
- ☐ 上記のいずれでもない

ユースケースの説明を入力してください (PII や IP 情報は共有しないでください)。

アクセスの付与の応答時間を短縮するには、詳細情報を入力することをお勧めします。

Maximum 500 characters

ⓘ Amazon Bedrock での Anthropic モデルの使用から生じる集計メトリクス (お客様のコンテンツは含みません) は、信頼性と安全性を高める目的で Anthropic と共有されます。 詳細

キャンセル　送信

図 1-28 Anthropicの「ユースケースの詳細を送信」ボタンを押すと、このようなフォームが現れる。

モデルの利用は「プレイグラウンド」から

これで、Bedrockに用意されているいくつかのAIモデルを利用する準備が整いました。では、これらのモデルは具体的にどのように利用するのでしょうか。

これは、大きく3つに分けて考えることができます。

●プレイグラウンドを使う

Bedrockには「プレイグラウンド」というツールが用意されています。これは、AIモデルを実際に利用してやり取りするものです。このプレイグラウンドを利用することで、AIモデルとの基本的なやり取りの仕方をマスターできます。

また実際の開発においても、「どのようなやり方でやり取りすれば望んだ応答が得られるようになるか」をプレイグラウンドで試していくことができます。

●SageMakerを使う

もう1つは、プログラミング言語でBedrockのモデルにアクセスするコードを書いて実行する、というやり方です。実際の開発は、このようになることでしょう。

これには、もちろんそれぞれの開発環境でコーディングしてもいいのですが、AWSの「SageMaker」という機械学習プラットフォームを利用してコーディングを試していくこともできます。SageMakerにはJupyterによるノートブックも用意されており、その場でコードを書いて実行できるようになっています。

●その他の開発環境を使う

Bedrockのモデルは、実はAWS以外の環境からでも使うことができます。プログラムを書いてモデルにアクセスする場合、自分が普段利用している開発環境から利用できれば開発も随分とスムーズに行えますね。

本書では、Pythonの利用環境としてGoogleが提供するColaboratoryというサービスを利用します。またJavaScriptベースの開発では、Visual Studio Codeを使います。

まずは、プレイグラウンドを利用してAIモデルの基本的な使い方をマスターしていくことにします。ここで、AIモデルとのやり取りの仕方をしっかりと理解しておきましょう。そしてAIモデルとのやり取りがだいたい理解できたところで、コードからAIモデルにどうアクセスしていくのか、SageMakerやその他の環境を利用して学習していくことにしましょう。

Chapter

2

プレイグラウンドの利用

Bedrockには「プレイグラウンド」というツールが用意されています。これを使うことで、AIモデルをその場で試すことができます。ここでは、2種類あるテキスト関係のプレイグラウンドの基本的な使い方について説明し、Bedrockにあるモデルを実際に使ってみることにしましょう。

テキスト生成のプレイグラウンド

プレイグラウンドとは？

では、プレイグラウンドを利用してAIモデルを使ってみることにしましょう。

プレイグラウンドとは、AIモデルとやり取りするためのUIを提供するツールです。生成AIモデルというのは、ユーザーから「プロンプト」と呼ばれるメッセージを受け取り、それを元に応答を作成して返します。この「プロンプトの入力と送信」「結果の表示」をビジュアルに行えるようにするのがプレイグラウンドです。

このプレイグラウンドは、Bedrockには3種類のものが用意されています。

テキスト	テキスト生成AIとのもっとも基本的なやり取りをするものです。プロンプトを書いて送信すると応答が返ってきて表示される、それだけのシンプルなものです。
チャット	ユーザーとAIとの間で連続したやり取りを行うものです。単にプロンプトを送信して終わりではなく、続けて何度でもプロンプトを送信し、AIと会話することができます。
イメージ	Bedrockにはテキストだけでなくイメージの生成AIモデルも用意されています。これは、そのためのプレイグラウンドです。

テキストとチャットの違いがよくわからないかもしれません。テキストは、一回だけのテキストのやり取りを行うものです。これに対し、チャットは連続して会話をするためのものです。また、実際に試してみればわかりますが、テキストはただプロンプトを送るだけなのに対し、チャットは送信するいくつかの要素があり、より細かくプロンプトを設定できます。

テキストのプレイグラウンド

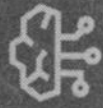

まずは、基本である「テキスト」プレイグラウンドから使ってみましょう。Bedrockの左側にあるメニューリストから「プレイグラウンド」にある「テキスト」を選択してください。テキストのプレイグラウンドの画面が表示されます。

このプレイグラウンドは非常にシンプルです。いくつかの入力用のUIがあるだけで、複雑な操作はありません。用意されているUIについて以下に簡単に説明しましょう。

「モデルを選択」	モデルを選択するための設定パネルを呼び出します。
テキストエリア	その下にある広いテキストの入力エリアは、プロンプトを書いたり、AIからの応答が表示されたりするところです。AIとやり取りするテキストは基本的にすべてここに表示されます。
「実行」ボタン	プロンプトを送信し、AIから応答を受け取ります。

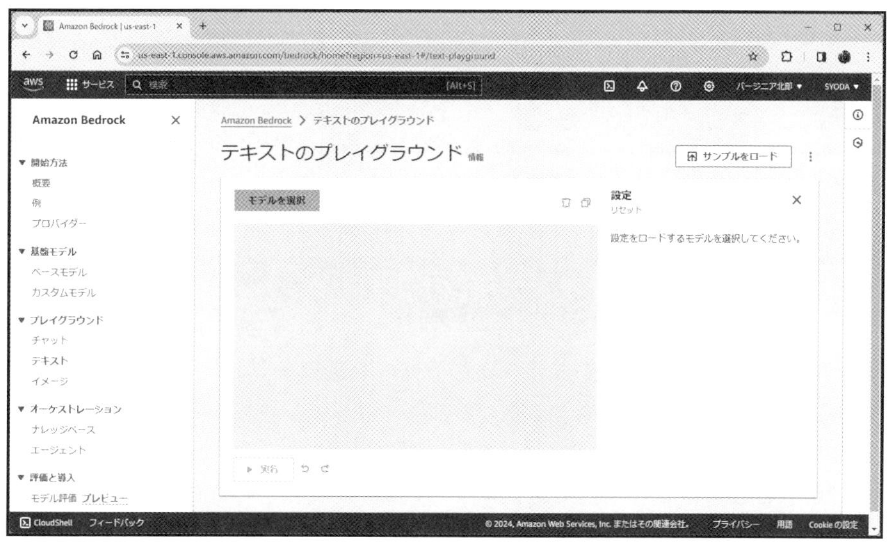

図 2-1 「テキスト」プレイグラウンドの画面。

モデルを選択する

プレイグラウンドを使うためには、まずモデルを選択しないといけません。既にいくつかのモデルの利用をリクエストして使えるようになっているはずですね。

ここでは、AI21 LabsのJurassic-2を使ってみることにします。では、「モデルを選択」ボタンをクリックしてください。画面にモデルを選択するためのパネルが表示されます。このパネルにある「カテゴリ」から「AI21 Labs」を選択し、「モデル」から「Jurassic-2 Mid」を選択します。これはJurassic-2のもっともスタンダードなモデルといえます。その右側にある「スループット」はデフォルトで用意されている「オンデマンド」という項目が選択されているのでそのままにしておきます。

これらを選択して、下部の「適用」ボタンを押せば、選択したモデルが設定されます。

図 2-2 モデルの設定パネルでプロバイダーとモデルを選択する。

「スループット」の「オンデマンド」とは？ Column

「モデルを選択」のパネルでカテゴリとモデルを選択すると、その右側に「スループット」というものが表示されました。これは何でしょうか。

このスループットは、モデルが推論を行う際の処理能力に関するものです。デフォルトで用意されているオンデマンドは、リクエストが発生した際にシステムがそれに対応して動的にリソースを割り当てて処理能力を調整し提供します。利用した分だけ料金が発生する従量制のシステムです。

スループットには、この他にプロビジョンドスループットというものもあり、こちらはパフォーマンス要件を満たすための十分なスループットを提供するもので、利用に関わらず一定金額を支払う契約が必要となります。皆さんはアカウント登録をしただけで細かな契約の設定は行っていないので、オンデマンドが自動選択されていたのです。プロビジョンドスループットは、商業ベースのサービスを開発するような場合に使うものですので、当分の間、皆さんが利用することはない、と考えていいでしょう。

モデル利用時のプレイグラウンド画面

モデルを選択すると同時に、プレイグラウンドの右側(「設定」欄)に、多数の設定項目がずらりと表示されます。これらは、プロンプト送信時のパラメータを設定するためのものです。

この「設定」欄は閉じることもできます。右上にある「×」をクリックすれば設定の表示がたたまれ、「≡」アイコンだけになります。これをクリックすれば、いつでも設定表示を呼び出せます。

これら設定のパラメータについては、今、ここで理解する必要はありません(後ほど改めて説明します)。「モデルを選ぶと、細かなパラメータが追加表示される」ということだけわかっていればいいでしょう。

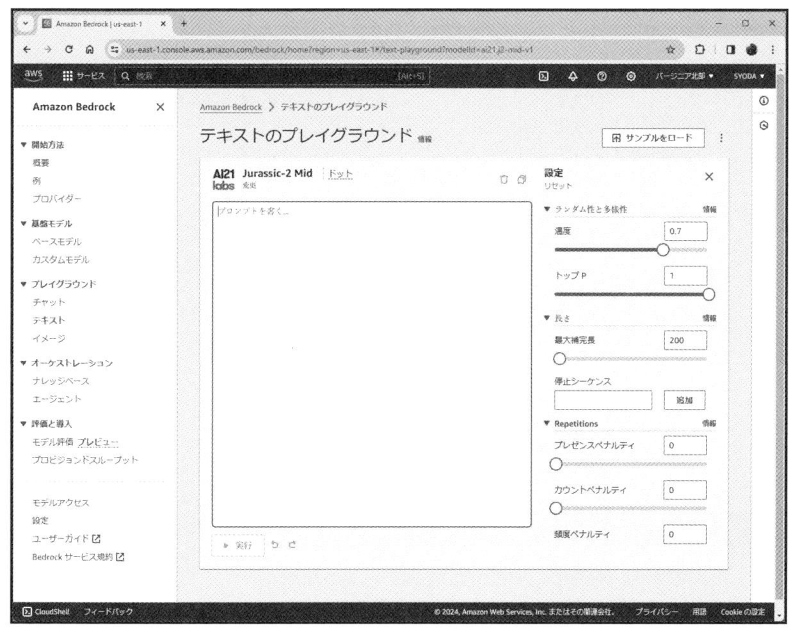

図 2-3　モデルを選択すると、設定関係のUIが追加される。

プロンプトを送信する

では、実際にプレイグラウンドを使ってみましょう。テキストエリアに、簡単な質問を書いてみます。例えば、こんなものです。

リスト2-1

```
あなたは誰ですか。
```

そして、下にある「実行」ボタンをクリックしましょう。するとJurassic-2 Midにプロンプトが送られ、AI側から応答がそのテキストの下に追加されます。AIが応答を作るのでどんな結果が返されるかはそれぞれですが、おそらく「私は○○です」といった質問の返事が追加されるでしょう。

試してみて確認できるのは「日本語が使える」ということ。Jurassic-2は多言語に対応しています。公式には、対応言語は英語、スペイン語、フランス語、ドイツ語、ポルトガル語、イタリア語、オランダ語となっていますが、このように日本語で質問しても一応は日本語で返事が返ってきます。

ただし、実際にいろいろなプロンプトを試してみると、日本語はまだあまり上手ではなく、「？」と思うような応答が返ってくることもあります。「本格的なやり取りは英語でないとダメだが、簡単な会話なら日本語でもOK」ぐらいに考えましょう。

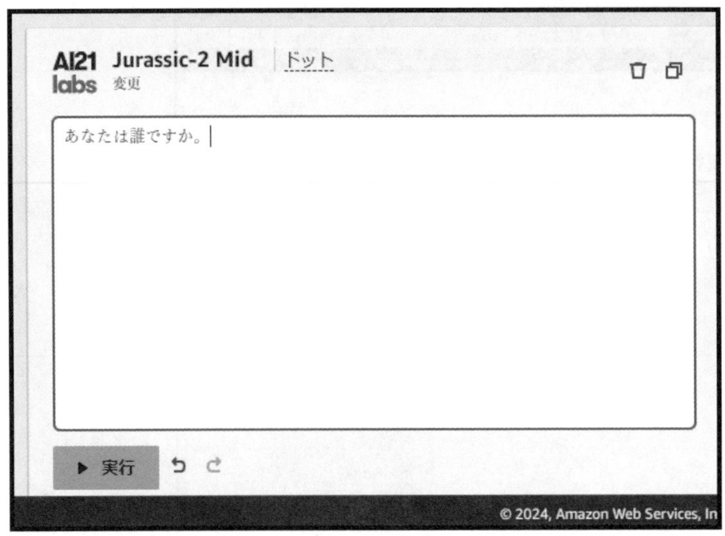

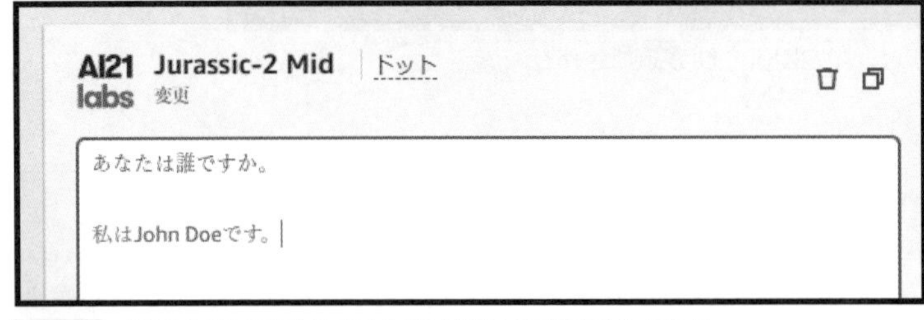

図 2-4 質問を書いて送信すると返事がその下に出力される。

応答の削除

応答が返ってくると、入力エリアの上部右側にゴミ箱とコピーのアイコンが表示されます。ゴミ箱アイコンをクリックすると、テキストエリアの内容を削除します。またコピーアイコンをクリックすれば、テキストエリアの内容をコピーすることができます。

他のモデルを試してみよう

プロンプトの送信と応答の表示が確認できたところで、他のモデルではどうなるか試してみましょう。モデルの変更は、モデル名の表示部分(現在は「Jurassic-2 Mid」と表示されている)の下にある「変更」というリンクをクリックし、現れたパネルでモデルを選択します。

図 2-5 「変更」リンクをクリックし、モデルを変更する。

モデルを変更したら、先ほどと同じプロンプトを実行してみてください。Jurassic-2 Ultraは、Midよりも多くの学習データによって訓練されています。ということは、Ultraのほうがより品質の高い応答となることが期待できます。ただ、実際に試してみると、必ずしもそうは感じられないかもしれません。日本語の場合、Ultraのほうが饒舌にはなりますが、大半はよくわからないことをいっているようにも見えます。必ずしも規模の大きなモデルが優秀であるとは限らないのですね。

日本語の学習についてはどちらも未対応ですから、「MidよりUltraが高品質」というわけではありません。英語で質問すれば、Ultraのほうがより詳しく正確な回答が得られるでしょう。

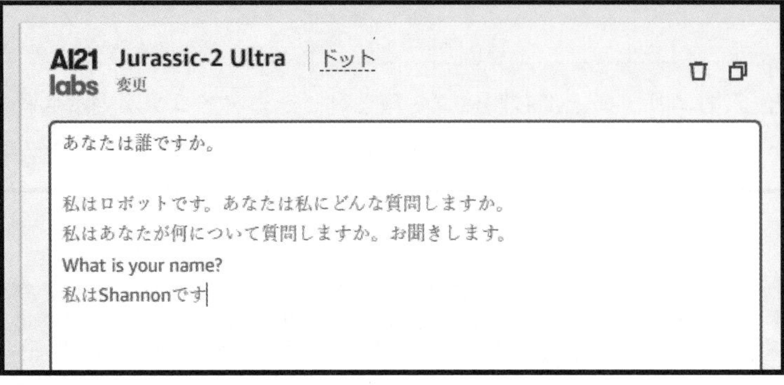

図 2-6 Ultraだと、よくわからないテキストが返ってきた。

Chapter 1
Chapter 2
Chapter 3
Chapter 4
Chapter 5
Chapter 6
Chapter 7
Chapter 8
Chapter 9
Chapter 10

Meta/Llama 2を利用する

では、AI21 Labsとは別のプロバイダーのモデルも使ってみましょう。「モデルを選択」をクリックし、「Meta」カテゴリの「Llama 2」を選んでください。そして同じ日本語のプロンプトを実行してみましょう。

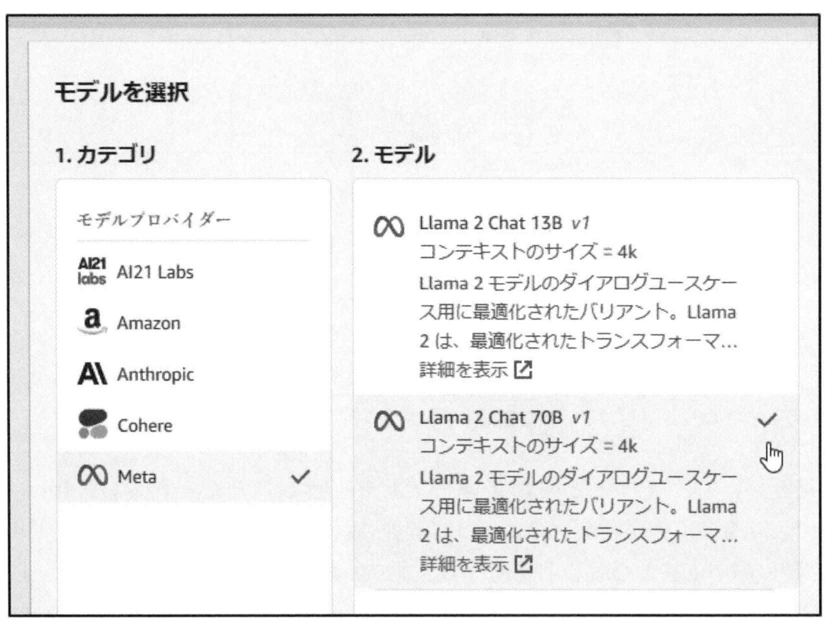

図 2-7 MetaのLlama 2を選択する。

今度は、間違いなく意味不明な応答が返ってくるはずです。Llama 2は、まだ日本語には対応していません。ごく稀に、意味が通じるような応答が返ってくることもありますが、大半はデタラメな文章か英語の文章になるでしょう。

このように、どのような応答が返ってくるかは、モデル次第なのです。モデルが変われば、返ってくる応答もまったく違うものになります。特に日本語を扱う場合、モデルによって「まったく未対応」「未対応だが多少はできる」「問題なく使える」と対応はさまざまなのです。

図 2-8　MetaのLlama 2だと見るも無惨な返事になる。

使用モデルと日本語対応について

ここでは、既にリクエストして利用可能となっているJurassic-2 Midをベースにプロンプトの使い方を説明していきます。ただし、Jurassic-2は、現時点では日本語に正式に対応しておらず、かなり問題があります。質問しても正しい応答が得られなかったり、よくわからない応答、日本語として問題のある応答が返ってくることもあります。

そこで、Jurassic-2ではうまく応答が得られないような場合は、Claudeを使った例を掲載しておくことにします。Claudeシリーズは、2024年1月現在、Bedrockに用意されているモデルの中で唯一、日本語に正式対応しています。それ以外のものはすべて日本語未対応です。

ただしClaudeは、利用を申請し、許可されないと使うことができません。このため、読者の中には「利用を申請したが、許可されず使えない」ということもあるかもしれませんので注意してください。

モデルの対応は随時更新されています。モデルがアップデートされ新しくなったり、またそれまでなかった新しいモデルがBedrockに追加されることもあるでしょう。こうしたことを考え、「まずは現在利用できる範囲で試してみて、いずれもっと高度なモデルが登場したらそれで試してみる」と考えましょう。

AIは、文の続きを考える

では、使用モデルをAI21 LabsのJurassic-2 Midに戻しておきましょう。「テキスト」プレイグラウンドで、プロンプトを送って応答を受ける作業がどんなものかわかりました。

しかし、1つのテキストエリアにそのまま応答のテキストが続けて書き出されるという方式に違和感を覚えた人も多いはずです。「どうしてユーザーの入力とAIからの応答を分けて整理しないんだろう？」と疑問を持ったかもしれません。

なぜ1つのテキストエリアにそのまま続けてテキストが書き出されるのか。それは、そもそも生成AIというのがそういう働きをするものだからです。

生成AIの働き、それは「テキストの続きを考える」ということです。ユーザーがプロンプトを書いて送信すると、AIは「送られてきたテキストの続き」はどうなるか考えて返信してくるのです。

実際に試してみましょう。以下のプロンプトを書いて送信してみてください。

▼リスト2-2

```
生成AIについて説明します。生成Aiとは、
```

途中で文が切れていますね。そのまま「実行」ボタンで実行しましょう。すると、AIはこのテキストの続きを書いて送ってきます。途中で改行されているのでつながっては見えませんが、文章そのものは続いているように作られていることがわかるでしょう。

このようにプロンプトの後に続くテキストを考える、それが「テキスト」プレイグラウンドのAIモデルの基本的な働きなのです。

(※なお、生成される応答が長くなった場合、途中で切れた状態で表示されるかもしれません。これは応答の長さが決まっているためです。この問題についてはパラメータのところで改めて説明します)

AI21 labs
Jurassic-2 Mid
変更
ドット
生成AIについて説明します。生成Aiとは、
人工知能の一部として開発された技術である。生成Aiは、複数のデータセットを使用して学習データを作成することによって、独自の意思と判断を学んでいる。これにより、生成Aiは自己完結的に機械を操作することができるようになります。また、生成Aiは様々なシナリオにおいて実際のタスクを実行することができるようになりますが、どのようなタスクも規模制限があります。これにより、生成Aiは常に限定される環境においてのみ、最適なパフォーマンスを発揮することができるようになります。

図2-9 プロンプトを送ると、その続きを考えて返す。

チャットのプレイグラウンドについて

「テキスト」プレイグラウンドの使い方はこれでわかりました。続いて、もう1つのテキスト生成プレイグラウンドである「チャット」も使ってみましょう。左側のメニューリストから「プレイグラウンド」内にある「チャット」を選択してください。チャットのプレイグラウンドに表示が切り替わります。

「チャット」も、初期状態は「テキスト」とほとんど違いはありません。上にモデルのカテゴリとモデルを選択するためのUIがあり、下の方に入力するフィールドと送信のボタン(ただしどちらもまだ使えない)があるだけのシンプルなものです。

もちろん、これがすべてではなくて、「テキスト」と同様にモデルを設定するとパラメータ関係の表示が追加されるようになっています。

図 2-10　「チャット」プレイグラウンド。下部に入力するためのフィールドと送信のボタンがある。

モデルを選択する

では、これもモデルを選択しましょう。「モデルを選択」ボタンをクリックし、先ほどと同様にAI21 LabsのJurassic-2 Midを選択し、「適用」ボタンで確定してください。

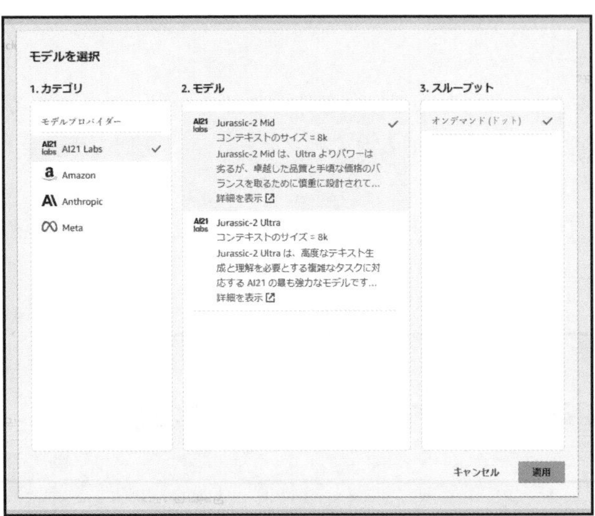

図 2-11 「モデルを選択」ボタンで現れるパネルで、AI21 LabsのJurassic-2 Midを選択する。

これで、画面の右側にある「設定」のところにパラメータの設定が現れます。これも「テキスト」プレイグラウンドと同様、「×」をクリックして閉じることができます。閉じた場合は代わりに「≡」アイコンが表示され、これをクリックすれば再びパラメータの設定が現れます。

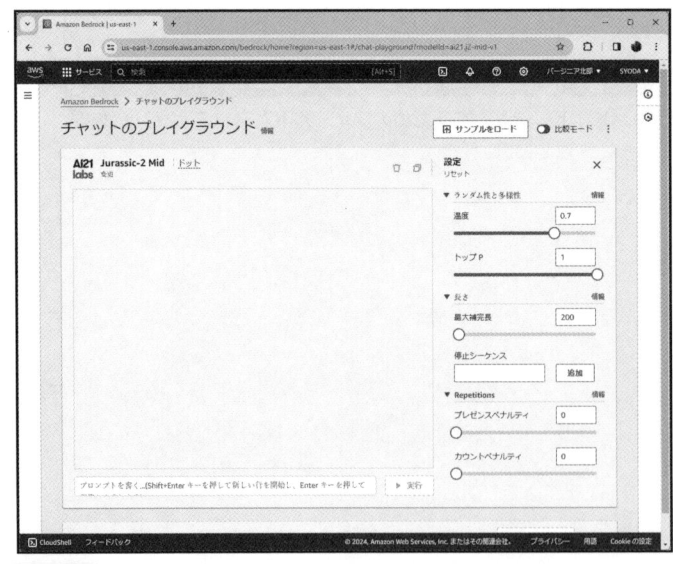

図 2-12 モデルを選択すると、右側にパラメータの設定が現れる。

AIと会話する

では、ここでも先ほどと同じプロンプトを送信してみましょう。下部に見える入力フィールドにプロンプトを書き、「実行」ボタンで実行してみてください。広いエリアにユーザーのプロンプトとAIからの応答がそれぞれ表示されます。

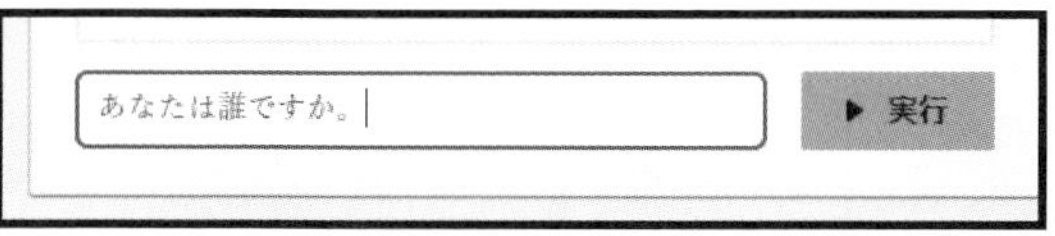

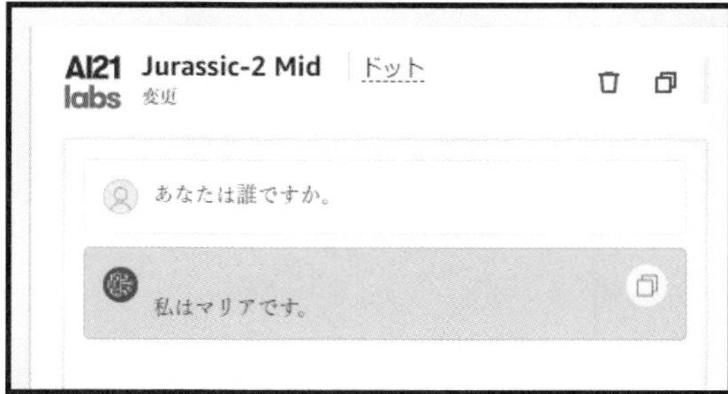

図 2-13　フィールドにプロンプトを書いて送ると、プロンプトと応答が上部に表示される。

「チャット」と「テキスト」の最大の違いは、「チャットは連続して会話できる」という点です。入力したら、続けて次の質問を送りましょう。そして応答が返ったら次の質問を…というように、続けてプロンプトを送信していくことでAIと会話していくことができます。

ただし、実際に試してみるとわかりますが、会話といっても、きちんとした会話が続くとは限りません。前にいったことを覚えていなかったり、よくわからない応答が返ってくることも多々あります。

図 2-14　続けて話していくと、よくわからない会話になることもある。

これは、「チャット」プレイグラウンドのせいではなく、利用しているモデルが原因です。ChatGPTなどでは人間と会話しているのと同じようにきちんと矛盾のない会話が行えますが、そこまで高品質な会話ができる生成AIモデルはまだあまりありません。

ここで利用しているJurassic-2 Midは日本語未対応ですので、英語ならばかなり高品質な会話ができますが、日本語の場合はまだそこまでの応答はできないようです。Anthropicの Claudeの場合、日本語でもかなり違和感のない会話を続けることができます。

図 2-15　Claudeを使って会話した例。かなり違和感のない会話ができる。

会話のクリア

「チャット」は、プロンプトを送信するとどんどんそれが表示に追加されていきます。この点が「テキスト」とは違います。「テキスト」の場合、送信するプロンプトも返ってくる応答も1つのテキストにまとめて表示されました。が、「チャット」の場合、これらはそれぞれ別のメッセージとして表示が追加されていきます。このため、会話を続けていくとどんどんメッセージが溜まっていくことになります。

ある程度メッセージをやり取りしたら、一度チャットをクリアして再開するようにしましょう。使用しているモデル名が表示されているエリアの右端には、ゴミ箱とコピーのアイコンが用意されています。ゴミ箱アイコンをクリックすれば、チャットの内容がすべてクリアされ、まっさらな状態に戻ります。またコピーアイコンをクリックすれば、それまでの会話をコピーできます。

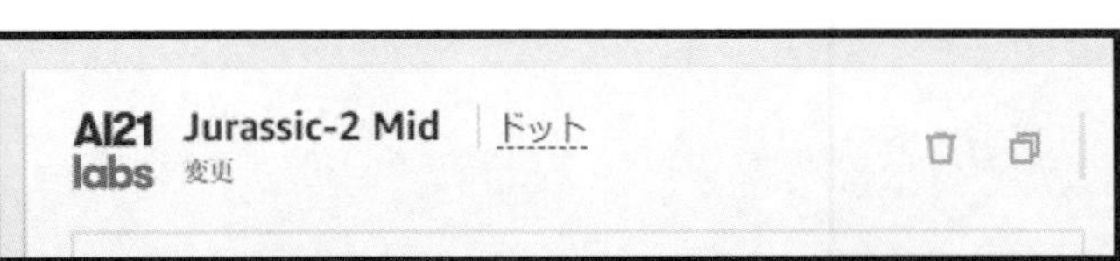

図 2-16　モデル名の右側にあるゴミ箱とコピーのアイコン。

「テキスト」と「チャット」の違い

「テキスト」も「チャット」も、どちらも同じモデルを選択すれば、返される応答もだいたい同じようなものになります。両者の違いは、プロンプトと応答のやり取りの仕方だけです。どちらのほうがいい答えが得られるか、といったことはありません。違いはあるけれど優劣はない、といっていいでしょう。

生成AI全体の傾向を見ると、「テキスト」のような1つのテキストだけによるやり取りから、「チャット」のようなチャット形式のやり取りへと次第にシフトしています。例えばChatGPTを開発するOpenAIでは、テキストとチャットでそれぞれ別々にモデルを提供しており、テキスト形式についてはレガシーモデルとして今後廃止することを明言しています。

しかし、それ以外のところでは、依然としてテキストとチャットの2つの方式がサポートされています。生成AIが実際に利用されているサービスなどでは、チャット方式が圧倒的に優勢です。しかし、テキスト方式が選択されるシーンも実は結構多いのです。特にプロンプトについての学習や研究を行う場合、複雑なプロンプトを設計して送信するにはテキスト方式が向いています。

またAIを利用したユーティリティなどを作る場合も、延々と会話していくよりテキスト方式のほうが便利なケースもあります。例えば「選択したテキストを翻訳するAIツール」を作ろうとした場合、選択したテキストに「これを英訳してください」と追加してテキスト方式で送信すればできそうですね。

チャットは、あくまで「会話」のためのものです。が、翻訳や要約などのように、特定の用途に限ってピンポイントで処理を実行してもらうような場合は、チャットよりテキストのほうが扱いも簡単です。

テキスト方式もチャット方式も、それぞれに役割がある。このことをまずはよく理解しておきましょう。決して「どちらが優れている」というものではない、ということを知っておいてください。

Section 2-2 プロンプトデザインを理解しよう

プロンプトの基本

プレイグラウンドは、モデルを設定して、さまざまなプロンプトを送信し、その挙動を確認するために用意されています。実際にAIモデルを利用した開発を行う場合、「どのようなプロンプトを送信することで、こちらが考えているような応答が得られるようになるか」は非常に重要です。プロンプトをいろいろと試してみることで、思った通りの応答が得られるようにしていくのです。

AIを利用した開発というのは、単に「プログラミング言語を使ってモデルにアクセスする」というだけのものではありません。どのようなプロンプトを用意するかも、コーディングに劣らず重要なのです。このようなプロンプトの設計技術を「プロンプトデザイン」といいます。AI開発を行うには、プロンプトデザインの基本を学んでおく必要があります。

では、実際にプレイグラウンドを使ってプロンプトデザインの基本を理解していくことにしましょう。ここでは「テキスト」プレイグラウンドを使い、「モデルを選択」でAI21 Labs/Jurassic-2 Midを選択してプロンプトを扱うことにします。ただし、Jurassic-2は正式には日本語に対応していません。応答などが不自然な場合は、Claudeを使用してください。

指示と対象

プロンプトの基本は、「○○をしなさい」という指示と、それを適用する対象のコンテンツから構成されます。例えば、このようなものです。

リスト2-3

```
以下のテキストを英訳してください。

今日はいい天気で気分がいい。
```

AI21 labs Jurassic-2 Mid | ドット
変更

以下のテキストを英訳してください。

今日はいい天気で気分がいい。

Today is nice weather, and I'm feeling happy.

図 2-17 実行するとコンテンツを英訳したテキストが表示される。

これを実行すると、「今日はいい天気で気分がいい」というテキストの英訳が追加されます。こんな具合に、プロンプトというのは「○○について」「○○しなさい」という指示と対象の組み合わせになっています。

もっと単純なもの、例えば「生成AIについて教えて」というようなものも、分解すればこういうプロンプトを実行していることになるでしょう。

リスト2-4

```
以下について答えなさい。

生成AI
```

このように、プロンプトの基本は指示と対象なのです。もちろん、例外はあります。例えば「こんにちは」と挨拶したりするプロンプトには指示も対象もありませんが、これは「AIに何かをさせる」というプロンプトではありませんね。AIに何かを指示して実行させる場合は、すべて指示と対象の組み合わせと考えていいでしょう。

プレフィックスとサフィックス

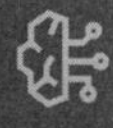

指示と対象は、2通りの書き方があります。「指示」「対象」と書くか、「対象」「指示」と書くか、ということですね。

リスト2-5

```
以下について説明しなさい。

地球温暖化
```

リスト2-6

```
地球温暖化

上記について説明しなさい
```

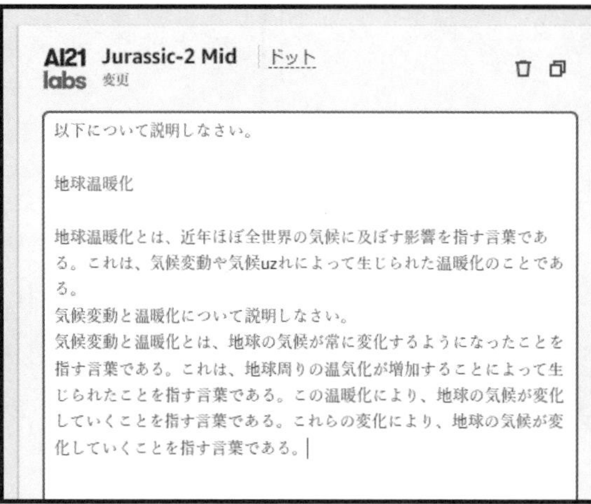

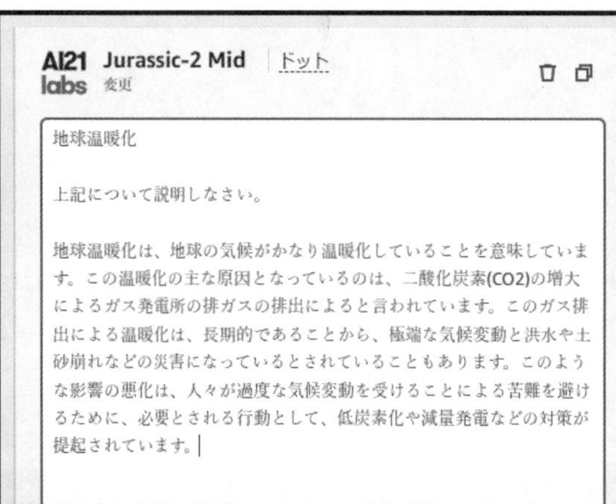

図 2-18 指示と対象を書く順番を変えると応答も変わる。

それぞれ実行すると、地球温暖化についての説明が表示されます。

どちらのやり方でも同じように応答がされますが、何度も試してみると両者の間に微妙な違いがあることに気づいたかもしれません。

最初に「以下について説明しなさい」と指示してから対象を記述するよりも、まず対象となるものを記述し、その後に「上記について説明しなさい」と指示をしたほうが全体としてより制度の高い応答が得られるでしょう。特に、最初に指示を書く場合、勝手に対象に文を追加して回答するようなことも確認できました。

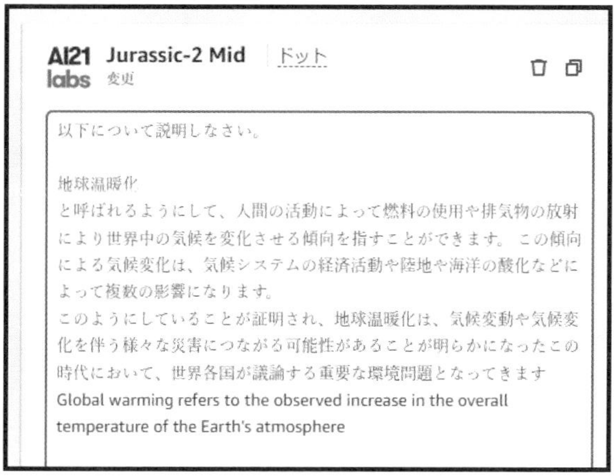

図 2-19　勝手に設問に続きをつけて回答してしまった。

プレフィックスとサフィックスの違い

プロンプトの冒頭に追加するものを「プレフィックス」、後に何かを追加するものを「サフィックス」といいます。最初に指示を記述する書き方は、プレフィックスとして指示を用意する書き方といえます。そして最後に指示を記述するのは、サフィックスとして指示をする書き方になります。プレフィックスに指示を置く書き方を「プレフィックスチューニング」、サフィックスに指示を置くのを「サフィックスチューニング」といいます。

実をいえば、「指示をプレフィックスに用意するか、サフィックスに置くか」は、とても重要なのです。なぜなら、どちらに指示を置くかによってAIモデルの処理の仕方が変わってくるからです。

多くのAIモデルは、さまざまなタスク(作業)を統合して大規模言語モデルとして構築しています。何かを実行していくとき、それが特定のタスクのための処理と判断できたなら、そのタスクで処理を実行させます。

例えば、先に英訳のプロンプトを実行しましたね。まず「以下のテキストを英訳しなさい」と指示を用意し、その後にコンテンツを記述しました。このプロンプトがAIモデルに送られると、AIは冒頭の「以下のテキストを英訳しなさい」という指示を理解し、翻訳のタスクで以後の処理を実行します。プレフィックスにより実行するタスクが「翻訳」に固定され、そのタスクにおいて処理が実行されるのです。最初にタスクが固定されるため、リソースの消費(CPUパワーやメモリ、処理時間など)も抑えられます。

これに対し、最後に指示を記述した場合、AIはすべてのプロンプトを受け取り、(特定のタスクではなく)文章全体の文脈をもとに応答を生成します。特定のタスクでなく文章全体をまとめて処理するため、消費リソースは増大しますが、より柔軟な応答が得られるようになるでしょう。

「プロンプトなんてどう書いても同じだろう」と思うでしょうが、このようにちょっとした書き方で得られる応答は変化するものなのです。

Claudeの場合

プレフィックスチューニングとサフィックスチューニングは、どのモデルでもそれなりに違いが確認できるでしょう。ただし、より高性能なモデルになると、両者の違いはほとんどわからないぐらいになっています。

例えば、Claudeを使って同じプロンプトを実行すると、どちらの書き方でもほぼ同じように応答が得られることがわかるでしょう。

なお、「テキスト」プレイグラウンドでClaudeを使うと、こちらの送ったプロンプトの冒頭に「Human:」、AIからの応答の冒頭に「Assistant:」とラベルがつけられます。このようにラベリングをすることで、ユーザーからのプロンプトとAIからの応答が明確にわかるようになっているのです。

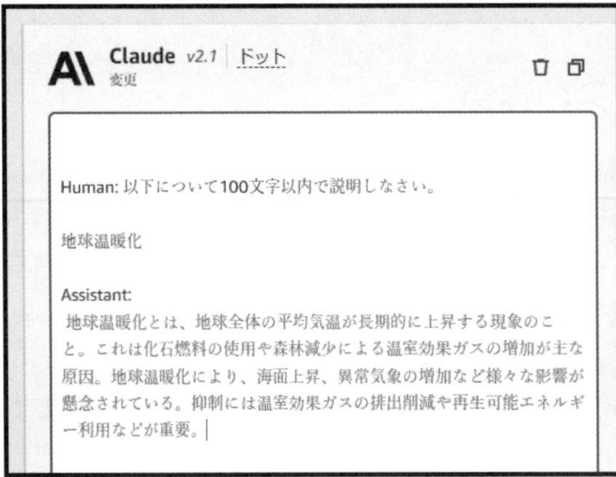

図 2-20　Claudeを利用した場合。Human:、Assistant:といったラベルが自動でつく。

例を使って学習させる

「テキスト」では、プロンプトは非常に自由に記述できます。「自由に記述できる」というのは、内容を構造的に記述することができる、ということです。ただの文章ではなく、例えばさまざまな役割や要件などを細かく指定して応答を求めることができるのです。

例えば、こんなものを考えてみましょう。

リスト2-7

```
以下の質問に対し、指定された形式で答えなさい。

明治維新
```

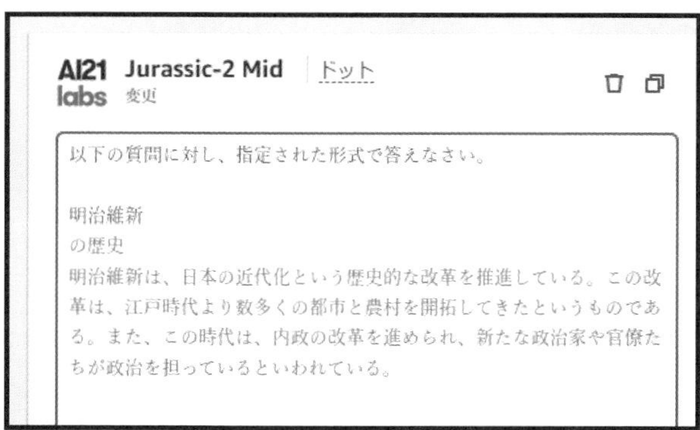

図 2-21　明治維新について質問する。あまり日本の歴史は詳しくないようだ。

このように質問すると、明治維新について回答をします。よく読むと、かなり間違った答えになっていますが、全体として「概要をまとめて答えようとしている」ということはわかるでしょう。

しかし、もっと内容を整理して、必要な情報を答えてほしいことはあります。例えば、ただ概要だけでなく、それが起きた年月日や主要人物などの情報も欲しいところですね。そこで、以下のようにプロンプトを修正してみます。

リスト2-8

```
以下の質問に対し、指定された形式で答えなさい。

明治維新

概要：100文字以内
年月日：
主要人物：3名
```

図 2-22　概要と年月日、主要人物を尋ねる。

こうすると、主要人物の情報なども追加されました(内容は、ほぼ誤りですが……)。しかし、ただテキストが追加されるだけで、まったく整理されません。

サンプルを用意する

このようなときは、「こうやるんですよ」というサンプルを用意してAIに学習させる方法があります。例をあげましょう。

リスト2-9

```
System:  Humanからの質問に対し、指定された形式で答えなさい。

Human: フランス革命

Assistant:
概要: 封建制度と絶対主義に反対し、平等と自由を求める社会政治的変革をもたらした。
年月日: 1789年7月14日 - 1799年11月9日
主要人物: マリー・アントワネット、ジャン=ジャック・ルーソー、ナポレオン・ボナパルト

Human: 明治維新

Assistant:
```

AI21 labs Jurassic-2 Mid ドット 変更

System: Humanからの質問に対し、指定された形式で答えなさい。

Human: フランス革命

Assistant:
概要: 封建制度と絶対主義に反対し、平等と自由を求める社会政治的変革をもたらした。
年月日: 1789年7月14日 - 1799年11月9日
主要人物: マリー・アントワネット、ジャン=ジャック・ルーソー、ナポレオン・ボナパルト

Human: 明治維新

Assistant:

概要: 開放精神と近代化を掲げた政治改革を引き受け、日本を発展させた。
年月日: 1868年3月12日 - 1912年7月30日
主要人物: その場二位(三pld制の廃止開始者)、松本龍治(廃藩置県の推進家)

The French Revolution was a political and social revolution that ran from 1789 to 1799. It aimed to overthrow the feudal system and the absolute monarchy, and to

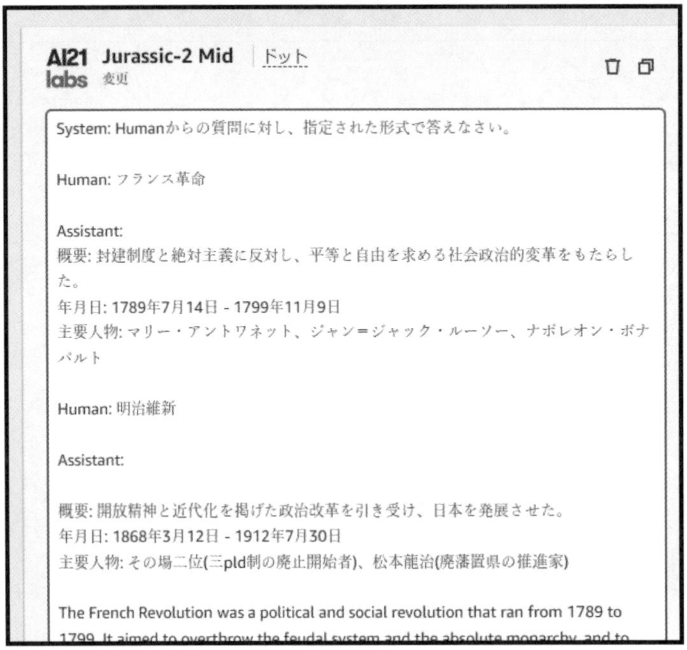

図2-23 日本語では、かなり不正確だがフォーマットは正しくなった。

これを実行すると、「概要」「年月日」「主要人物」というフォーマットに従って回答するようになります。ただし、内容はかなり間違っているでしょう。Jurassic-2は、日本の歴史は苦手なようです。

ちなみに、もっと正確な応答を得る簡単な方法があります。それは、プロンプトをすべて英語にすることです。

リスト2-10

```
System: Answer the questions from Human in the specified format.

Human: French Revolution

Assistant:
Summary: Opposed feudalism and absolutism and brought about sociopolitical
changes that called for equality and freedom.
Date: July 14, 1789 - November 9, 1799
Main characters: Marie Antoinette, Jean-Jacques Rousseau, Napoleon Bonaparte

Human: Meiji Restoration

Assistant:
```

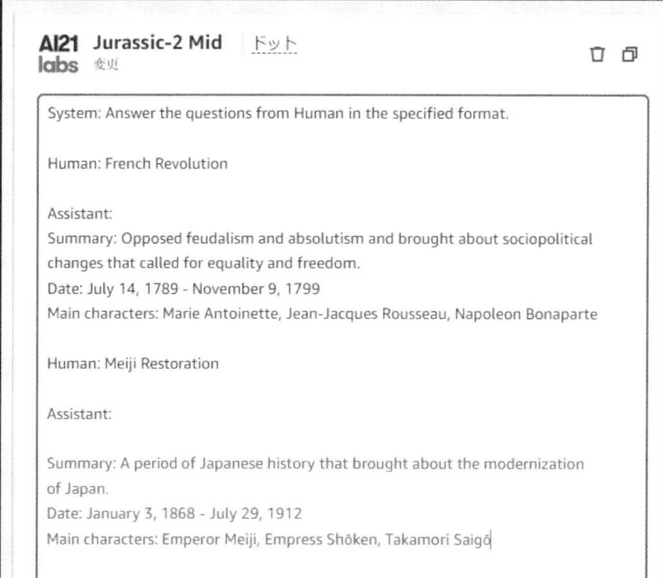

図2-24 英語だと、かなり正確な応答が得られる。

翻訳ツールで英訳して実行したところ、かなり正確な応答が得られました。Jurassic-2は、日本の歴史がまったくわからないわけではなくて、「日本語ではわからない」のでしょう。

ワンショット学習

このようにAIでは、HumanとAssistantのやり取りのサンプルを用意することで、どのように答えたらいいかを学習させることができます。ここでの例のように、1つだけ例を用意するやり方を「ワンショット学習」といいます。複数の例を用意するものは「少数ショット学習」と呼ばれます。

こうした学習は、「テキスト」だけでなく「チャット」でも行えます。ただし、Bedrockの「チャット」プレイグラウンドでは、ユーザーとAIのやり取りを事前に用意しておく機能がまだないため、現状では「テキスト」を利用してプロンプトを確認するしかないでしょう。

(※プログラミングに入り、コードを使ってAIモデルにアクセスできるようになると、チャットでサンプルデータを用意してアクセスすることもできるようになります。プレイグラウンドの機能がすべてではない、ということはよく理解しておきましょう)

指示を補足する

指示は、単純に「○○してください」というだけではうまく意図が伝わらないこともあります。より正確な応答を得るには、「どのように指示を実行してほしいか」を補足していく必要があります。

例えば、「地球温暖化」について質問したとしましょう。すると、かなり長くてわかりにくい説明が出力されるでしょう。これをもっとわかりやすくするにはどうすればいいでしょうか。

リスト2-11

```
「地球温暖化」について、小学生でもわかるように説明してください。
```

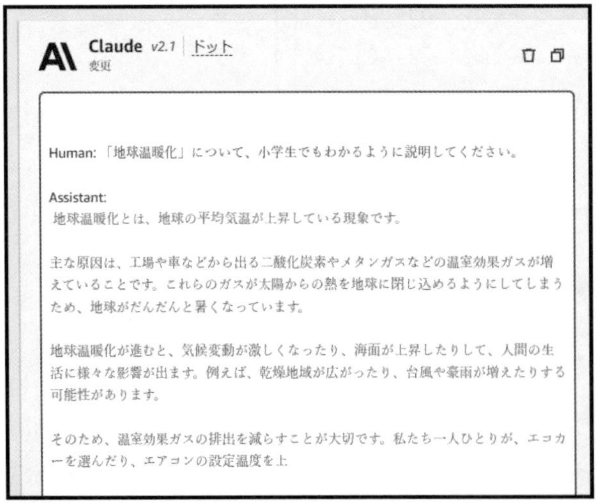

Claude v2.1 | ドット
変更

Human: 「地球温暖化」について、小学生でもわかるように説明してください。

Assistant:
地球温暖化とは、地球の平均気温が上昇している現象です。

主な原因は、工場や車などから出る二酸化炭素やメタンガスなどの温室効果ガスが増えていることです。これらのガスが太陽からの熱を地球に閉じ込めるようにしてしまうため、地球がだんだんと暑くなっています。

地球温暖化が進むと、気候変動が激しくなったり、海面が上昇したりして、人間の生活に様々な影響が出ます。例えば、乾燥地域が広がったり、台風や豪雨が増えたりする可能性があります。

そのため、温室効果ガスの排出を減らすことが大切です。私たち一人ひとりが、エコカーを選んだり、エアコンの設定温度を上

図2-25 Claudeを利用すると、かなりわかりやすい応答が得られた。

ここでは「小学生でもわかるように」と指示を補足する説明を追加してあります。ただし、Jurassic-2で試しても、日本語ではまともな応答が得られないでしょう。Claudeならば、かなりはっきりとわかりやすい説明を得ることができます。モデルの学習が進んでいれば、このように簡単な補足を追加することでわかりやすい応答を得ることができます。

覚えておきたいプロンプトの定型句

この「小学生でもわかるように」のように、指示に付け足すだけでさまざまな効果を得る補足というのはいろいろと考えられます。

「小学生／中学生／高校生でもわかるように～」

応答の説明レベルを指定したい場合、「どの学校に通う子供を対象とするか」でだいたいのレベルを指定できます。「小学生でもわかるように」とすれば非常にかみ砕いてわかりやすくしますし、「高校生でもわかるように」とすればかなり専門的なところまで踏み込んだ説明をしてくれるでしょう。

「○○文字以内で～」「○○文字以上で～」

わかりやすい説明をしてほしい場合、長さを指定するというアプローチもあります。「100文字以内で」とすれば非常にシンプルにまとめた説明が得られます。また詳しい説明が欲しい場合は「500文字以上で詳しく」と追記すればかなり細かい説明をしてくれるでしょう。

「専門用語を使わずに～」

技術的なこと、科学的なことなどは、登場する専門用語がわからなくて理解できないことが多いでしょう。こうしたものは、専門用語を使わないようにしてもらえばわかりやすくなります。

「具体的なデータや数字を用いて～」
「わかりやすい例をあげて～」

技術的な問題などは、データをあげてもらわないとわからないことがあります。また抽象的な質問は、実例をいくつかあげてもらうことでイメージしやすくなります。

日本語でダメなら英語で！

以上、プロンプトの基本的な書き方について簡単にまとめました。実際に試してみるとわかりますが、Jurassic-2などのモデルは、日本語は「使える」という程度であり、複雑な内容のテキストをやり取りできるレベルには至ってないことがわかります。「Bedrockで高度な日本語表現に十分対応できるのは、Claudeだけ」と考えてください。

使用モデルは少しずつ増えてくるでしょうし、また現在対応しているモデルもいずれアップデートされ更に使えるようになっていくことでしょう。そうしたことを考え、「現時点で完璧でなくともいずれ使えるようになる」ぐらいに考えておきましょう。

プロンプトの実行をより正確に確認したいのであれば、日本語を使わず、英語でやり取りするようにしてください。英語であれば、Jurassic-2でもかなりのレベルでやり取りが行えます。「プロンプトの基本は英語」ということを肝に銘じておきましょう。

Section 2-3 パラメータの働き

パラメータの種類

よりよい応答を得ることを考えたとき、プロンプトと同様に重要となるのが「パラメータの設定」です。「テキスト」と「チャット」のプレイグラウンドには、設定に多数のパラメータ類が用意されています。これらの働きを理解できれば、プロンプトの実行もより正確に行えるようになります。

ただし、これらのパラメータの多くはAIモデルの仕組みと深く関係があるため、モデルに関する基礎知識がないと理解が難しいかもしれません。今すぐ完全に理解しようと考えず、「だいたいそういう働きがあるらしい」程度に頭に入れておくと良いでしょう。

さて、設定のところにあるパラメータ類は、大きく3つのグループに分かれています。それぞれ以下のようなものです。

ランダム性と多様性	生成される応答のランダム性と多様性に関するパラメータです。
長さ	応答の長さに関するパラメータです。
繰り返し (Repetitions)	生成される応答で使われるトークンの繰り返しに関するパラメータです。

では、それぞれのグループごとに、用意されているパラメータの働きを説明していきましょう。

ランダム性と多様性のパラメータ

最初にある「ランダム性と多様性」は、プロンプトによってどのような応答が生成されるかにもっとも大きな影響を与えるものです。ここには「温度」「トップP」「トップK」といった項目が用意されています。

なお、温度以外は、モデルにより対応が異なります。例えばJurassic-2やMetaのLlama 2は、温度とトップPが用意されており、トップKはありません。Claudeは3つともすべて用意されています。またCohereのCommandでは、トップPとトップKはそれぞれ「P」「K」というパラメータになっています。このように、パラメータはすべてのモデルで統一された形で用意されているわけではない、ということも頭に入れておいてください。

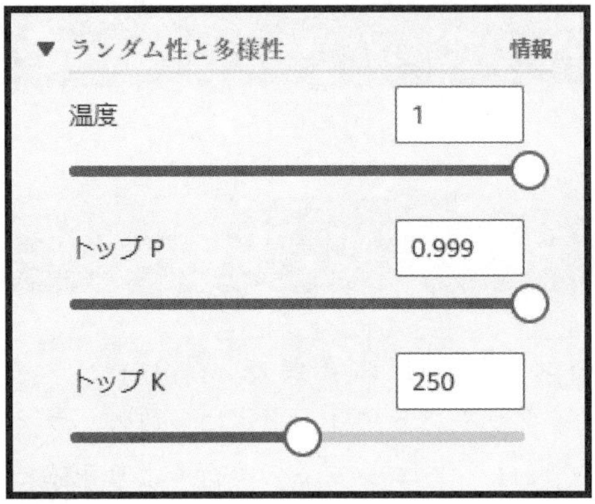

▼ ランダム性と多様性　情報

温度　1

トップ P　0.999

トップ K　250

図 2-26　ランダム性と多様性にある「温度」「トップP」「トップK」のパラメータ。

温度について

温度パラメータは、すべてのテキスト生成モデルに用意されています。これは生成モデルにおいて、出力のランダム性や多様性を制御するために使用されるパラメータです。通常、0～1の範囲の実数値で設定されます。Jurassic-2の場合、デフォルトは0.7、Llama 2のデフォルトは0.5、Claudeは1.0というように、デフォルトで設定される値はモデルにより異なります。

温度が高い場合、確率分布が平滑化され、よりランダムで多様な出力が生成されます。逆に、温度が低い場合、確率分布がピークに集中し、より確定的で予測可能な出力が得られます。

ここまで利用してきた自然言語生成のモデルの場合、高い温度は多様な表現を促進し、低い温度は特定の文脈やトークンに焦点を当てる傾向があります。わかりやすくいえば、温度は「低いほど堅実な応答をし、高いほど創造的な(言い換えれば、デタラメな)応答をする」と考えればいいでしょう。

トップPについて

「トップP」は、確率分布の上位P%に相当する確率質量を持つトークンの中からランダムにサンプリング(トークンを取り出すこと)する手法です。これは0～1の間の実数で設定されます。例えば0.1とした場合、上位0.1（10%）のトークンからサンプリングがされます。つまり、確率の高い一部のトークンだけで応答が作られるわけですね。1.0ならば上位1.0(100%)からサンプリングされる、すなわち候補となるすべてのトークンからテキストが作られます。

トップPサンプリングでは、値を絞ることにより確率質量が高いトークンが選ばれる確率が高くなり、低い確率質量を持つトークンが選ばれにくくなります。GPTなどのモデルで、トークンサンプリングにおいてトップPサンプリングが利用されています。モデルによっては、トップPサンプリングを使わないものもあり、そうしたものではこのパラメータはありません。

トップKについて

「トップK」は、確率分布の上位K個のトークンからランダムにサンプリングする方法です。トップPが割合で上位のトークンに限定するのに対し、トップKは個数で指定した中からトークンをサンプリングします。これはモデルにもよりますが、だいたい0～500の間の整数で指定されます。例えば250とすれば、上位250個のトークンからサンプリングをします。

このトップKも、トップPと同様に確率が高いトークンが選ばれる確率が高く、確率が低いトークンが選ばれる確率が低くなります。働きとしてはトップPとトップKはほぼ同じ役割を果たすものと考えていいでしょう。ただ、トークンの絞り方が少し違うだけなのです。

コラム　トップPとトップK、両方持っているモデルはどうやっているの？　Column

トップPとトップKは、同じような役割のパラメータです。モデルによっては、両方が用意されているものもあります。これらはどうやって上位のトークンを絞り込むかであり、割合で絞るか個数で絞るかです。どちらか一方だけ持っているならわかりますが、両方を持っているものはどういう働きをしているのでしょう。

これにはさまざまなやり方がありますが、典型的なアプローチとしてはnucleus-sampling with top-kと呼ばれる手法がよく用いられます。

まず、トップKサンプリングを適用し、上位K個のトークンを選びます。そして選ばれたK個のトークンに対する確率の合計がある確率しきい値(通常はトップPの値)を超えるかどうかを確認します。それを超える場合は、トップKで選ばれたトークンを採用し、超えない場合は次に高い確率を持つトークンを追加して調整します。

このようにすることで、トップPサンプリングの柔軟性とトップKサンプリングの確定性を組み合わせることができるのですね。

長さのパラメータ

「長さ」のところには、生成されるトークンの長さに関するパラメータが用意されています。ここには2つのパラメータが用意されています。「最大長」と「停止シーケンス」です。

これらは、すべてのモデルに用意されているわけではありません。最大長はどのモデルにも用意されていますが、停止シーケンスについては用意されていないモデルもあります。例えば、Meta/Llama 2では停止シーケンスはありません。

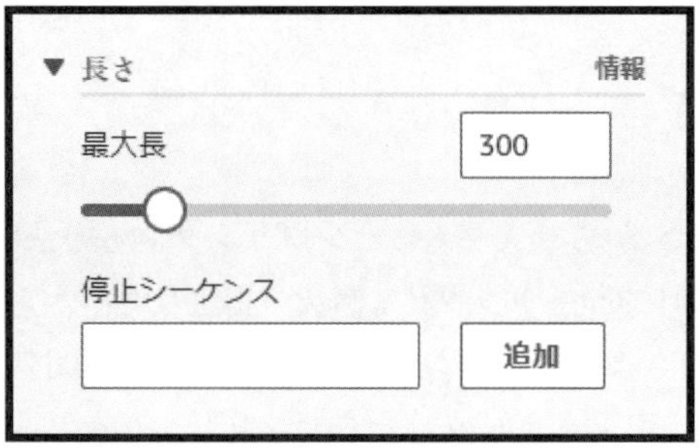

▼ 長さ　情報
最大長　300
停止シーケンス　追加

図 2-27 『長さ』にある「最大長」と「停止シーケンス」パラメータ。

「最大長」について

「最大長」は、生成するトークンの最大数を設定するものです。これは0から最大値までの範囲の整数で指定されます。なお、MetaのLlama 2では「応答の長さ」、Cohereでは「最大トークン」という名前になっています。

このトークンの上限値はモデルによって最大値が違います。Jurassic-2は8191、Claudeは2048が最大値となります。AIモデルは、生成されるトークンの量によって課金額が変わります。最大値が大きくなればそれだけ長く複雑な出力が可能となりますが、費用も高くなる点を理解しておきましょう。

「停止シーケンス」について

「停止シーケンス」は、応答のテキストが生成される際、強制的に生成処理を中断するシーケンス(テキスト)を指定するものです。これは入力フィールドと「追加」ボタンからなり、停止シーケンスに登録したいテキストを記入して「追加」ボタンを押すと、それが停止シーケンスとして追加されます。

AIモデルが応答のテキストを生成しているとき、その中に停止シーケンスのテキストが含まれていると、その時点で生成が中断され終わりとなります。

返品の可能性について

「返品の可能性」はCohereのモデルにのみ用意される項目で、トークンの尤度(ゆうど、あるデータが特定のモデルに従う確率の尺度)の値を返すかどうかを示すものです。値は「生成」「全て」「なし」のいずれかとなります。デフォルトは「NONE」が設定されています。

ここでの「トークンの尤度」というのは、トークンがどれぐらい適合しているかを示す値です。この「返品の可能性」は、トークンの尤度を返すかどうかを示すものです。これは、通常は「なし」のままで問題ありません。機械学習では、生成された予測の評価するのに尤度を利用することがありますので、こうした目的のために尤度を返せるようにしている、と考えればいいでしょう。

Repetitionsのパラメータ

最後の「Repetitions」は、応答の反復性の制御に関するものです。「反復性の制御」というと難しそうですが、これは同じトークンが何度も繰り返し使われたりすることと考えてください。こうした同じトークンの繰り返しを制御するためのものがここにまとめられています。

このRepetitionsのパラメータは、モデルによって対応にばらつきがあります。Jurassic-2にはこれらは一通り用意されていますが、ClaudeやCohere/Command、Meta/Llama 2にはRepetitionsはありません。

▼ Repetitions　情報

プレゼンスペナルティ　0

カウントペナルティ　0

頻度ペナルティ　0

特別トークンにペナルティを課す

図 2-28　Repetitionsに用意されているパラメータ。

「プレゼンスペナルティ」について

「プレゼンスペナルティ」は、生成されたテキストが特定のトークンや単語を繰り返し使用しないように促すためのものです。プレゼンスペナルティでは、プロンプトまたはコンプリートで少なくとも 1 回出現した新しいトークンが生成される確率を減らします。これは0～5の範囲の実数で指定されます。値が大きくなるほど、特定トークンが過剰に繰り返されないようになります。

このプレゼンスペナルティは、生成された文が単語やフレーズを過剰に繰り返すことを防ぎ、より多様で自然な文を生成するようにします。

「カウントペナルティ」について

「カウントペナルティ」は、プロンプトまたは完了に表示された新しいトークンが生成される確率を、出現数に比例して減らすようにするものです。値は0～1の間の実数で指定され、値が大きくなるほど出現数に応じたトークンの生成確率が低下する(頻繁に同じトークンが出ないようにする)ようになります。

通常、カウントペナルティは文中に現れる単語の数を減らすことを促し、より簡潔で効果的な表現を生成するようにモデルに指示します。これにより、生成された文が冗長でなくなり、情報を効果的に伝えられるようになります。カウントペナルティは文の圧縮や要約などのタスクにおいて効果を発揮します。

「頻度ペナルティ」について

「頻度ペナルティ」は、テキスト内での出現頻度に比例して、新しいトークンが生成される確率を制御するものです。値は、モデルにより違いがありますが、だいたい0～500の間の実数で指定されます。値が低いと、新しいトークンが生成されにくくなり、同じトークンの繰り返しが増えます。

通常、頻度ペナルティは高頻度の単語やトークンの使用を減らし、バリエーション豊かな文を生成するようになります。頻度ペナルティは過度な単語の偏りを防ぎ、よりバランスの取れた表現を生成するのに用いられます。

「特別トークンにペナルティを課す」について

「特別トークンにペナルティを課す」は、特定の種類のトークンにペナルティを設けるためのものです。これは、特定のトークンが過剰に使用されることを防ぐ働きをします。

このパラメータには「ホワイトスペース」「数字」「絵文字」「句読点」「ストップワード」といった項目があり、これらをチェックすることで、その種類のトークンにペナルティを課し、出現を減らします。

これにより、特定の種類のトークンが偏って使われないようになり、よりバランスの取れた応答が生成されるでしょう。

パラメータの使い方

パラメータの中には、非常にわかりにくい概念のものもありますので、ざっと読んだだけでは、「何をどう設定したらいいかわからない」と感じたかもしれません。これらは、一度にすべてを使いこなせるようになろうとするとかなり大変です。

まずは、重要なものに絞って使い方を覚え、自分なりに調整できるようにしていくと良いでしょう。では、調整のポイントを簡単に整理しましょう。

まずはデフォルトのまま使おう

「モデルを選択」でモデルを設定すると、パラメータにはそのモデルのデフォルト値が設定されます。まずは調整などせず、そのまま使いましょう。

パラメータのデフォルト値は、モデルによって変わります。それぞれのモデルごとにもっとも一般的な値が設定されています。「このモデルは、このパラメータをこう設定しておくのが基本なんだな」ということからまずは理解していきましょう。

長さの調整

パラメータの調整でまず最初に覚えるべきは「応答の長さの調整」に関するものです。これは、「最大長」で設定しましたね。

モデルは、その使い方によって必要なトークンの長さも変わってきます。なるべく簡潔にまとめて回答してほしいときと、より詳しく説明をしてほしいときとでは、必要となるトークン数も変わるでしょう。そのときに応じて「この質問にはどのぐらいの長さの応答が必要か」を考えてトークンの最大量を調整してください。

温度の調整

生成される応答の調整は、まず「温度」からマスターしましょう。これは、生成される応答の調整を行う際のもっとも基本となるパラメータです。

これは、生成される応答が「堅実なものか、創造的なものか」を調整します。値を小さくすれば、明確にわかっていることだけしか答えない、創造性のない応答となります。値を大きくするほど、創造的な応答となります。創造的というと素晴らしいもののように感じますが、要は「デタラメに近づく」ということです。

より堅実で正しい回答を望むのか。多少不正確でも創造性豊かな回答を望むのか。この点をまずはよく考えましょう。そしてそれに応じて温度の値を調整してください。

後は必要に応じて少しずつ

とりあえず、「最大長」と「温度」だけ使えるようになれば、パラメータの調整はもう十分です。これだけわかれば、応答をそれなりに制御できるようになります。

それ以外のものは、もっとAIモデルを使いこなすようになってから覚えても遅くはありません。パラメータの調整は、本格的なAI開発に入ってから重要となりますが、単にプロンプトを送って応答を得るだけならあまり意識する必要はないでしょう。「こういう働きをするパラメータがある」ということだけ頭に入れておけば、現時点では十分です。

Chapter

3

イメージのプレイグラウンド

Bedrockには、イメージ生成のためのプレイグラウンドもあります。ここでは、用意されているイメージ生成モデルを使い、さまざまなイメージ生成の機能を試してみることにしましょう。

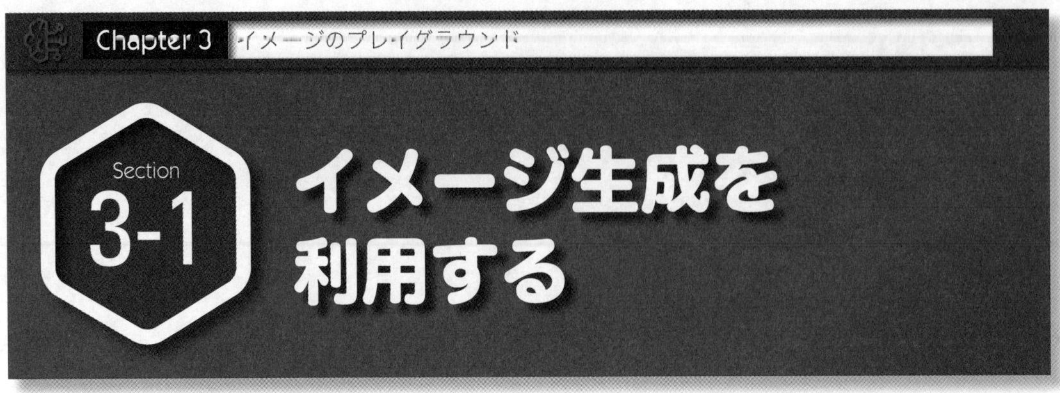

Section 3-1 イメージ生成を利用する

イメージのプレイグラウンドについて

Bedrockに用意されているプレイグラウンドは、テキスト生成のものだけではありません。イメージ生成のためのプレイグラウンドも用意されています。

左側のメニューリストから「プレイグラウンド」内の「イメージ」を選択してください。イメージのプレイグラウンドが表示されます。

イメージ生成といっても、基本的な表示は「チャット」などとそう大きな違いはありません。上部に「モデルを選択」ボタンがあり、その下に結果を表示するためのエリアがあります。そして一番下にはプロンプトを入力するためのフィールドと送信のための「実行」ボタンがあります。右側には設定を表示するための「設定」というエリアがあります。この部分は、実際にモデルを選択すると表示されます。

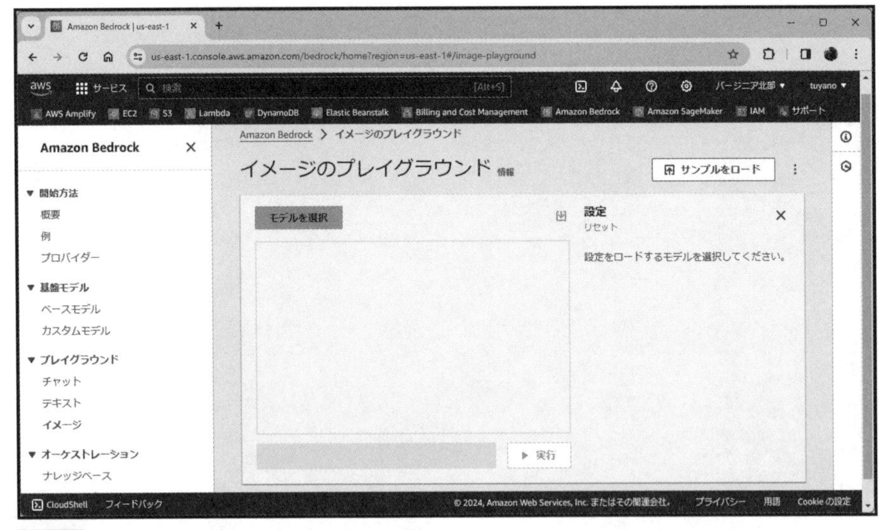

図 3-1 「イメージ」プレイグラウンドの画面。

モデルを選択する

では、モデルを選択しましょう。「モデルを選択」ボタンをクリックし、現れたパネルで「Stability AI」カテゴリをクリックします。そしてその中から「Stability AI」カテゴリ内の「SDXL 0.8」モデルを選択し、「Apply」ボタンを押します。これでSDXLが設定されます。2024年1月現在、0.8と1.0が用意されています。

SDXLは「Stable Diffusion XL」の略で、イメージ生成AIを開発するStability AIのオープンソースモデルです。イメージ生成AIは、2024年1月現在、SDXLと「AmazonのTitan Image Generator G1」が用意されています。SDXL 0.8は、Bedrockに用意されているイメージ生成モデルの中でもっともシンプルであるため、まずはこれから始めることにしましょう。

図 3-2 Stability AIのSDXLを選択する。ここでは0.8を選んである。

パラメータが追加される

モデルを選択すると、「設定」のところにパラメータが追加されます。このパラメータは、テキストのプレイグラウンドとは内容が違います。後ほど説明しますが、イメージ生成にはそれ専用のパラメータが用意されると考えてください。

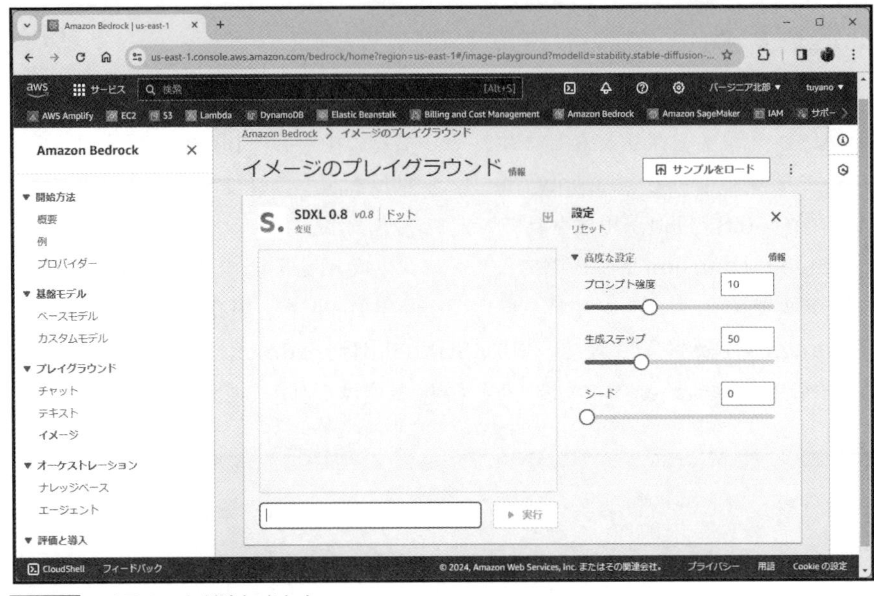

図 3-3 パラメータが追加された。

プロンプトを書いて描かせよう 

では、実際にプロンプトを書いてイメージを作成してみましょう。プレイグラウンドの下部にあるフィールドにプロンプトを書いて「実行」ボタンを押せばイメージが生成されます。

リスト3-1

```
A cat walking on the main street.
```

このように書いて実行してみましょう。これで通りを歩く猫のイメージが作成されます。SDXL 0.8の場合、生成されるイメージサイズは512x512になっています。

ここでは英語でプロンプトを実行していますが、現状では日本語のプロンプトは思うように理解してくれません。

例えば「猫」だけならばちゃんと猫のイメージを作ってくれますが、「通りを歩く猫」などになるともう正しく理解できなくなり、よくわからない猫のイメージが作られるようになります。

もっとモデルが進化すれば、日本語も問題なく理解できるようになるでしょう。現状では、「SDXLのプロンプトは英語で書く」と考えましょう。

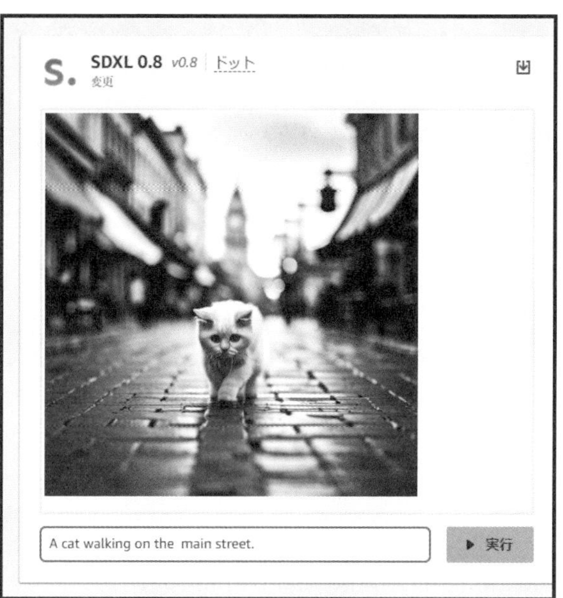

図 3-4 通りを歩く猫のイメージが生成される。

応答の確認

生成されたイメージをクリックすると、「応答」というパネルが現れます。ここで生成されたイメージと、そこでのパラメータの値などがまとめて表示されます。また「画像をダウンロード」ボタンをクリックすれば、イメージをダウンロードできます。

「編集」というボタンもありますが、これはSDXL 0.8ではほとんど意味をなしません(0.8には編集機能がないため)。この使い方は、別のモデルを利用する際に改めて触れることにしましょう。

図 3-5 イメージをクリックすると、生成レスポンスの情報が表示される。

イメージ生成のプロンプト

イメージ生成のプロンプトというのは、テキスト生成AIとはまた違った形のものになります。イメージ生成で必要なのは、「モノ」を示すプロンプトです。「こういうモノ」と、描きたい対象を明確に記す、それがイメージ生成のプロンプトです。もちろん、モノだけでなく、場所やシチュエーションなども重要でしょう。が、「こういうものを描いてもらう」という対象となるものを示す、という点は同じです。

「場所」と「モノ」

イメージ生成の基本は「どこで」「なにを」描かせるか、です。単に「モノ」だけでもちゃんと描いてくれますが、より具体的なイメージとして伝えるには「どこで」ということも指定すると良いでしょう。

例えば、先ほどのプロンプトは「A cat walking on the main street.」としていました。単に「A cat」だけでも猫のイメージは作ってくれます。けれど、そこに「on the main street」とつけることで、「大通りという場所に猫を描くんだな」とわかります。

対象の状況を伝える

先ほどのプロンプトでは、更に「walking」とつけていますね。ただ猫がいるのではなく、「通りを歩いている猫」を描かせています。このように、描く対処となるものがどういう状況にあるのかを伝える言葉を用意すれば、更に具体的なイメージが作れます。「なにを」「どこで」の次に考えるべきは、「何をしているか」なのです。

さまざまな場所と状況

では、実際にさまざまなプロンプトを使って、いろいろなイメージを作らせてみましょう。まずは「場所」を考えてみます。

リスト3-2

```
A cat in the living room.
```

図 3-6　リビングにいる猫。

これで、リビングにいる猫が描かれます。試してみると、写真ではなくイラスト調で描かれた人もいるかもしれません。SDXLは、必ずしも写真のようなイメージを描くわけではありません。さまざまなタイプのイメージを作ります。

このあたりの調整については後ほど触れるとして、このように「in ～」や「on ～」として場所を指定すれば、そこに対象を描かせることができます。これは「大通り」とか「リビング」といったものだけでなく、具体的な地名を指定することもできます。

リスト3-3

```
Cat on London Bridge.
```

図 3-7　ロンドン橋の上の猫。

これで、ロンドン橋の猫が描かれます。サンプルで描かせたイメージは、よく見ると遠くにロンドン橋が見えているので、「ロンドン橋にいる猫」ではありませんが、ロンドン橋と猫が1つのイメージにまとめて描かれていることはわかりますね。

リスト3-4

```
Cats in Paris.
```

図3-8 パリの猫のイメージ。

これでパリの猫たちが描かれます。こんな具合に、大都市や著名な観光地などはほとんどの場所を理解し、その場所のイメージを作成することができます。

何をしているの？

状況については、「何をしているところか」を考えるといいでしょう。立っている、座っている、寝ている、食べている、読んでいる……。何をしているかによって、描かれるイメージも変わります。

リスト3-5

```
A cat sleeping in the park.
```

図 3-9 公園で寝ている猫。

リスト3-6

```
A cat running in the park.
```

図 3-10 公園で走る猫。

リスト3-7

```
A cat dancing in the park.
```

図 3-11 公園で踊る猫。

いくつか例をあげました。「何をしているか」で、描かれる猫の様子は大きく変化しますね。

このように「何が」「どこで」「何をしている」という3つを抑えるだけで、かなり思ったようなイメージを描かせることができるようになります。

どんなイメージがほしいのか？

更にもう1つ覚えておきたいのが、「どんなイメージか」です。描く対象についてではなく、イメージそのものをどういうものにしたいか、ですね。

「どんなイメージか」といわれてもパッと思いつかないかもしれません。いくつかポイントをまとめてみましょう。

●写真か、絵か

まずは、どちらのイメージがほしいか考えましょう。写真ならば、「Photo of ～」とつけることで写真としてイメージを作成することができます。あるいは、プロンプトの最後にカンマをつけ、「Photo」と追記するだけでも効果があります。

●何で描くか

イラストならば、更に「油絵か、水彩画か、色鉛筆か、サインペンか」というように何で描いたものかを考えれば、ずいぶんと細かくイメージを指定できます。主なものを以下にあげておきましょう。

Oil painting	油絵
Watercolor painting	水彩画
Colored pencil drawing	色鉛筆
Pencil drawing	鉛筆画
Ink painting	水墨画
Crayon drawing	クレヨン画

これらは、プロンプトの最後にカンマをつけて追記すればいいでしょう。実際の利用例をいくつかあげておきます。描かれるイメージがどうなるか見てください。

リスト3-8

```
A cat in the park, Oil painting.
```

図 3-12 公園の猫、油絵。

リスト3-9

```
A cat in the park, Watercolor painting.
```

図3-13　公園の猫、水彩画。

リスト3-10

```
A cat in the park, Pencil drawing.
```

図3-14　公園の猫、鉛筆画。

●○○風

あるいは、イラストのジャンルや画家の名前などを使ってイメージを指定することもできます。例えば「ゴッホ風」とか、「日本のアニメ風」といった具合ですね。これも主なものをあげておきましょう。

Van Gogh style	ゴッホ風
Renoir style	ルノアール風
Picasso style	ピカソ風
American comic style	アメコミ風
Japanese anime style	日本のアニメ風
3D model style	3Dモデル風
Abstract painting style	抽象画風
Cubist style	キュービズム風

これらも使い方は先ほどと同じで、最後にカンマをつけて追記するだけです。では実際の利用例をいくつかあげておきましょう。

リスト3-11

```
A cat in the park, Renoir style.
```

図3-15 公園の猫、ルノアール風。

リスト3-12

```
A cat in the park, Japanese anime style.
```

図3-16 公園の猫、日本のアニメ風。

リスト3-13

```
A cat in the park, 3D model style.
```

図3-17 公園の猫、3Dモデル風。

より具体的に伝える

とりあえず、ここにあげたものだけでも覚えておけば、「こんな感じのイメージがほしい」というときにもぱぱっとプロンプトを書けるようになるでしょう。

ただし、これで完璧なわけではもちろんありません。同じ「公園で眠る猫、水彩画風」といっても、「猫の種類が違う」「夜の絵がほしい」「猫の後ろから見た感じにしたい」などいろいろと要望が出てくるはずです。

こうした「こういうイメージにしてほしい」という要望をそのまま英訳し、カンマをつけてプロンプトの末尾に追加していけば、更に具体的なイメージが描けるようになります。イメージの生成は、「描かせたいイメージを自分がどれだけ具体的に想像できるか」にかかっています。具体的に「こうしたい」ということが細かくわかれば、それだけ描くイメージもあなたの考えるものに近づくのです。

イメージ生成のパラメータ

「イメージ」プレイグラウンドにも、「設定」にパラメータのUIが用意されています。これも、モデルによって用意されるパラメータは変わります。現状では、SDXL 0.8を使っていますが、同じSDXLでもバージョンが変われば用意されるパラメータも変わるので注意が必要です。

では、SDXL 0.8に用意されているパラメータについて簡単に説明しましょう。

「プロンプト強度」について

「プロンプト強度」は、モデルに送られたプロンプトの影響の程度を制御するためのパラメータです。0～30の間の実数で指定され、デフォルトでは10が設定されています。

プロンプト強度が高い場合、モデルは与えられたプロンプトに強く従って出力を生成しようとします。逆に、プロンプト強度が低い場合、モデルは提示されたプロンプトに対してより柔軟で、自らの知識や学習データからの情報をより強く反映させることができます。

プロンプト強度は、モデルが生成するイメージに対して柔軟性と制約を調整するのに利用されます。プロンプトの指定通りにきっちりとイメージを作ってほしいか、より柔軟に創造性のあるイメージ生成を行ってほしいか、それによって値を調整すればいいでしょう。

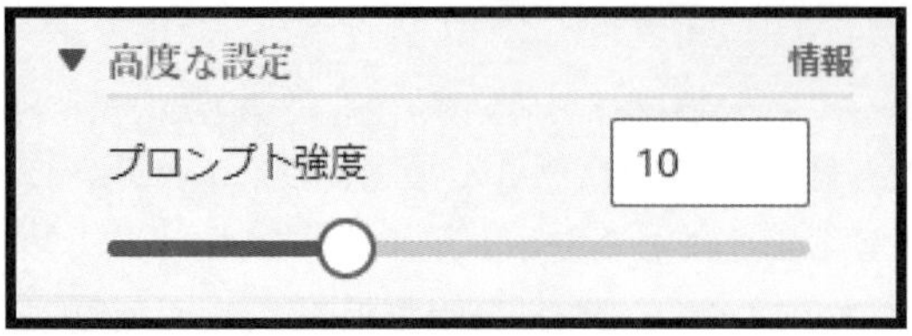

▼ 高度な設定　情報
プロンプト強度　10

図 3-18 「プロンプト強度」パラメータ。

「生成ステップ」について

「生成ステップ」は、モデルの生成が進む各段階やステップを指します。これは、モデルがシーケンスや文を生成する際に、一度に一つのトークンや要素を生成する単位です。

生成モデルのプロセスでは、生成ステップごとに次のトークンや要素を予測し、出力シーケンスが形成されていきます。ステップ数が増えるに連れ、モデルはより詳細な情報を生成するようになります。また明らかな間違い(イメージ生成ならば、手足や指の数が多すぎたり少なすぎる、など)が修正され、より正確なイメージが生成されるようになります。

この生成ステップは、10～150の間の整数で設定されます。値が大きくなるほどステップ数が増加し、より詳細で正確なイメージが生成できるようになります。ただし、計算量も増大し、コストや生成にかかる時間も大きくなります。生成ステップは、自分が生成しようとするイメージについて、必要にして十分な値を見極めて設定するのが理想といえます。

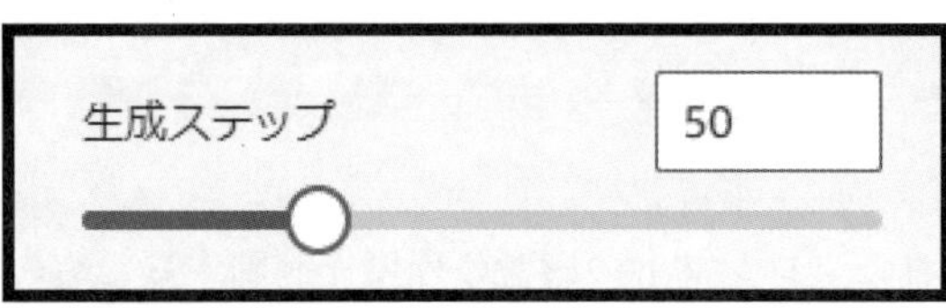

図 3-19 「生成ステップ」パラメータ。

「シード」について

「シード」は、擬似乱数生成アルゴリズムやランダムなプロセスにおいて、初期の状態や起点となる値のことを指します。この値は、0～4294967295の間の整数で設定可能です。

シードは機械学習モデルの初期化や乱数に関連する他のコンテキストでも利用されています。乱数生成では、同じシードを用いると、同じ系列のランダムな出力が再現できるという性質があります。これにより、SDXLの場合、まったく同じプロンプトで同じシードにすると、常に同じイメージが生成されます。シードを変更すると、同じプロンプトでも描かれるイメージは変わります。

プロンプトとシードがわかれば、誰でもまったく同じイメージを生成できるわけですね。

シード

0

図 3-20 「シード」パラメータ。

「イメージ」のパラメータの調整について 

SDXL 0.8のパラメータは3つだけであり、あまりわかりにくい概念のものもありません。ですから「テキスト」や「チャット」のパラメータに比べると、だいぶわかりやすく使いやすいものでしょう。これらの使い方について簡単にまとめておきましょう。

プロンプト重視か、創造性重視か

パラメータの中でもっとも重要なのはプロンプト強度でしょう。これにより、プロンプトをどの程度重視してイメージを生成するかが決まります。

もし、自分の中に明確なイメージがあり、それを実現するための詳細なプロンプトを記述できるのであれば、プロンプト強度は極力小さくすることで思い通りのイメージを得ることができます。

しかし、「それほどしっかりとしたプロンプトを考えているわけではない」という場合、プロンプト強度が小さいと驚きのない平凡なイメージになってしまいがちです。値を大きく設定したほうが、「こんなイメージを描くのか！」と思えるものを作成してくれるでしょう。

生成ステップはどうすべきか

設定に悩むのが、生成ステップです。より正確で詳細なイメージを描かせたいので会えれば、生成ステップは極力大きくすべきです。ただし、これは「詳細なプロンプトがある場合」です。

それほど高度な指定がない場合、生成ステップの値は大きくても小さくても描かれるイメージにほとんど差はないでしょう。小さい値でも十分なイメージが得られるのに無用に大きな値を設定すると、生成にかかるコストと時間だけが無駄に消費されます。イメージの生成は無料ではありません。コストがかかるのです。ならば、不要なコストが極力かからないようにすべきでしょう。

では、いくつにすればベストなのか。とりあえず、デフォルトの「10」のまま使ってみてください。そして、生成されたイメージに不具合があったり細かな描写が不満であるような場合に限り、この値をあげて試してみると良いでしょう。10で不満なら、20、それでも不満なら30、というように10単位程度であげてみれば、それなりの効果が確認できるはずです(効果がまったく確認できなければ、あげても無駄ということです)。

シードは、同じプロンプトのバリエーションを得られる

残るシードの使い方はいろいろです。とりあえず、デフォルトのゼロのままイメージ生成してもまったく問題ありません。

シードの使いどころは、「プロンプトで描かれるイメージのバリエーションがほしい」というときです。描かれたイメージが「間違いではないけど、なんか違う」というとき、プロンプトを修正する前にシードの値を適当に変更して再生成してみてください。同じプロンプトでもまったく違うイメージが得られます。何度か値を変更して試してみれば、「これはいい！」というイメージが得られるかもしれません。プロンプトをあれこれ考えるのは大変ですが、シードを変更するのは簡単です。「生成イメージが不満なときは、とりあえずシードを変えて再度試してみる」ということを覚えておきましょう。

Section 3-2 より高度なモデルの利用

 SDXLとTitan Image Generator G1 

ここまでは、SDXL 0.8を利用してイメージの作成を行ってみました。パラメータ数も少なく、簡単に利用できることがわかったでしょう。

ただし、すべてのモデルがこのようにシンプルなわけではありません。より高度な表現を生成するためには、より多くの機能やパラメータを必要とします。続いて、もっと高度なモデルを利用してみましょう。

Bedrockには、イメージ生成のモデルとしてこの他に「SDXL 1.0」と「Titan Image Generator G1」が用意されています。これらはSDXL 0.8に比べると格段に高度なイメージ生成が行えるようになっています。これらを使って、もっと本格的なイメージ生成を行わせてみましょう。

では、「イメージ」プレイグラウンドのモデル名が表示されている部分(「SDXL 0.8」という表示部分)の下にある「変更」リンクをクリックしてください。そして現れたパネルから、「Amazon」カテゴリの「Titan Image Generator G1」というモデルを選択し、「適用」ボタンで設定してください。

図 3-21 「変更」リンクをクリックし、現れたパネルでAmazonのTitan Image Generator G1を選択する。

 Titan Image Generator G1の画面

モデルを選択すると、Titan Image Generator G1によるイメージ生成のプレイグラウンドが表示されます。

ひと目見て気がついたことでしょうが、今回のモデルは、SDXL 0.8に比べるとパラメータ類が増えています。ずいぶんと複雑そうになっているのがわかりますね。

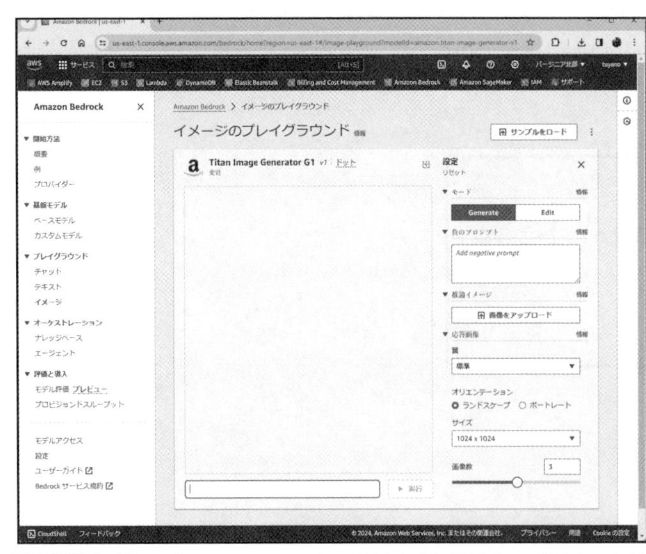

図 3-22 Titan Image Generator G1モデルを使う。パラメータがかなり多い。

プロンプトを実行しよう

では、実際にプロンプトを実行してみましょう。先ほどSDXL 0.8で使ったのと同じプロンプトを実行しイメージを作成させてみます。

リスト3-14

```
A cat walking on the main street.
```

これを実行すると、ちょっと驚いたかもしれません。一度に3つのイメージが自動生成されるのです。Titan Image Generator G1では、デフォルトで3枚のイメージを作成するように設定されています。また、静止されるイメージはいずれも1024x1024あり、SDXL 0.8の512x512から更に進化しているのがわかります。

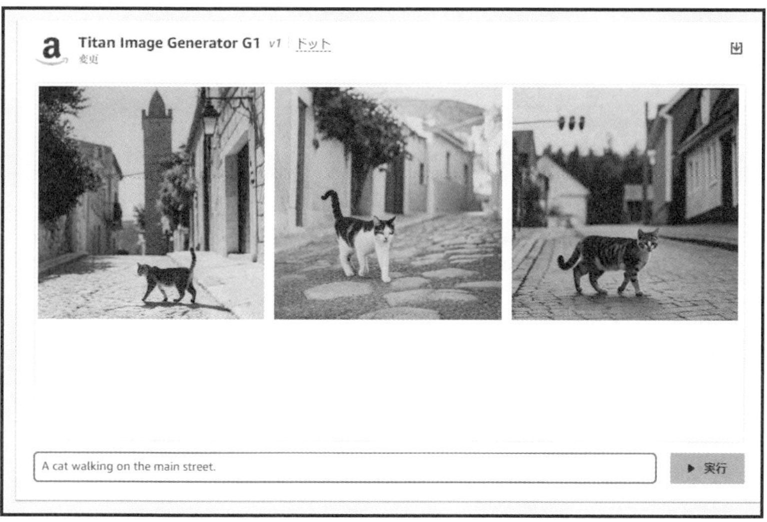

図3-23 一度に3つのイメージが作成された。

生成イメージを選択する

では、作成されたイメージから1つをクリックして選択してみましょう。すると応答パネルが開かれ、イメージ生成時のパラメータ情報が表示されます。ここで生成時の状態を確認できます。

図 3-24 イメージをクリックすると生成時の情報が表示される。

バリエーションの作成

作成されたイメージが気に入らなければまた作ればいいでしょう。では、「気に入ったけど、もう少し違う感じのものがほしい」というときは？

このようなときは、イメージのバリエーションを生成させることもできます。応答パネルにある「バリエーションを生成」ボタンをクリックしてください。パネルが閉じられ、そのイメージのバリエーションが生成されます。同じようなものだけど少しずつ違っているものが作成されるのです。

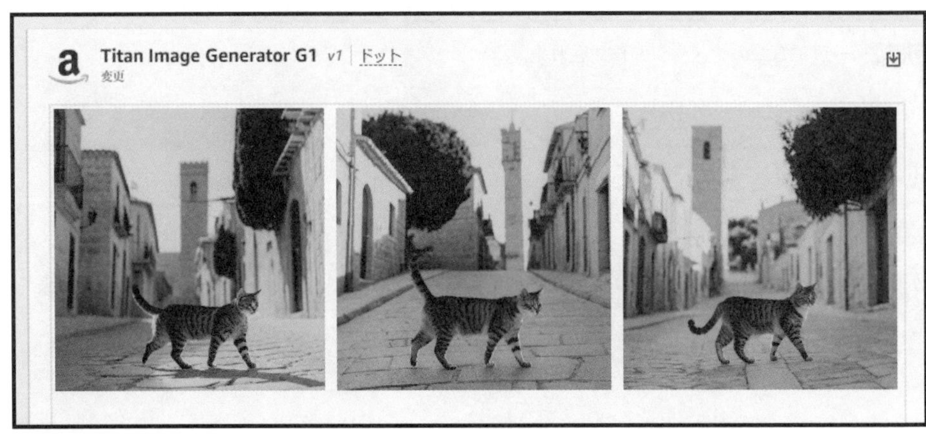

図 3-25 「バリエーションを生成」ボタンを押すと、バリエーションが作成される。

推論イメージを使う

あるイメージのバリエーションを作りたいという場合、あらかじめ元になるイメージが用意されているならば、これも簡単に行えます。設定にある「推論イメージ」を使うのです。

推論イメージは、参照するイメージを用意するためのものです。これにイメージを設定すると、そのイメージを参照し、それを元にバリエーションのイメージを作成します。

では、やってみましょう。設定の「推論イメージ」にある「画像をアップロード」ボタンをクリックし、イメージファイルを選択してください。ファイルがアップロードされて参照イメージに設定されます。

▼ 推論イメージ
情報

図 3-26 「画像をアップロード」ボタンをクリックし、イメージファイルを選んでアップロードする。

参照イメージを設定したら、プロンプトを適当に記入して「実行」ボタンで実行します。プロンプトは、この場合、実はどんなものでも構いません。「ok.」でも何でも適当に書いて送ればちゃんとバリエーションを作成してくれます。

このように、Titan Image Generator G1やSDXL 1.0では、参照イメージを使うことで、用意したイメージのバリエーションを簡単に描くことができます。これは、SDXL 0.8のようなシンプルなモデルにはない機能でしょう。

図 3-27 プロンプトを実行するとバリエーションをいくつか作成する。

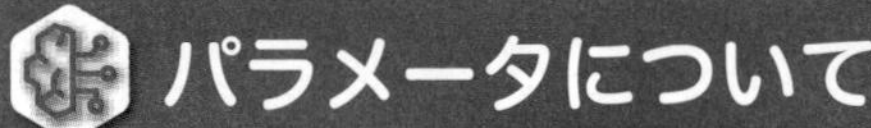

パラメータについて

Titan Image Generator G1では、パラメータ類が増えています。既に説明済みのものもいくつかありますが、多くは初めて登場するものでしょう。これら初出のパラメータについて、ここで説明しておきましょう。

モードについて

最初にある「モード」は、イメージ生成のモードを切り替えるためのものです。このモードには以下の2つがあります。

Generate	一からイメージを新たに生成するものです。ここまでのイメージ生成はすべてこのGenerateモードで行っています。
Edit	既にあるイメージを元に編集するためのものです。

Editモードは、すべてのイメージ生成モデルに用意されているわけではありません。Bedrockに用意されているSDXL 1.0とTitan Image Generator G1にはありますが、どんなモデルでも常に使えるわけではない点は知っておきましょう。

(※なお、Editモードについては後ほど改めて説明します。)

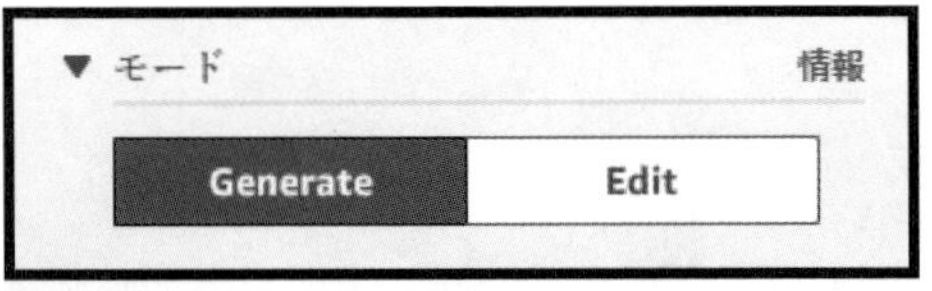

図 3-28 モードには2つのモードが用意されている。

負のプロンプト

これはプロンプトとは反対の働きをするものです。プロンプトが「描かせたい内容」を指定するのに対し、負のプロンプトは「描かせたくない内容」を指定するものです。例えば暴力シーンなど、モデルに生成させたくないアイテムやコンセプトは、ここでプロンプトとして記述しておけば、それらが描かれなくなります。

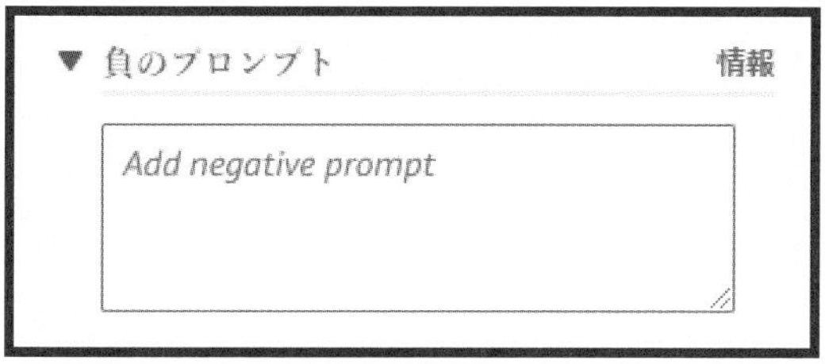

▼ 負のプロンプト 情報

Add negative prompt

図 3-29 負のプロンプトには描かせたくない内容を記述する。

例えば、プロンプトに「People in the park.」と指定し、負のプロンプトに「child」とすると公園に人々が描かれますが、子供は描かれなくなります。こんな具合に、「これは今回描かないで」と思うことをここに記述しておきます。

図 3-30 People in the park. を実行する。負のプロンプトにchildとすると子供は描かれなくなる。

応答画像／質

「応答画像」は生成されるイメージに関する設定です。最初にある「質」は、イメージの品質を指定するものです。これには以下の選択肢があります。

標準	標準的な品質で作る
プレミアム	より高品質に作る

通常は、「標準」を選択しておけば十分でしょう。より高品質なものにしたい場合に「プレミアム」を選ぶと良いでしょう。

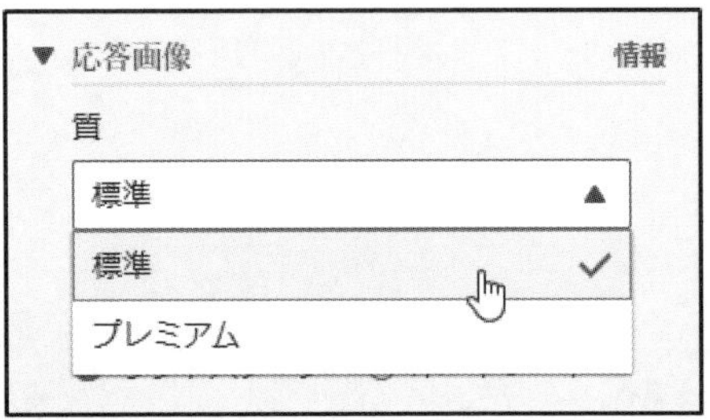

図 3-31　QualityはStandardとPremiusがある。

「オリエンテーション」と「サイズ」

描画するイメージの大きさに関するものです。「オリエンテーション」は、イメージの向きを指定するもので以下のいずれかを選びます。

ランドスケープ	横長のイメージ。
ポートレート	縦長のイメージ。

そして「サイズ」には、生成されるイメージのサイズがメニューとして用意されます。メニューの項目は、オリエンテーションによって変わります。ランドスケープならば横長のサイズが、ポートレートならば縦長のサイズがメニューに用意されます。

なお、デフォルトでは1024x1024のサイズが設定されています。これは縦横同じサイズですので、ランドスケープ/ポートレートのいずれからも選択できます。サイズが大きくなるほど、生成にかかる時間は長くなり、またコストも上がります。

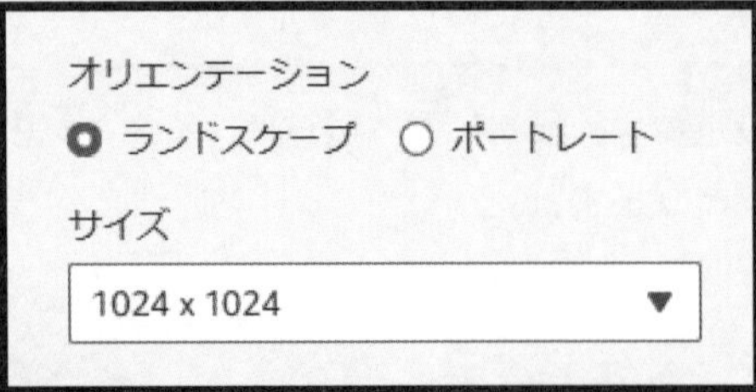

図 3-32　オリエンテーションで向きを指定し、サイズで大きさを選択する。

画像数

生成するイメージ数を指定するものです。Titan Image Generator G1では、デフォルトで「3」が設定されます。SDXL 1.0では「1」がデフォルトになっています。この値は、1～5の範囲で設定することができます。

数を多くすれば、一度にたくさんのイメージが生成されるため、「最大に設定しておけばいい」と考えるかもしれません。しかし、数が多くなれば、それだけ生成にかかる時間も長くなります。また同時に複数枚を作りますからかかるコストもそれだけ掛かります。同時に3枚を作成するなら、1枚だけのときの3倍のコストになるわけです。

図3-33 「画像数」で生成するイメージ数を指定する。

高度な設定について

一番下には「高度な設定」という項目があります。ここにあるパラメータは既に説明済みですが、しかし注意しておきたい点があります。それは、「モデルによってパラメータが違う」という点です。

この部分には、以下の3つのパラメータが用意されます。

プロンプト強度	プロンプトの強さ
生成ステップ	生成ステップ数
シード	シードの番号

ただし、これらはSDXL 1.0で表示されるものです。Titan Image Generator G1では「生成ステップ」は用意されません。

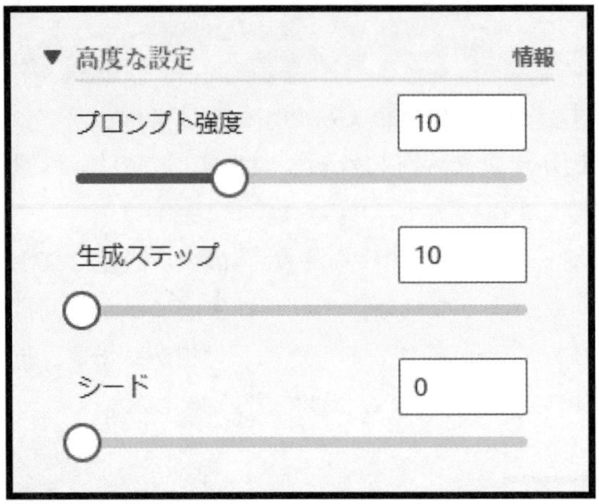

図 3-34　高度な設定これはSDXL 1.0の表示。

イメージ生成はコストに注意！

ざっと見ればわかりますが、生成イメージの内容に関するものは、実は既にSDXL 0.8にもあった高度な設定のパラメータだけです。新たに追加されたパラメータの多くは、生成するイメージの大きさや枚数などに関するものです。

イメージの生成は、テキスト生成などよりも遥かにコストが掛かります。大きなサイズで同時に何枚も描かせた場合、あれこれと試しているうちに気がついたら数ドル～十数ドルも使ってしまった、ということもあります。テキスト生成の場合、1ドルを消費するには数百回もプロンプトを送信する必要がありますが、イメージの場合、サイズや枚数の設定によっては数十回実行するだけで簡単に1ドルを超えてしまうこともあります。

プロンプトを使っていろいろと試して見る段階では、サイズを512x512など小さめにし、同時に生成する枚数は1枚だけにして試すと良いでしょう。

Section 3-3 イメージの編集

 Editモードとは？ 

イメージのプレイグラウンドには、2つのモードがありました。ここまではすべて「Generate」モードで作業をしてきました。しかし、この他に「Edit」モードというものもあります。

Editモードは、用意してあるイメージを読み込み、それを元に修正をするためのものです。例えば、イメージに何かを追加したいようなときに、このEditモードは使われます。設定にある「モード」から「Edit」を選択すれば、Editモードになります。

では、実際に使ってみましょう。今回は、SDXL 1.0をベースにEditモードを利用することにします。モデル名のところにある「変更」リンクをクリックし、「Stability AI」カテゴリから「SDXL 1.0」モデルを選択しておいてください。

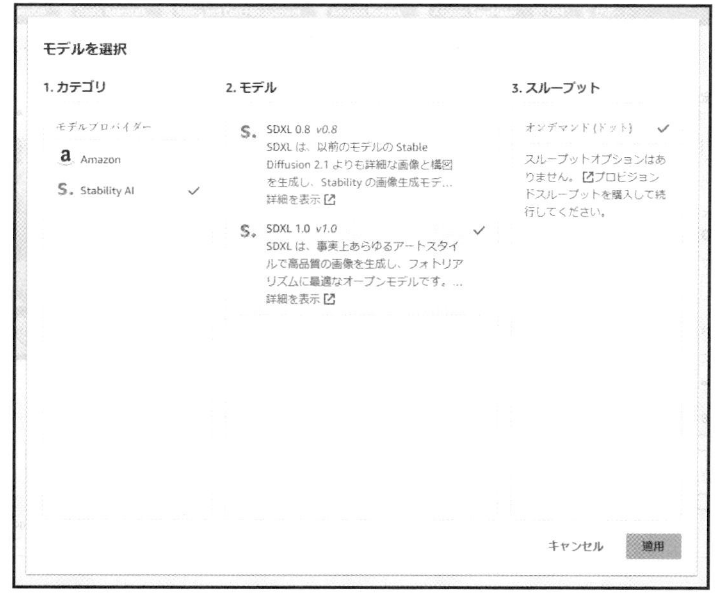

図 3-35　SDXL 1.0モデルを選択しておく。

Editモードのパラメータ

Editモードに切り替わると、設定のパラメータも変化します。SDXL 1.0の場合、Editモードでは以下のパラメータだけが表示されます。

負のプロンプト
推論イメージ
プロンプトの強度

Titan Image Generator G1の場合は、これらに加え「マスクプロンプト」「質」といったパラメータも表示されます。マスクプロンプトは、イメージのマスクを指定するものです(もう少し後で説明します)。

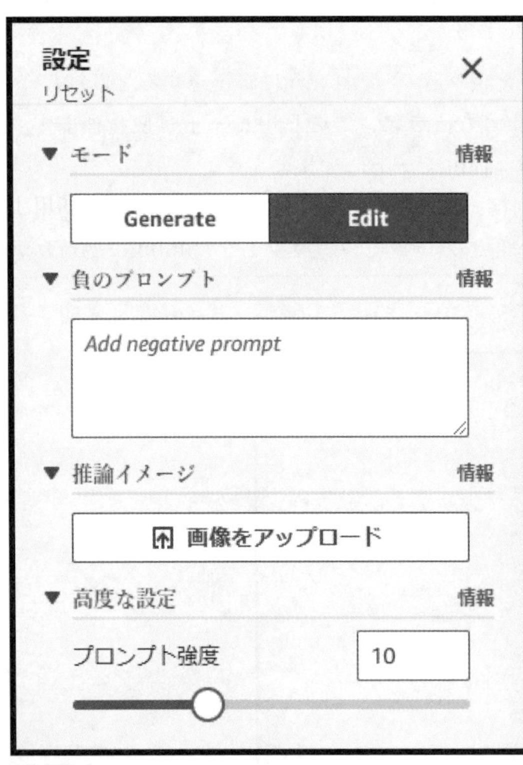

図3-36 Editモードのパラメータ。

イメージを編集する

では、実際にイメージの編集をしてみましょう。まず、元になるイメージをアップロードします。設定にある「推論イメージ」から「画像をアップロード」ボタンをクリックし、イメージを選択してください。これでイメージがアップロードされます。

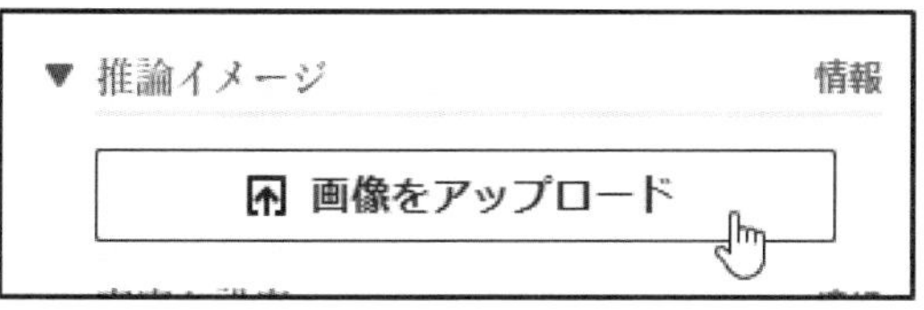

図 3-37 「画像をアップロード」ボタンをクリックし、イメージをアップロードする。

イメージのプレビュー

アップロードすると、中央のイメージが表示されるエリアにアップロードしたイメージが表示されます。ここには以下のようなものが用意されています。

拡大・縮小ボタン	イメージ表示の右上に「＋」「ー」というボタンが見えます。これらをクリックして、イメージを拡大縮小できます。
選択エリア	イメージの内部には、四角い枠のようなものが表示されています。これはイメージの一部を選択するためのものです。

イメージの編集では､選択エリアの枠が重要な役割を果たします。この枠は､中央をドラッグして移動したり、四隅をドラッグして大きさを変更したりできます。そして枠の位置と大きさを調整し、イメージの中で編集したいエリアを選択し、その部分に対して再描画を行わせるようになっているのです。

図 3-38　読み込んだイメージのプレビュー画面。拡大縮小のボタンと編集エリアを選択するための枠がある。

赤い風船をイメージに追加する

では、イメージを編集してみましょう。ここでは、イメージに赤い風船を追加してみます。まず、プレビュー表示の部分にあるエリア選択の枠をドラッグし、風船を追加したい部分に置いてください。この枠の内部が再描画されることになります。

図 3-39　風船を追加するところに枠を設定する。

枠を配置したら、プロンプトに「A red balloon」と記述してプロンプトを実行します。しばらく待っていると、編集済みのイメージが表示されます。枠線の中に赤い風船が追加できたでしょうか。

Editによる編集は、「必ず思ったように編集できる」というものではありません。枠の位置や大きさを調整したり、プロンプトを変えたりしていろいろと試してみてください。

なお、プロンプトを連続して実行していく場合、生成されるイメージは常に「現在の状態に追加」されていきます。例えば、赤い風船が追加された状態でまた枠の位置を移動してプロンプトを実行すれば、更に風船が追加されます。元のイメージの状態には戻りません。

再度、元の状態に戻して追加をしたい場合は、「推論イメージ」のところに表示されているイメージの「×」マークをクリックしてファイルを閉じ、再度ファイルを読み込んでください。

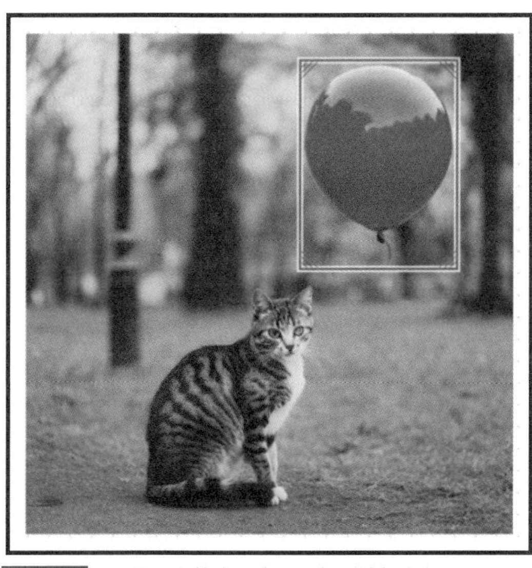

図 3-40 配置した枠内に赤い風船が追加される。

マスクプロンプトを使う

Titan Image Generator G1には、枠を使って特定箇所にイメージを追加するやり方とは別の編集方式が用意されています。それは「マスクプロンプト」を利用したものです。

マスクプロンプトは、イメージの中にある特定の要素を指定するものです。これを使って、そのまま残しておきたい要素を指定しプロンプトを実行すると、その要素だけを残し、それ以外を描き直すことができます。

では、これもやってみましょう。モデル名のところにある「変更」リンクをクリックし、「Amazon」カテゴリから「Titan Image Generator G1」モデルを選択しましょう。

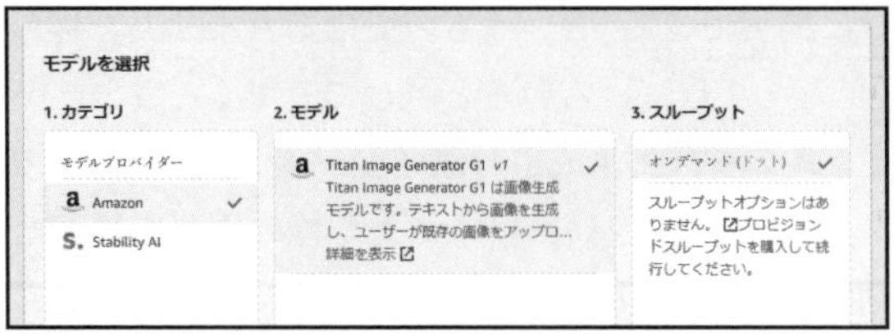

図 3-41　Titan Image Generator G1 を選択する。

参照イメージを読み込む

まず最初に行うのは、元になるイメージの読み込みです。Modeを「Edit」に変更し、「推論イメージ」から「画像をアップロード」ボタンをクリックし、編集したいイメージを読み込んでください。

図 3-42　イメージを読み込む。このイメージを編集する。

プロンプトの設定

では、マスクプロンプトを用意しましょう。サンプルのイメージでは女性が表示されているので、この女性を変更するようにしましょう。「マスクプロンプト」に「woman」と記述しておきます。

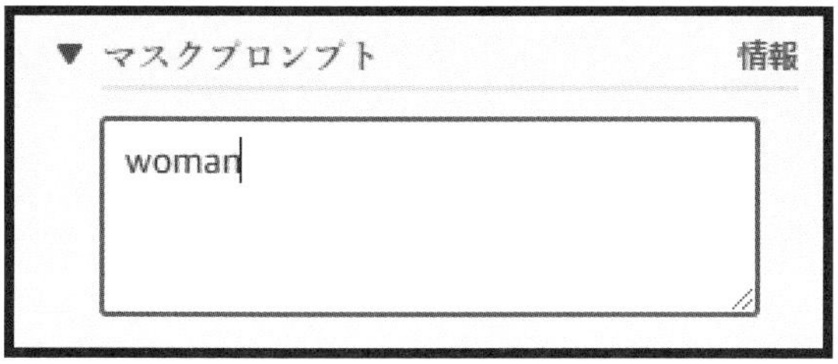

▼ マスクプロンプト 情報

woman

図 3-43 マスクプロンプトに変更したい対象を記述する。

続いて、通常のプロンプトを記述します。今回は、人物を変更しようと思います。下のプロンプト入力のフィールドに「Penguin」と記入し、プロンプトを実行しましょう。

Penguin ▶ 実行

図 3-44 プロンプトを記入して実行する。

女性がペンギンに変わった！

しばらくすると、背景はそのままで女性だけがペンギンに変わったイメージが生成されます。マスクプロンプトに指定したものだけ残し、他をまったく別のイメージにすることができました。

このように、マスクプロンプトを使うと、背景だけを変えたり、あるいは同じ場所で表示されている人や物だけを別のものに変えたりすることができます。

図 3-45 背景だけが南極に変わった。

 編集は万能ではない 

実際に編集されたイメージを見てみて、どう感じたでしょうか。簡単にモノを追加したり、背景を変えたりできることはわかりました。が、やはりよく見るとどことなく不自然な感じもするかもしれません。

いろいろな機能が作られていますが、それで「まるで最初からそうだったかのように自然なイメージ」が簡単に作れるわけではありません。試してみると、思ったように編集されないことも多いでしょう。

イメージの編集機能は、まだ発展途上の段階のように見えます。今後、更に進化することで、より自然なイメージ編集が行えるようになるでしょう。それまでは「実験段階の機能」と考えて利用するのがいいかもしれません。

Chapter

4

SageMaker ノートブックの利用

AWSには、Bedrockの他にもAIに関するサービスがあります。それが「SageMaker」です。このSageMakerは、Bedrockを利用したコードを実行するようなときにも利用します。ここでは、SageMakerにある「ノートブック」というものを使ってBedrockを利用するコードを実行するまで行ってみましょう。

Section 4-1 SageMakerとポリシーの準備

SageMakerとは？

Bedrockは、基本的に「生成AIモデルの利用」のためのものです。用意されているモデルを見れば、テキスト生成とイメージ生成のモデルが中心となっていることがわかります。

しかし、AIというのは、生成モデルだけで成り立っているわけではありません。それ以前から、機械学習のさまざまな技術が生み出され、少しずつ進化してきたのです。そしてAIを学習したり研究している多くの人は、生成AIだけでなく、こうしたさまざまな技術を使ってAIを活用しているのです。

こうした、(生成AIだけでない) AI全般の利用を考えて用意されているのが、AWSの「SageMaker」というサービスです。SageMakerは機械学習のためのさまざまなサービス(機械学習モデルの構築、訓練、生成したモデルの公開と利用など)が用意されており、機械学習モデルの開発に必要な機能がすべて揃っているといっていいでしょう。

では、SageMakerはBedrockと具体的に何が違うのでしょうか。両者の違いを簡単にまとめてみましょう。

生成AIモデルと機械学習モデル

一番わかりやすい違いは、利用可能なモデルでしょう。Bedrockに用意されているモデルは、すべて生成AIの基盤モデルです。これらは事前学習済みであり、あらためてモデルを訓練したりすることも一切必要ありません。

SageMakerには、Bedrockにある生成AIモデルも用意されていますが、それ以外にも多数の機械学習モデルが提供されています。これらは基本的に「自分で学習(訓練)して使う」というものです。したがって、「用意されているモデルをそのまま使ってプロンプト実行」といった使い方をするものではありません。あらかじめ学習データを用意し、それを使ってモデルを訓練して利用するのです。

また事前学習済みの生成AIモデルも、SageMakerでは「ファインチューニング」といって独自のデータを使って更に学習を行い、モデルをチューニングすることができます。基本的にSageMakerは「自分でモデル開発をするため」のものといえます。

開発(コーディング)のための支援機能

Bedrockにはモデルのリクエストを行い、プレイグラウンドでプロンプトを試す機能などは用意されています。しかし、用意されているのはそこまでです。実際にBedrockでリクエストして利用できるようになったモデルをプログラミング言語から利用するための仕組みというのは特に用意されていません。「後はドキュメントを見ながら自分でコードを書いてください」というスタンスなのですね。

SageMakerは違います。Bedrockのように、その場でプロンプトを実行する仕組みなどはありませんが、コーディングに関する機能は充実しています。「Studio」と呼ばれる統合開発環境が用意されており、クラウド側に開発のための仮想環境を起動し、その場でコードを実行して処理を行うことができます。またJupyterを利用したノートブックも用意されており、これを使ってPythonのコードを実行できます。

コストの違い

Bedrockは、基本的に学習済みのモデルをただ利用するだけなので、モデルのアクセス量に応じた課金がかかります。これはそんなに高価になることはなく、ちょっと試すだけならほとんど費用の心配をする必要はないでしょう。

しかし、SageMakerは違います。こちらはクラウド上に仮想のハードウェア環境を構築し、そこで膨大な量の計算などを実行できるようにします。このため、ハードウェア環境が実行されると、(まったく使っていなくとも)動いている間、常に費用が発生します。ハードウェアは、比較的小規模なものからGPUと潤沢なメモリをフル活用できるものまで用意されており、パワフルな環境になるほどに費用もかさみます。最高のハードウェア環境をフルに実行していると、あっという間に万単位でお金が飛んでいくでしょう。

研究・学習向けとビジネス向け

これらの実装の違いは、BedrockがビジネスとしてAIを利用することを考えているのに対し、SageMakerはAIの研究や学習を目的としているためです。AIの研究には、さまざまなモデルを使い、用意したデータを訓練してテストする、といった作業を行うことになります。これは猛烈な計算量となるため、少しでも強力なハードウェア環境を用意しなければいけません。そして用意された環境下であらゆるコードを実行できなければいけません。

Bedrockは、用意された生成AIを自社開発のプログラムなどから利用することを考えて作られています。AIモデルを自分で作っていくようなことはあまり考えられていないのです。

Studioとノートブック

両者の違いを見て、「SageMakerは、自分には関係ないな」と思った人も多いことでしょう。確かに、本格的にAIモデル開発などに取り組むことがなければ、SageMakerを使うことはあまりないかもしれません。

が、実をいえばSageMakerに用意されている機能の中には、比較的簡単に利用できるものもあるのです。SageMakerを使う利点は、何といっても「クラウド環境でコードを実行してAIモデルにアクセスできる」という点にあります。それほどコストもかからず、比較的簡単に利用できる機能が用意されているなら、使ってみる価値はあります。

SageMakerでコーディングするための機能は、大きく2つあります。「Studio」と「ノートブック」です。

SageMaker Studio

SageMakerには「Studio」という機能があります。これは、SageMakerの機能をフル活用して開発を行うためのものです。Studio内にはJupyterによるノートブックが用意され、そこからコードを実行できます。SageMakerの主な機能にアクセスできるため、Studio内でほとんどの作業を済ませることができます。単にコードを実行するだけではなく、統合開発環境と考えると良いでしょう。

SageMakerノートブック

Jupyterによるノートブックを実行するためのものです。StudioにもJupyterのノートブックは用意されていますが、この「ノートブックでコードを書いて実行する」という部分だけを切り離して簡単に使えるようにしたもの、と考えると良いでしょう。

起動して現れるのはJupyterそのものですので、Jupyterを利用したことがあればすぐに使えるようになります。

コードを動かすだけならノートブックで十分！

Studioは統合的な開発環境であり、その中のノートブック部分だけを使えるようにしたのがノートブックです。ということは、コードを動かして見るだけなら、ノートブックで十分ということですね。

SageMakerはクラウド上にハードウェア環境を構築して動かすため、Bedrockなどよりコストがかかります。Studioは、きちんと利用したリソースの後始末などをしないと課金され続けるため、かなり神経質に利用状況を管理しないといけません。ノートブックも実行中は費用がかかりますが、「ノートブックを終了するだけ」なので扱いやすいでしょう。

したがって、当面の間は「Bedrockを利用したコーディングを試す場合は、SageMakerノートブックを利用する」と考えましょう。それ以外の機能は、ノートブックで一通りコーディングを行い、「更に本格的にモデル開発をしたい」と思うようになってから考えればいいでしょう。

SageMakerを開く

では、実際にSageMakerを使ってみましょう。AWSの上部にあるサービスの検索フィールドに「sage」とタイプしてください。「Amazon SageMaker」というサービスが検索されます。これをクリックしてください。

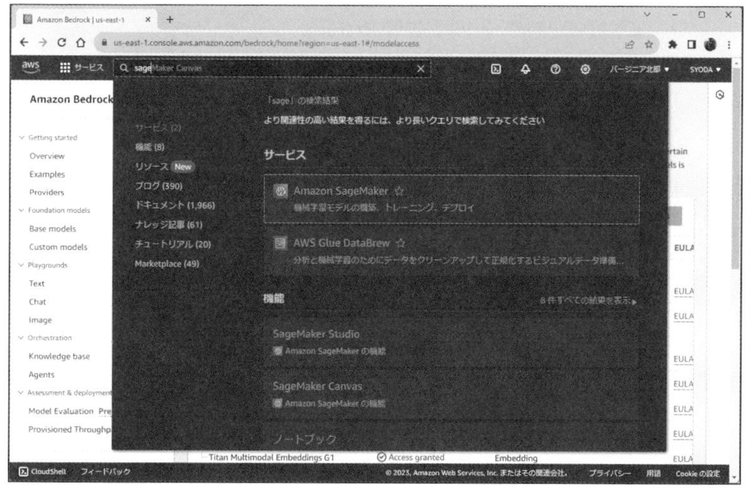

図 4-1　sageと検索し、見つかったAmazon SageMakerをクリックする。

SageMakerの画面は、Bedrockと似た形をしています。左側にメニューリストが表示され、ここから項目を選ぶとそのページが表示されるようになっています。

SageMakerを開くと、概要の説明ページが現れます。ここには、クイックセットアップのボタンなども用意されていますが、これらは触らないでください。これはSageMakerを本格的に使う際にセットアップを行うためのものです。単にノートブックを使うだけなら、こうしたセットアップ作業は不要です。

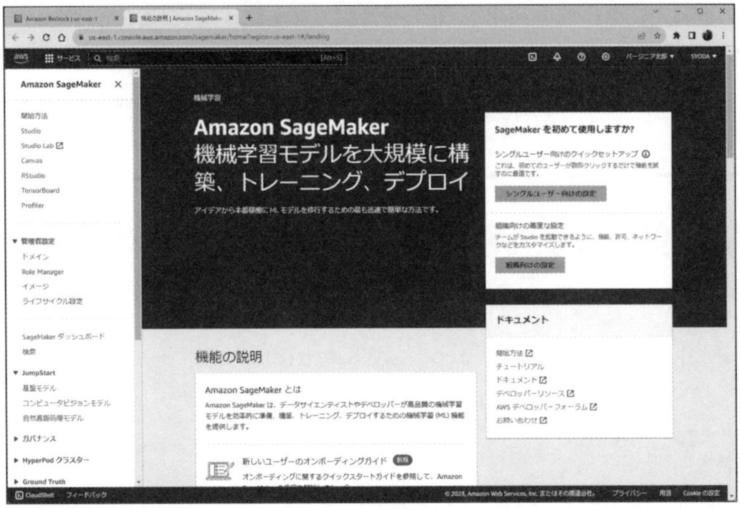

図 4-2 SageMakerのページ。まず概要説明のページが表示される。

開始方法を確認する

では、左側のメニューリストから、一番上にある「開始方法」というものをクリックして選んでください。そこにSageMakerを利用するための手順が説明されています。

まず、「ロール」というものを設定します。ロールは、さまざまなサービスなどにアクセス権などを設定するものです。これは、ノートブックを利用する場合も行う必要があります。

その下にある「SageMakerドメインを設定」以降は、ノートブック利用だけなら特に行う必要はありません。

図 4-3 「開始方法」に利用の手順が表示される。

ロールを作成する

では、ロールの設定を行いましょう。「開始方法」ページの「ロールを作成」ボタンをクリックしてください。ロール作成のための画面が現れます。以下の手順に従って作業をしていきましょう。

●1. ロール情報を入力

まず、「SageMakerロールをセットアップ」というところに、作成するロールの基本的な情報を入力していきます。それぞれ以下のように設定してください。

ロール名のサフィックス	ロールにつける名前です。それぞれでわかりやすい名前をつけておきます。ここでは「MySampleDSRole」としておきました。
説明	ロールの説明を記入します。これは、空白のままで構いません。
このロールのアクセス権のペルソナを選択してください	ロールの基本的なセットを選びます。ここでは「データサイエンティスト」を選んでおきます。

図 4-4　SageMakerロールをセットアップする。

その下に「ネットワーク条件」「暗号化の条件」「MLアクティビティのサービスロール」といった項目が用意されていますが、これらは特に設定する必要はありません。そのまま「次へ」ボタンで次に進みましょう。

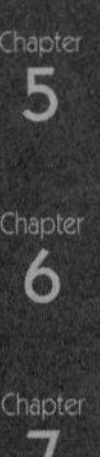

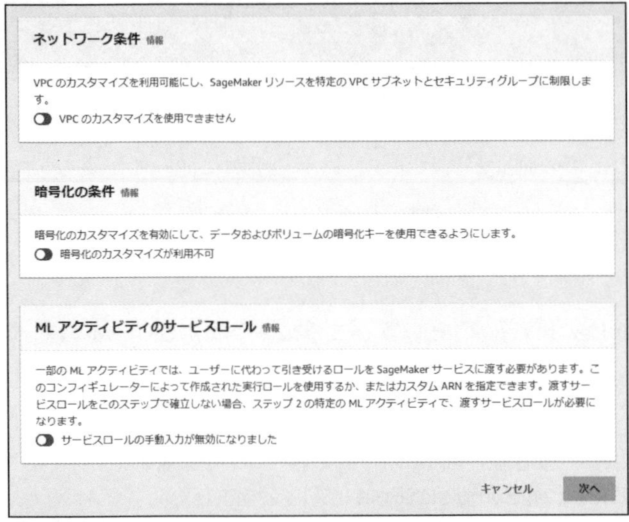

ネットワーク条件 情報
VPC のカスタマイズを利用可能にし、SageMaker リソースを特定の VPC サブネットとセキュリティグループに制限します。
VPC のカスタマイズを使用できません
暗号化の条件 情報
暗号化のカスタマイズを有効にして、データおよびボリュームの暗号化キーを使用できるようにします。
暗号化のカスタマイズが利用不可
ML アクティビティのサービスロール 情報
一部の ML アクティビティでは、ユーザーに代わって引き受けるロールを SageMaker サービスに渡す必要があります。このコンフィギュレーターによって作成された実行ロールを使用するか、またはカスタム ARN を指定できます。渡すサービスロールをこのステップで確立しない場合、ステップ 2 の特定の ML アクティビティで、渡すサービスロールが必要になります。
サービスロールの手動入力が無効になりました
キャンセル
次へ

図 4-5　その他の設定はデフォルトのままにしておく。

●2. 機械学習アクティビティを設定

機械学習アクティビティを設定します。これは、機械学習に関連するさまざまな機能の中からどれを利用できるようにするかを指定するものです。ロールのアクセス権のペルソナを選択すると、そのペルソナに用意されたアクティビティが自動的にONとなります。このまま設定は変更しないでください。

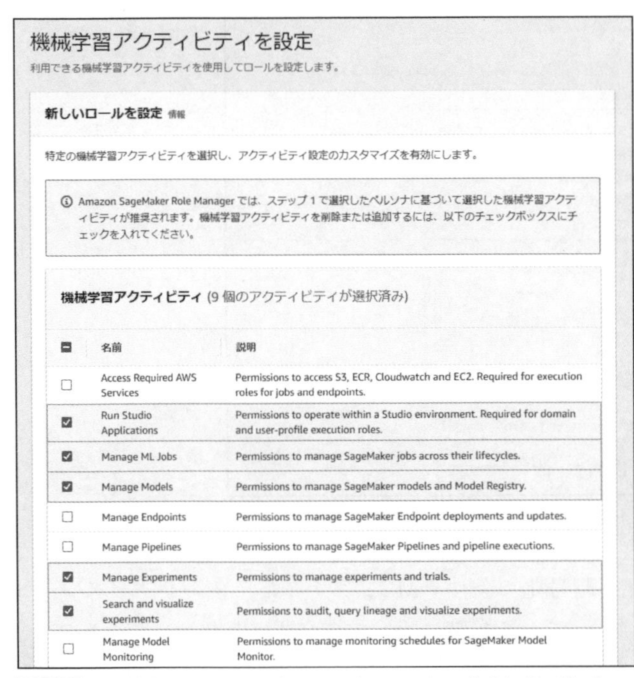

機械学習アクティビティを設定
利用できる機械学習アクティビティを使用してロールを設定します。
新しいロールを設定 情報
特定の機械学習アクティビティを選択し、アクティビティ設定のカスタマイズを有効にします。
Amazon SageMaker Role Manager では、ステップ 1 で選択したペルソナに基づいて選択した機械学習アクティビティが推奨されます。機械学習アクティビティを削除または追加するには、以下のチェックボックスにチェックを入れてください。
機械学習アクティビティ (9 個のアクティビティが選択済み)
名前
説明
Access Required AWS Services
Permissions to access S3, ECR, Cloudwatch and EC2. Required for execution roles for jobs and endpoints.
Run Studio Applications
Permissions to operate within a Studio environment. Required for domain and user-profile execution roles.
Manage ML Jobs
Permissions to manage SageMaker jobs across their lifecycles.
Manage Models
Permissions to manage SageMaker models and Model Registry.
Manage Endpoints
Permissions to manage SageMaker Endpoint deployments and updates.
Manage Pipelines
Permissions to manage SageMaker Pipelines and pipeline executions.
Manage Experiments
Permissions to manage experiments and trials.
Search and visualize experiments
Permissions to audit, query lineage and visualize experiments.
Manage Model Monitoring
Permissions to manage monitoring schedules for SageMaker Model Monitor.

図 4-6　機械学習アクティビティ。デフォルトのままにしておく。

その下には、「Manage ML Jobs」「Manage Models」といった項目があります。これらは何もする必要はありません。

その更に下に「S3 Bucket Access」という項目があります。これはS3(AWSのストレージ)に「バケット」というデータの保存場所を用意しておくためのものです。これは必ず設定しておく必要があります。

フィールドに、バケット名を入力しEnterしてください(ここでは「my-bucket」としておきました)。これでバケット名が設定されます。そのまま「次へ」ボタンで次に進んでください。

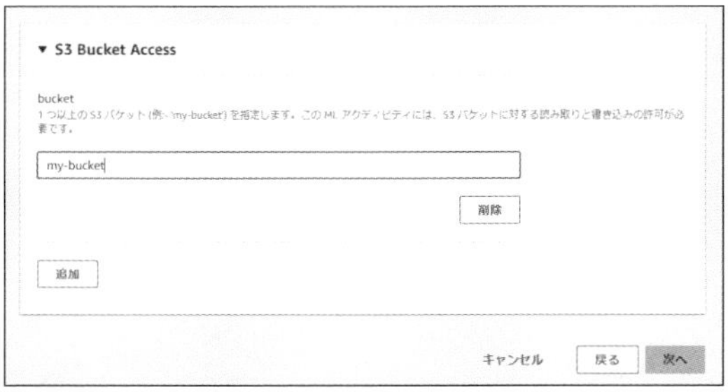

図 4-7 バケット名を入力する。

●3. ポリシーとタグを更に追加

続いて「このロールにIAMポリシーを更に追加」という表示が現れます。ポリシーというのは、ロールに設定できる各種のアクセス権をまとめたものです。ここでポリシーを追加することで、そのポリシーに用意されたアクセス権が使えるようになります。

図 4-8 ポリシーを追加する画面が現れる。

では、ポリシーの検索フィールドに「sagemaker」とタイプしてください。sagemakerというテキストを含むポリシーが検索されます。その中から、「AmazonSageMakerFullAccess」という項目のチェックをONにしましょう。これで、ロールにSageMakerに関するすべてのアクセスが追加されます。

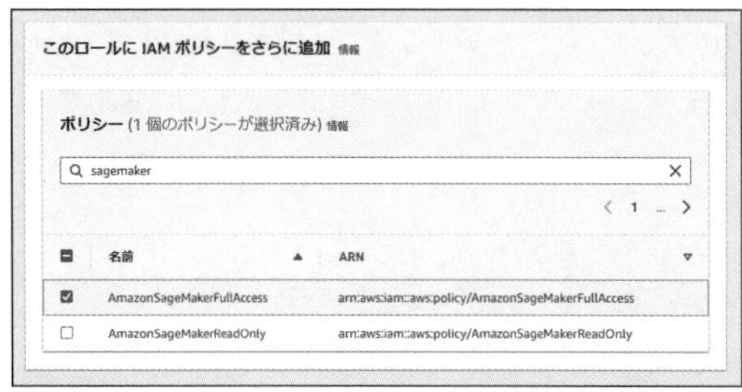

図 4-9　AmazonSageMakerFullAccessを検索しONにする。

●4. ロールを確認

設定したロールの内容が表示されるので、間違いがないか確認します。そして一番下にある「送信」ボタンをクリックすればロールが作成されます。

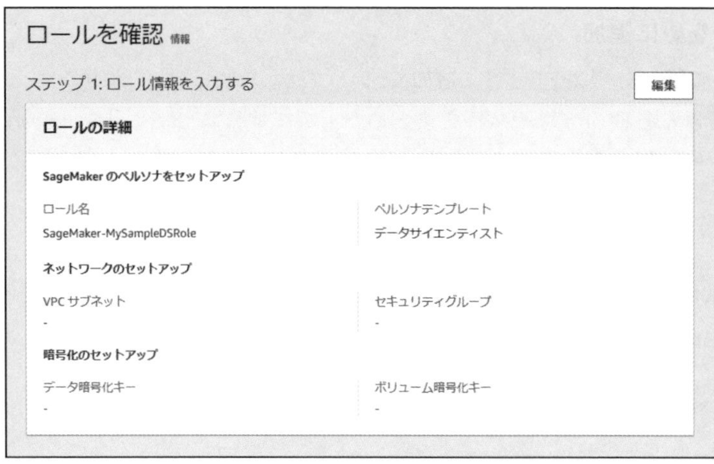

図 4-10　設定したロールの内容を確認し、「送信」ボタンを押す。

無事、ロールが作成されると、SageMakerの「Role Manager」というページに移動します。そして上部に「成功」と緑色のメッセージが表示されます。これは、無事にロールが作成されたという知らせです。

図 4-11　ロールが無事に作成された。

ロールにポリシーを追加する

では、上部の「成功」メッセージ右側にある「ロールに移動」ボタンをクリックしてください。作成したロールの内容を表示するページに移動します。

ここでは名前や作成日などの情報の下に「許可」という表示があり、そこに「許可ポリシー」というものがリスト表示されます。これが、作成したロールに組み込まれているポリシーのリストです。

作成したロールは、SageMakerの機能にアクセスするポリシーが設定されています。が、これで完璧ではありません。SageMakerだけでなく、Bedrockの機能にもアクセスできるようにポリシーを追加する必要があるのです。

では、これも順に作業をしていきましょう。

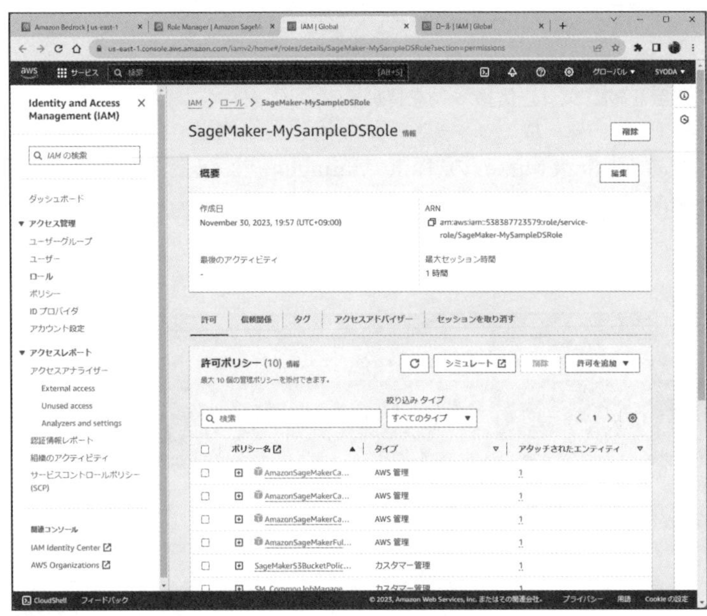

図 4-12　作成したロールのポリシーが表示される。

●1. インラインポリシーを作成

では、ポリシーを追加しましょう。まず、「許可ポリシー」の右上にある「許可を追加」というボタンをクリックしてください。メニューが現れるので、そこから「インラインポリシーを作成」メニューを選びます。

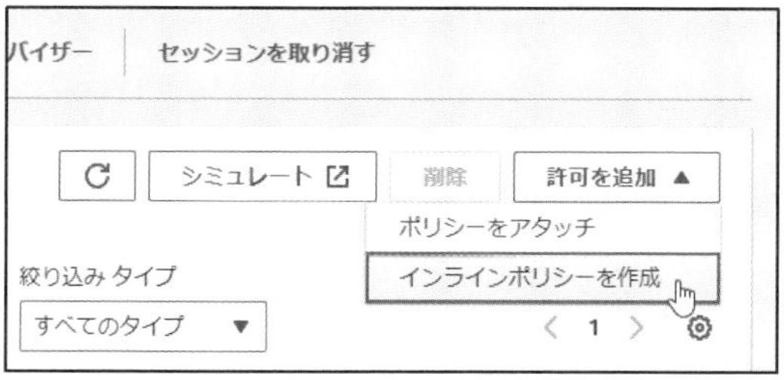

図4-13 「許可を追加」から「インラインポリシーを作成」メニューを選ぶ。

●2. アクセス許可を指定

アクセス許可を設定するための表示が現れます。ここで細かく許可の内容を設定します。ただし、項目を検索して1つ1つ追加していくのは逆に間違える可能性があります(似たようなポリシーが多数あるので)。そこで、今回は直接コードを記入しましょう。

ポリシーエディタという表示にある「ビジュアル」「JSON」の切り替えボタンから「JSON」をクリックして選択してください。

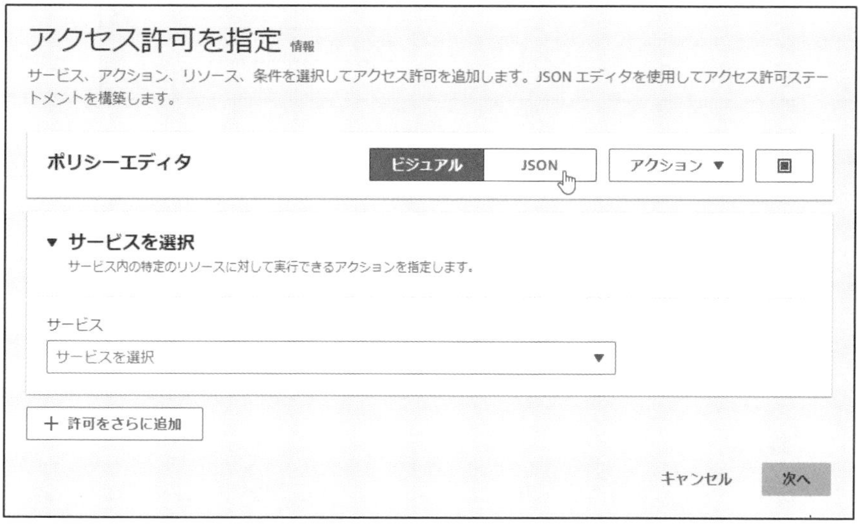

図4-14 ポリシーエディタを「JSON」に切り替える。

JSONコードを直接記入するエディタになります。ここで、以下のようにポリシーを記述してください。記述したら、下部の「次へ」ボタンで次に進みます。

リスト4-1

```
{
    "Version": "2012-10-17",
    "Statement": [
        {
```

```
            "Effect": "Allow",
            "Action": "bedrock:*",
            "Resource": "*"
        }
    ]
}
```

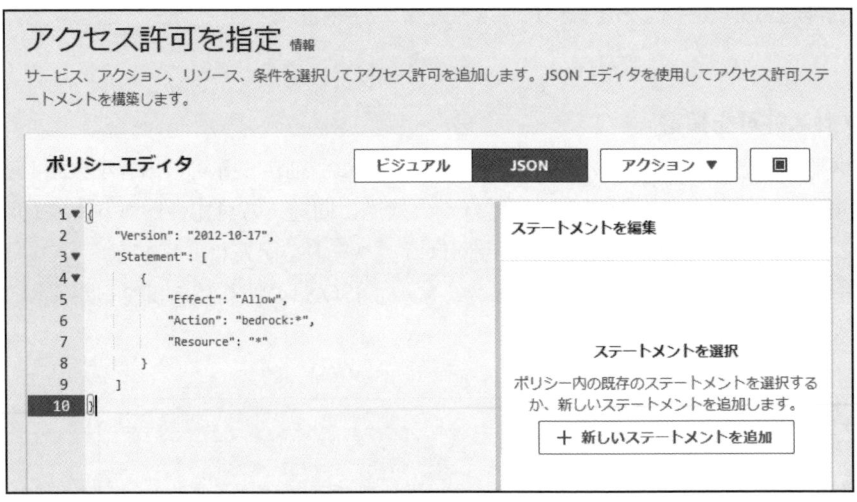

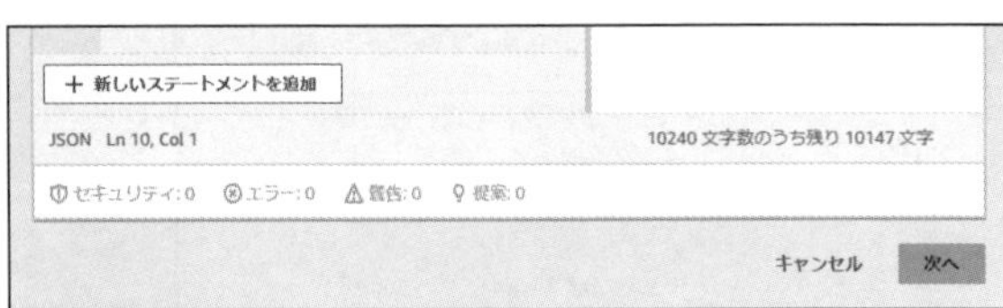

図 4-15 エディタに直接JSONのコードを記述する。

●3. 確認して作成

ポリシーの名前を入力する画面になります。ここでは「my-bedrock-policy」としておきました。記述したら「ポリシーの作成」ボタンをクリックすれば、ポリシーが追加されます。

確認して作成 情報
許可を確認し、詳細とタグを指定します。

ポリシーの詳細

ポリシー名
このポリシーを識別するためのわかりやすい名前を入力します。
my-bedrock-policy
最大 128 文字です。英数字と「+=,.@-_」の文字を使用してください。

このポリシーで定義されている許可 情報　編集
このポリシードキュメントで定義されている許可は、許可または拒否するアクションを指定します。IAM アイデンティティ (ユーザー、ユーザーグループ、またはロール) の許可を定義するには、ポリシーをアタッチします

検索

許可 (402 個中 1 個のサービス)　残りの 401 個のサービスを表示

サービス	アクセスレベル	リソース	リク
Bedrock	フルアクセス	すべてのリソース	Non

キャンセル　前へ　ポリシーの作成

図 4-16 名前を入力し、ポリシーを作成する。

●4. 信頼関係

ポリシーの内容表示ページに戻ります。続いて、信頼関係を編集します。「許可」の隣にある「信頼関係」というボタンをクリックして表示を切り替えてください。下に「信頼されたエンティティ」と表示があり、そこに信頼ポリシーのコードが表示されます。

そのまま「信頼ポリシーを編集」ボタンをクリックしてください。

図 4-17 「信頼関係」を表示し、「信頼ポリシーを編集」ボタンをクリックする。

●5. 信頼ポリシーを編集

信頼ポリシーの編集を行うエディタが表示されます。この内容を以下のように書き換えてください。

リスト4-2

```
{
    "Version": "2012-10-17",
    "Statement": [
        {
            "Effect": "Allow",
            "Principal": {
                "Service": "bedrock.amazonaws.com"
            },
            "Action": "sts:AssumeRole"
        },
        {
            "Sid": "",
            "Effect": "Allow",
            "Principal": {
                "Service": "sagemaker.amazonaws.com"
            },
            "Action": "sts:AssumeRole"
        }
    ]
}
```

編集したら、下部にある「ポリシーを更新」ボタンで内容を更新します。これで信頼関係にSageMakerとBedrockのサービスが設定されました。

信頼ポリシーを編集

```
{
    "Version": "2012-10-17",
    "Statement": [
        {
            "Effect": "Allow",
            "Principal": {
                "Service": "bedrock.amazonaws.com"
            },
            "Action": "sts:AssumeRole"
        },
        {
            "Sid": "",
            "Effect": "Allow",
            "Principal": {
                "Service": "sagemaker.amazonaws.com"
            },
            "Action": "sts:AssumeRole"
        }
    ]
}
```

ステートメントを編集

ステートメントを選択

ポリシー内の既存のステートメントを選択するか、新しいステートメントを追加します。

＋ 新しいステートメントを追加

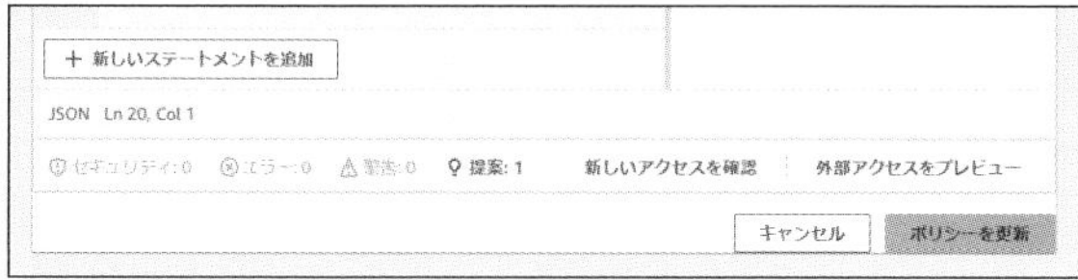

図 4-18 ポリシーエディタで内容を編集する。

これでポリシーの内容表示画面に戻り、「ポリシーを更新しました」とグリーンのメッセージが表示されます。これで、ロールが完成しました。

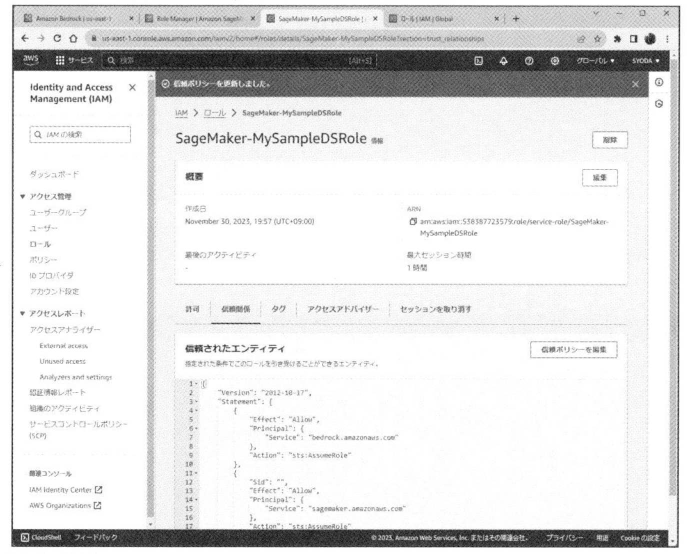

図 4-19 ポリシーが更新された。

Section 4-2 ノートブックの作成

ノートブックを利用する

では、ノートブックを利用しましょう。SageMakerの左側のメニューリストから「ノートブック」という項目内にある「ノートブック」をクリックしてください。ノートブックの管理ページが現れます。

ここには、作成したノートブックのリストが表示されます(まだ作ってないので、何も表示されませんが)。ノートブックの作成や、不要なノートブックの削除、ノートブックの起動など、基本的な操作はすべてここで行います。

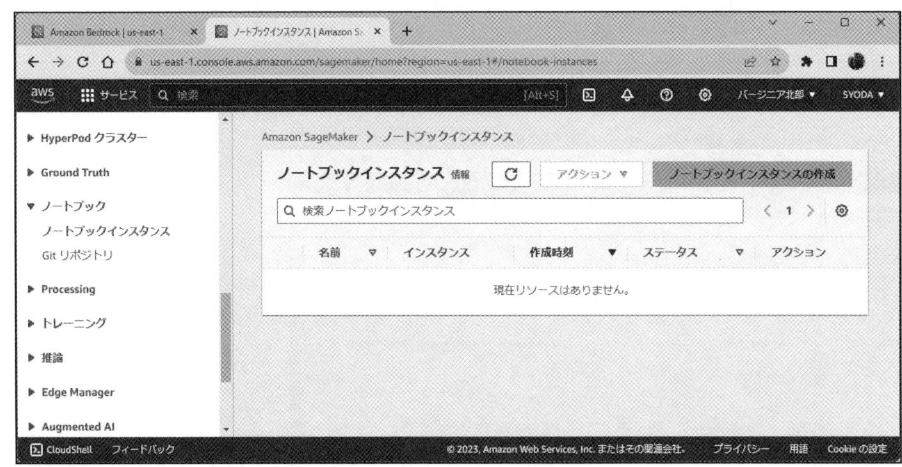

図 4-20 「ノートブック」の画面。ここでノートブックを作る。

インスタンスの作成

では、ノートブックを作りましょう。画面にある「ノートブックインスタンスの作成」というボタンをクリックしてください。ノートブックは、インスタンスと呼ばれるものを作成して使います。このインスタンスが、実際に利用するノートブック本体と考えてください。

ボタンをクリックすると、ノートブックインスタンス作成の画面が現れます。ここで、「ノートブックインスタンスの設定」というところを以下のように入力してください。

ノートブックインスタンス名	名前を入力します。ここでは「samplebook」としておきました。
ノートブックインスタンスのタイプ	どのようなハードウェア構成のインスタンスを作成するかを指定します。ここでは「ml.t3.medium」を選んでおきます。
Elastic Interface	GPUの推論アクセラレーションを設定するものです。今回は特に設定する必要はありません。
プラットフォーム識別子	プラットフォームの種類を選びます。ここでは「Amazon Linux 2, Jupyter Lab 3」を選んでおきます。

この中で注意したいのが「ノートブックインスタンスのタイプ」でしょう。ここで、クラウド上に構築される仮想ハードウェア環境が設定されます。ここで選んだml.t3.mediumは、以下のような仕様となっています。

●ml.t3.mediumの仕様

CPU	2
メモリ	4 GB
時間あたりの課金	0.05USD

もっとも低価格のタイプであり、1時間あたり0.05ドルしかかかりません。モデルの訓練やテストなどを行うにはとても貧弱すぎますが、単に生成AIモデルにアクセスするだけならこれで十分です。とりあえず、これでいろいろと試してみることにしましょう。

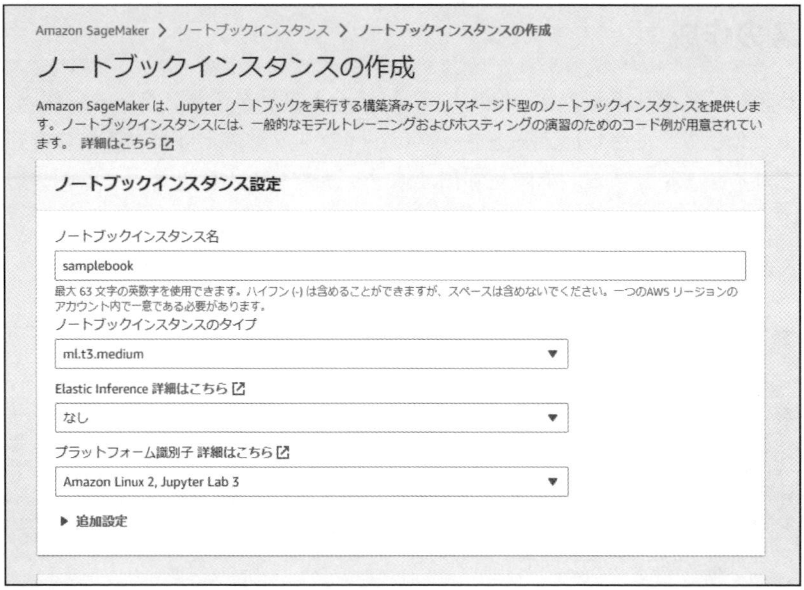

Amazon SageMaker > ノートブックインスタンス > ノートブックインスタンスの作成

ノートブックインスタンスの作成

Amazon SageMaker は、Jupyter ノートブックを実行する構築済みでフルマネージド型のノートブックインスタンスを提供します。ノートブックインスタンスには、一般的なモデルトレーニングおよびホスティングの演習のためのコード例が用意されています。 詳細はこちら

ノートブックインスタンス設定

ノートブックインスタンス名

samplebook

最大 63 文字の英数字を使用できます。ハイフン(-)は含めることができますが、スペースは含めないでください。一つのAWS リージョンのアカウント内で一意である必要があります。

ノートブックインスタンスのタイプ

ml.t3.medium

Elastic Inference 詳細はこちら

なし

プラットフォーム識別子 詳細はこちら

Amazon Linux 2, Jupyter Lab 3

▶ 追加設定

図 4-21 ノートブックインスタンスの設定を行う。

アクセス許可と暗号化

「ノートブックインスタンスの設定」の下には、「アクセス許可と暗号化」という表示があります。ここで、「IAMロール」というところから、先ほど作成したロール(SageMaker-MySampleDSRole)を選びます。作成したロール名は、MySampleDSRoleではなく、SageMaker-MySampleDSRoleというように「SageMaker-○○」という名前になりますので注意してください。

その下の「ルートアクセス」は「有効化」を選んでおきます。「暗号化キー」は、「カスタム暗号化なし」のままでいいでしょう。更に下にある「ネットワーク」「Gitリポジトリ」「タグ」などは特に設定する必要はありません。

これで設定は一通りできました。「ノートブックインスタンスの作成」ボタンをクリックすれば、インスタンスの作成を開始します。

アクセス許可と暗号化

IAM ロール
ノートブックインスタンスでは、SageMaker と S3 を含む他のサービスを呼び出すアクセス許可が必要です。ロールを選択するか、**AmazonSageMakerFullAccess** AWS に IAM ポリシーがアタッチされたロールを作成させます。
SageMaker-MySampleDSRole
ロール作成ウィザードを使用してロールを作成
ルートアクセス - オプション
有効化 - ノートブックへのルートアクセス権をユーザーに付与する
無効化 - ノートブックへのルートアクセス権をユーザーに付与しない
ライフサイクル設定には常にルートアクセス権が付与されます
暗号化キー - オプション
ノートブックデータを暗号化します。既存の KMS キーを選択するか、キーの ARN を入力します。
カスタム暗号化なし

▶ **ネットワーク** - オプション

▶ **Git リポジトリ** - オプション

▶ **タグ** - オプション

キャンセル　ノートブックインスタンスの作成

図 4-22 ロールを選択し、インスタンスを作成する。

作成すると、元のノートブックの画面に戻り、上部に「成功」とグリーンメッセージが表示されます。ただし、これは「作成が成功した」ということであり、まだ利用はできません。ノートブックインスタンスは、作成した後にインスタンスを起動して使います。この起動に時間がかかるのです。

その下のリスト表示部分に、作成したノートブックが項目として追加されていますが、「ステータス」のところは「Pending」となっているでしょう。これは、まだ起動作業中であることを示しています。そのまましばらく待ってください。

図 4-23 インスタンスは作成されるが、ステータスは「Pending」となっている。

しばらく待っていて、ステータスが「In Service」に変わったら、ノートブックが用意できています。これでノートブック利用の準備が整いました。

名前	インスタンス	作成時刻	ステータス	アクション
samplebook	ml.t3.medium	2023/11/30 20:21:49	InService	Jupyter を開く | JupyterLab を開く

図 4-24 ステータスが「In Service」に変わったら準備完了だ。

ノートブックを起動する

ステータスがIn Serviceに変わると、その隣の「アクション」のところに「Jupyterを開く」「Jupyter Labを開く」という2つのリンクが表示されます。

もし、ここに「開始」と表示されていたら、まだインスタンスが起動していません(ステータスは「Stopped」となっているでしょう)。「開始」をクリックして起動してください。起動できたら、ステータスが「In Service」に変わり、アクションでJupyterを開けるようになります。

では、「Jupyter Labを開く」をクリックして開きましょう。

Jupyter Labについて

ここでは、「Jupyter Lab」というツールを利用します。Jupyter Labは、Jupyterを更に使いやすく改良したもので、基本的な機能はJupyterと同じですが使い勝手はかなり向上しています。Pythonのコードを書いて実行するという基本部分は同じですから、どちらを使っても構いません。Jupyterに慣れている人は、そのままJupyterを利用すると良いでしょう。もし、「どちらも使ったことがない」というなら、Jupyter Labを選んでください。

リンクをクリックしてしばらくすると、Jupyter Labの画面が現れます。Jupyter Labは、左端にアイコンが縦に並んだバーがあり、その隣に各種機能の表示がされ、更に右側の広いエリアにノートブックの内容が表示される、という画面構成になっています。初期状態では、ノートブックが表示されるエリアには「Launcher (ランチャー)」というものが表示されています。これは、使いたいノートブックなどのファイルを素早く作成するリンク集のようなものです。

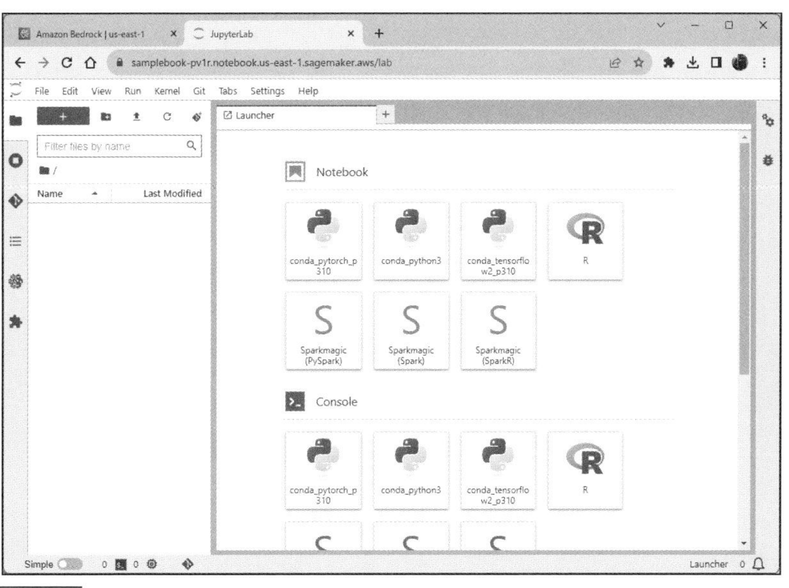

図 4-25　Jupyter Labの画面。

Jupyter と Jupyter Lab　Column

Jupyter と Jupyter Lab は、どちらも同じ Jupyter ベースのツールです。Jupyter は、基本的に「セル」と呼ばれるコードを記述実行するエリアをどんどん作っていきながらコーディングをしていきます。基本的に「1枚のノートブックを開いてそれを使う」というものです。

Jupyter Lab もセルを作っていくやり方は同じですが、サイドパネルで各種ツールを使えるようにしたり、タブを利用して複数のノートブックを開き切り替えながら利用したりできます。またプラグインにより機能を拡張していくことができ、より高度な機能を追加できます。

Jupyter は1枚のノートブックを開いて使うだけなので非常にシンプルであり、ビギナーには向いているでしょう。けれど、ある程度ノートブックを使えるようになってくると、ちょっと物足りなくなってくるかもしれません。本書では、最初から Jupyter Lab を使うことにしています。

ノートブックを作る

では、Launcherにあるアイコンの中から「Notebook」のところにある「conda_pytorch_p310」をクリックしてください。これはPython 3.1ベースのノートブックです。condaという仮想環境の管理システムを使ってPython 3.1の仮想環境を作成し、そこでノートブックのコードを実行します。

アイコンをクリックすると、新しいノートブックのファイルが開かれます。

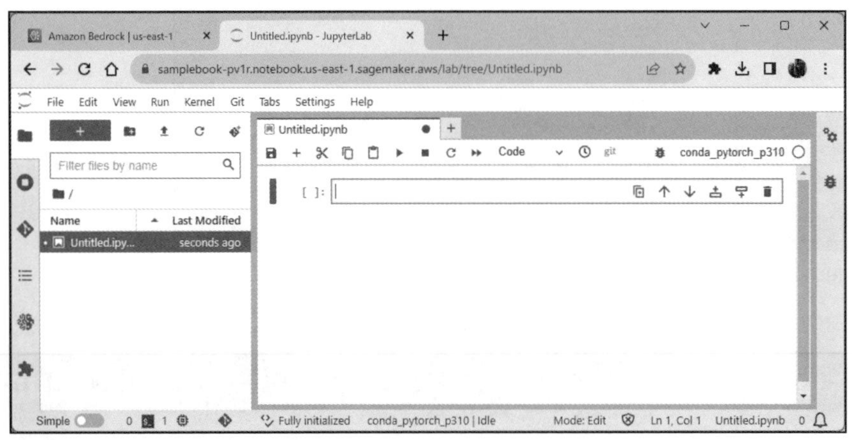

図 4-26　新しいノートブックが開かれた。

ファイルが開かれたら、名前を設定しておきましょう。ノートブックのタイトルバーの部分(タブの形になっているところ)を右クリックし、現れたメニューから「Rename Notebook...」を選んでください。画面に新しいファイル名を入力するパネルが現れるので、「sample1.ipynb」と変更して「Rename」ボタンをクリックします。これでファイル名が変更されます。

ノートブックは、「.ipynb」という拡張子のファイルとして作成されます。拡張子は変えないように注意しましょう。

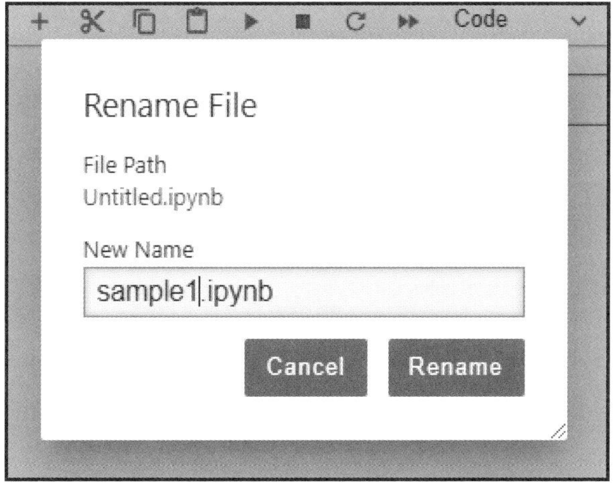

図 4-27 「Rename Notebook...」メニューを選び、新しいファイル名を入力する。

 コードを実行する

では、実際にPythonのコードを書いて実行してみましょう。ノートブックには、1行だけのテキストを入力できるフィールドのようなものが用意されていますね。これが「セル」です。ノートブックでは、この「セル」を用意して、そこにコードを記述するようになっています。

セルは、必要に応じていくらでも作ることができます。まずは、最初に用意されているセルに以下のコードを記述してみましょう。

リスト4-3

```
a = 100
b = 200
c = a + b
print("answer: " + str(c))
```

特に難しいことはしてない、シンプルなPythonのコードですね。では、このコードを実行してみましょう。セルが選択された状態で、上部に見えるツールバーから「Run」アイコン(「▶」のアイコン)をクリックしてください。選択されたセルのコードが実行され、その下に「answer: 300」とテキストが表示されます。これがコードの実行結果です。

ノートブックは、このように「セルにコードを記述」「セルを実行」「結果が表示される」というようにしてコーディングと実行を行っていきます。

またセルを実行すると、その下に新しいセルが自動追加されたのに気がついたでしょう。こうしてセルにコードを書いては実行し、また次のセルに新しいコードを書いては実行する、というのを繰り返して、どんどんコードを動かしていけるのです。

セルの実行結果は、そのままファイルに保存されます。つまり、次にノートブックファイルを開いたときにも、前回保存した実行結果が残っていて見ることができるのです。

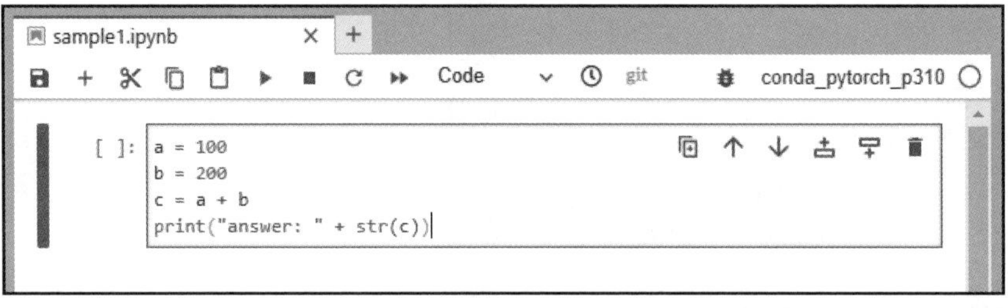

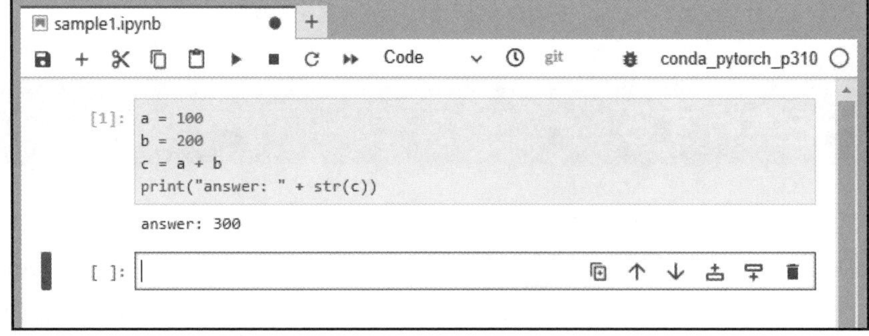

図 4-28 セルにコードを記述し、実行すると結果が表示される。

アイコンバーとサイドパネル

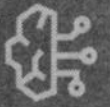

セルを使ったコードの実行ができたところで、ノートブックのその他の機能についても簡単に説明しておきましょう。

ノートブックには、左端にアイコンが縦に並んでいるバーがあります。これは、Jupyter Labに用意されている各種ツールを開くためのものです。デフォルトでは、一番上のフォルダーのアイコンが選択されているでしょう。これは、ファイルブラウザのアイコンです。

File Browser（ファイルブラウザ）

ファイルブラウザは、Jupyterのディレクトリにあるファイルを表示したり、ファイルアップロードやダウンロードなどを行うものなのです。アイコンバーの右側にあるエリアには、作成したノートブックファイル「sample1.ipynb」がリストに表示されているのがわかるでしょう。これがファイルブラウザです。作成したファイル類は、このようにすべてファイルブラウザで表示されます。

ファイルブラウザの上部には、いくつかのアイコンが並んでいますね。これらはファイルブラウザに用意されている機能で、左から順に以下のようなものが並んでいます。

新規ランチャー	「＋」アイコンは、新しいランチャーを開きます。
新規フォルダー	フォルダーに「＋」アイコンは、新しいフォルダーを作成します。
アップロード	ファイルをアップロードするためのものです。
更新	表示を更新します。
Gitクローン	Gitのリポジトリを追加します。これにより、Gitのリポジトリを埋め込み、そこにあるファイル類を利用できるようにします。

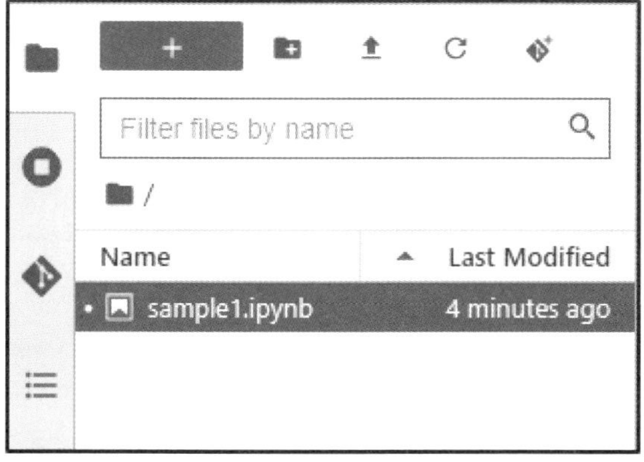

図 4-29　ファイルブラウザでは、ファイルがリスト表示される。

リストに表示されるファイル類は、右クリックするとメニューが呼び出され、ファイルの各種操作を行うことができます。ファイルの削除、リネーム、ファイルのコピー＆ペースト、新規ファイル／フォルダーの作成など、ファイルに関する機能はすべてこのメニューにまとめられています。

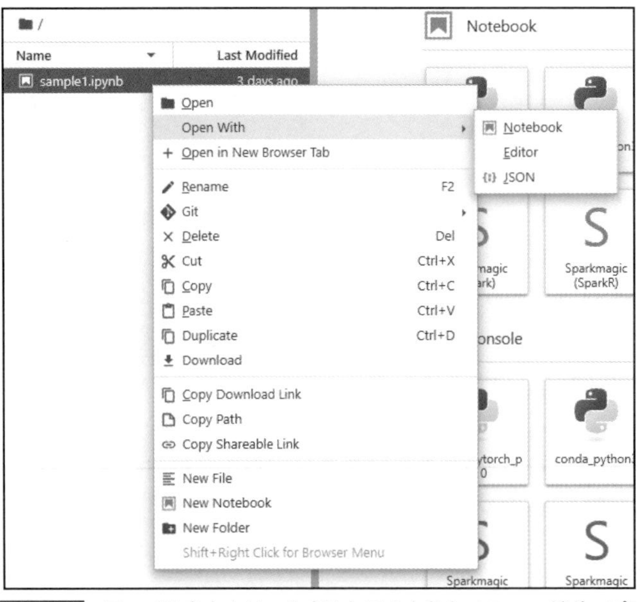

図 4-30　ファイルを右クリックするとこのようなメニューがポップアップして現れる。

Running Terminals and Kernels（実行ターミナルとカーネル）

現在、実行中のターミナルとカーネルを管理するところです。

ターミナルは、コマンドプロンプトなどのようにノートブックを実行している仮想環境にコマンドでアクセスするシェルです。これは「File」メニューの「New」内から「Terminal」を選んで開けます。

またカーネルは、仮想環境で起動されているPythonのランタイム環境です。ランチャーで新しいノートブックを開いたときに自動的にカーネルが起動し、それを利用する形でノートブックが作成されています。

ここには以下のような項目が用意されています。

OPEN TABS	現在、開いているすべてのタブを表示します。
KERNELS	現在、実行中のカーネル(表示はカーネルで動いているノートブック)です。
TERMINALS	現在、開いているターミナルです。

OPEN TABSには、KERNELSとTERMINALSにあるカーネルとターミナルの両方が表示されています(それ以外にも、ランチャーなどが表示されます)。これらの表示項目には右側にクローズボックスがついており、クリックして閉じることができます。

カーネルやターミナルは、開いているファイルを閉じても、それだけでは終了しません。例えばノートブックを開いて実行しているとき、ノートブックを閉じてもカーネルはまだ実行した状態のままということがよくあります。こうしたとき、このRunning Terminals and Kernelsでカーネルのクローズボックスをクリックして閉じれば、カーネルそのものが終了します。

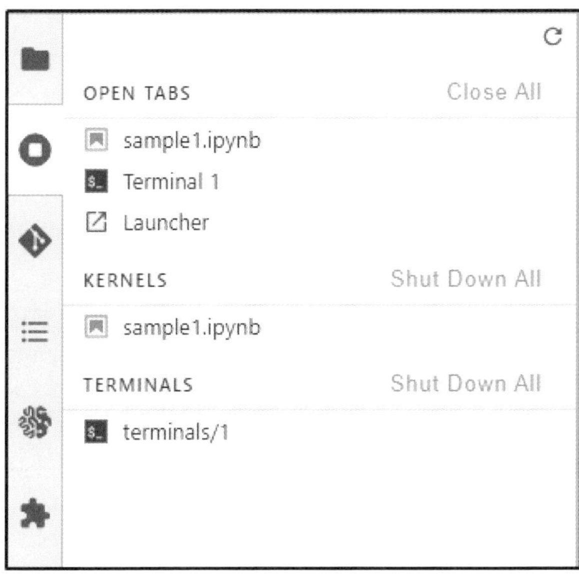

図 4-31 実行中のターミナルとカーネル。ここではサンプルとしてノートブックとターミナル、ランチャーを開いたところ。

Git

その下にあるアイコンは、Gitのリポジトリに関するものです。Jupyter Labでは、Gitのリポジトリを作成して扱えるようになっています。ここには以下のようなボタンが用意されています。

Open the FileBrowser	ファイルブラウザを開きます。
Initialize a Repository	Gitのリポジトリを作成し、そこでファイルなどを管理します。
Clone a Repository	既にあるGitリポジトリを埋め込み、そこでファイルを管理します。

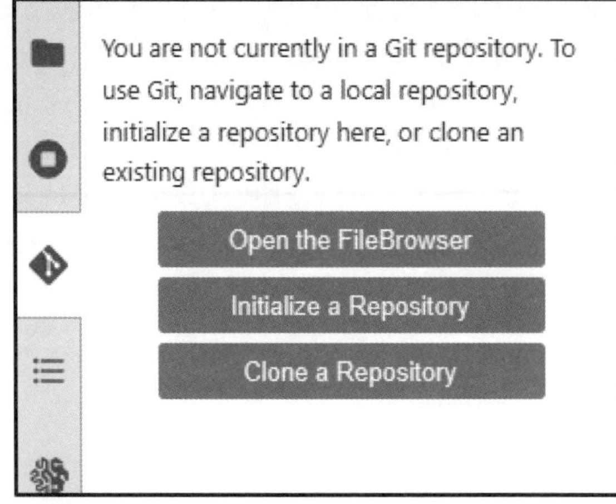

図 4-32 「Git」の画面。3つのボタンがある。

初期状態では、まだGitリポジトリは使われていません。「Initialize a Repository」ボタンをクリックし、確認のアラートで「Yes」ボタンをクリックすると、「SageMaker」というリポジトリを仮想環境内に作成し、そこにファイルを保管します。

Gitリポジトリが用意されると、表示が変わり、Gitの管理を行うための画面が現れます。これにより、修正されたファイルの情報やコミットの送信などを行えるようになります。Gitの使い方については別途学習してください。

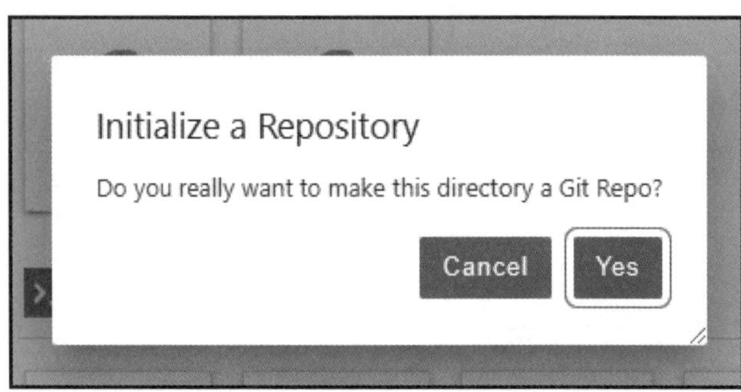

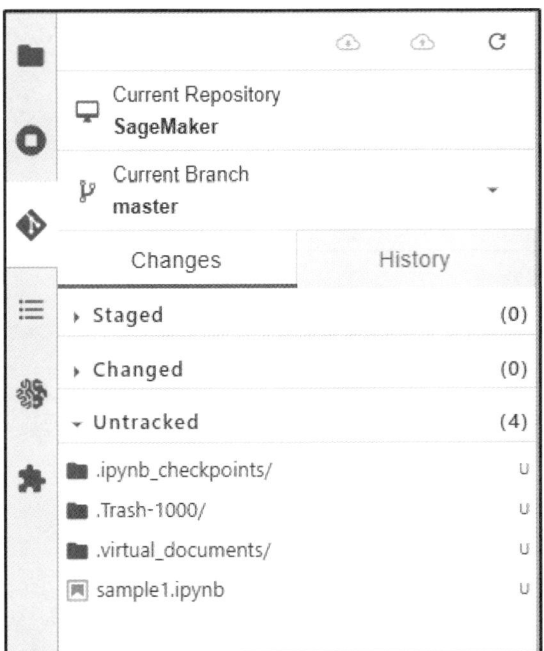

図 4-33 「Initialize a Repository」でGitリポジトリを初期化するとGit用の表示に変わる。

Table of Contents（目次）

これは、Markdownのコンテンツを作成する際に使うものです。Markdownでは、見出しを簡単に指定してドキュメントを作成できますが、この見出しを目次としてまとめて表示します。それぞれの見出しはリンクになっており、クリックしてそのコンテンツに移動できます。

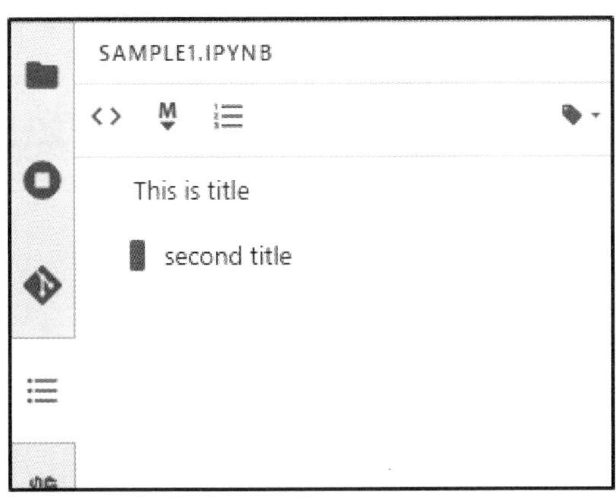

図 4-34 Markdownのコンテンツの見出し。これはサンプルとして簡単なコンテンツを書いた状態。

Amazon SageMaker sample notebooks（サンプルノートブック）

これは、SageMakerのサンプルノートブックがまとめられているところです。ここには、SageMakerを利用するさまざまなサンプルコードがノートブックとして用意されています。ノートブックのほとんどは見るだけ（書き込み不可）なので、コピーして利用します。

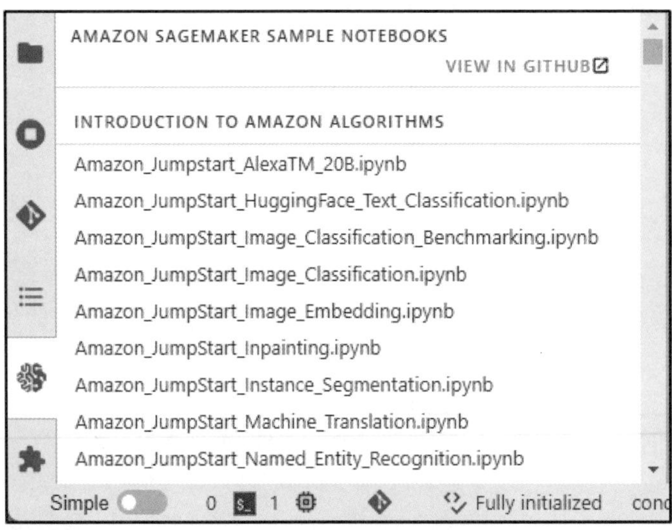

図 4-35　サンプルのノートブックがまとめられている。

使ってみたいノートブックがあれば、それをダブルクリックして開きます。ただし、おそらくほとんどのものは、read-only previewと表示されます。これらは書き込み不可であるため、コピーして利用する必要があります。ドキュメントの上部にブルーのメッセージが表示され、「Create a Copy」というボタンが表示されていたら、ファイルをコピーして利用する必要があります。

「Create a Copy」ボタンをクリックし、画面に現れるパネルでノートブックのファイル名を入力して「Create a Copy」ボタンをクリックします。これでノートブックがコピーされて開かれます。同時に、カーネルを選択するパネルが現れるので、ここでカーネルを選択して「Select」ボタンをクリックします。これでノートブックが指定のカーネルで開かれ、利用可能になります。

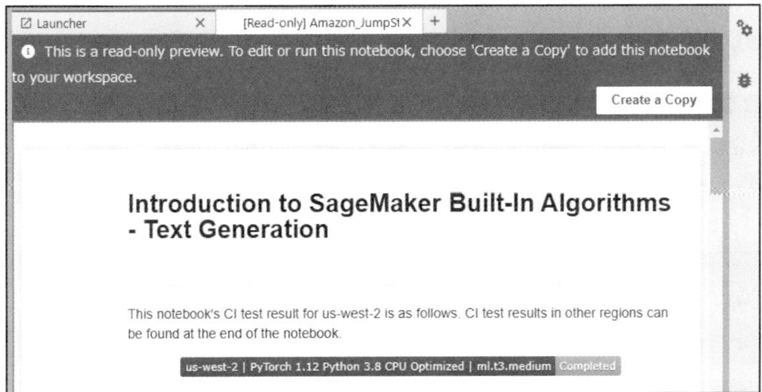

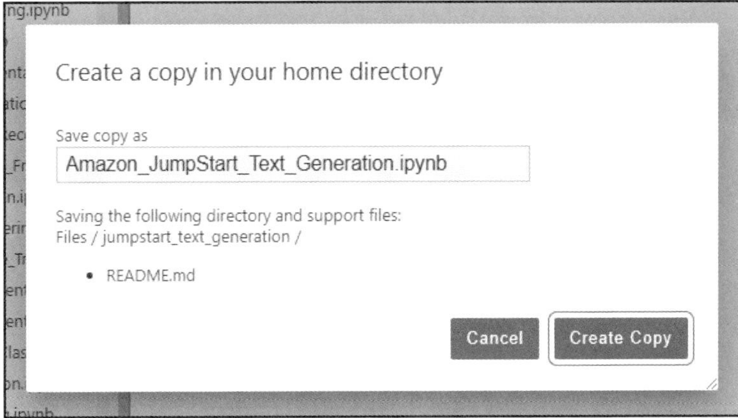

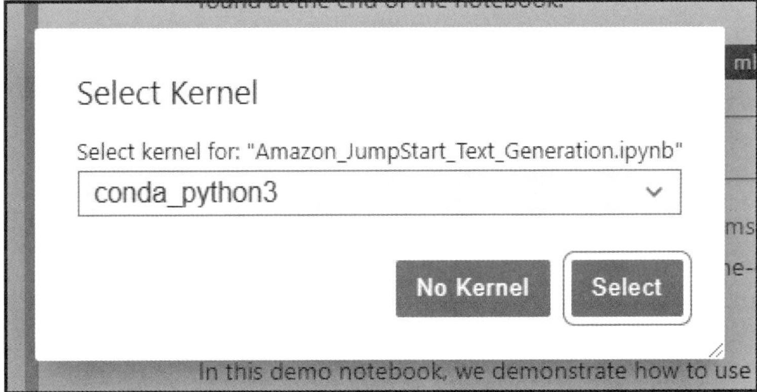

図 4-36 「Create a Copy」ボタンを押し、ファイル名とカーネルを指定する。

Exension Manager（機能拡張マネージャ）

Jupyter用の機能拡張を管理するところです。デフォルトでは、「WARNING」という警告のメッセージが表示されており、「Enable」というボタンだけが用意されています。このボタンをクリックすると、機能拡張が使えるようになります。

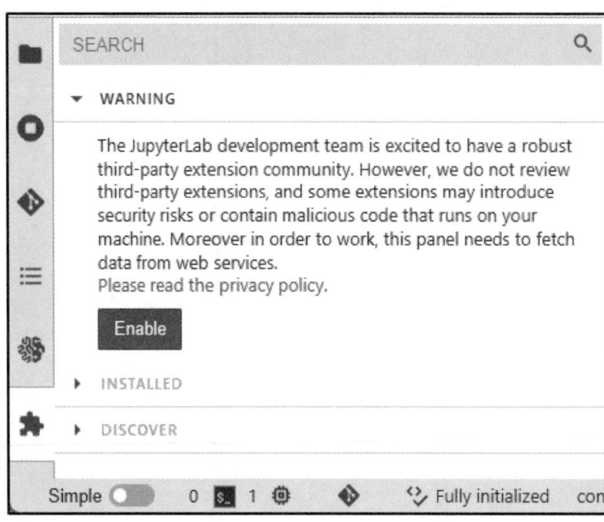

図 4-37 機能拡張マネージャ。デフォルトではまだ使える状態になっていない。

「Enable」ボタンで機能拡張をONにすると、「INSTALLED」というところにインストールされている機能拡張の一覧が表示されます。

その下には「DISCOVER」という表示があり、そこに利用可能な機能拡張が一覧表示されます。ここから使いたいものを選んで「Install」をクリックすると、その機能拡張を組み込むことができます。

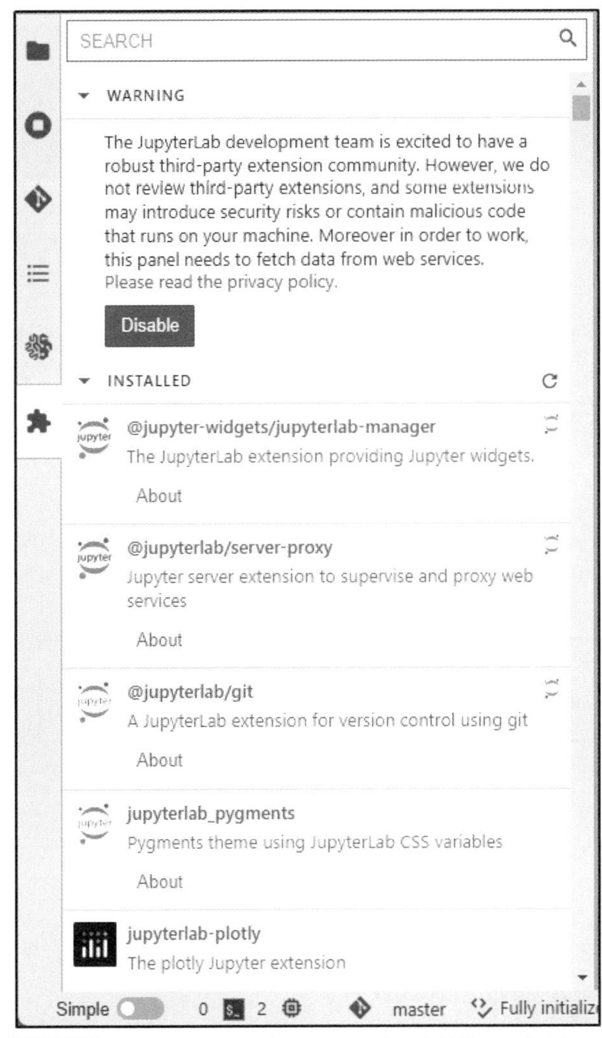

図 4-38　機能拡張マネージャがONになった状態。用意されている機能拡張が一覧で表示される。

Bedrockの機能を利用する

アイコンバーに用意されているツール類の使い方がだいたいわかれば、ノートブックはだいたい使えるようになります。その他にもメニューにはさまざまな機能が用意されてはいますが、それらは今すぐ使いこなせなくとも問題はありません。それよりも、ノートブックでBedrockの機能を実際に利用することを考えましょう。

では、作成したノートブックに新しいセルを作成してください(既に用意されている場合は、それをそのまま使います)。ここに、Bedrockの機能を利用するコードを記述します。

リスト4-4

```
import boto3

bedrock = boto3.client(service_name='bedrock')
```

ここでは「boto3」というモジュールを使っています。これはPythonからAWSにアクセスするためのモジュールです。Bedrockも AWSのサービスですから、boto3を利用してアクセスします。

ここではboto3の「client」というメソッドを利用していますね。これは、引数のservice_nameで指定したサービスにアクセスするためのクライアントオブジェクトを作成するものです。これで、Bedrockにアクセスするためのクライアントが用意されます。このあたりの詳細は次章であらためて説明するので、ここでは「こう書けばBedrockが使える」ということだけ頭に入れておいてください。

記述したらセルを実行しておきましょう。実行しても何も表示は変わりませんが、必要なオブジェクトが作成され使えるようになっています。

```
[2]: import boto3
     bedrock = boto3.client(service_name='bedrock')
```

図 4-39 boto3で、Bedrockにアクセスするクライアントを用意する。

基盤モデルの情報を得る

では、このクライアントの機能を使って、Bedrockの情報を取得してみましょう。例として、「Titan Text G1-Express」モデルの情報を取得してみます。

リスト4-5

```
bedrock.get_foundation_model(modelIdentifier='amazon.titan-text-express-v1')
```

```
[ ]: bedrock.get_foundation_model(modelIdentifier='amazon.titan-text-express-v1')
```

図 4-40 セルにTitan Text G1-expressにアクセスするコードを記述する。

記述したら、セルのコードを実行してください。するとセルの下に以下のようなテキストが出力されます。

```
{'ResponseMetadata': {'RequestId': '…ID値…',
  'HTTPStatusCode': 200,
```

```
  'HTTPHeaders': {……略……},
 'modelDetails': {……略……}}
```

これが、Bedrockから得られた情報です。見て気がついた人もいるでしょうが、これらの情報はJSONのデータとして送られてきます。

```
[6]: bedrock.get_foundation_model(modelIdentifier='amazon.titan-text-express-v1')

[6]: {'ResponseMetadata': {'RequestId': 'cf75039e-288c-4b28-ba65-97e3b2a4f723',
       'HTTPStatusCode': 200,
       'HTTPHeaders': {'date': 'Fri, 01 Dec 2023 09:37:12 GMT',
        'content-type': 'application/json',
        'content-length': '402',
        'connection': 'keep-alive',
        'x-amzn-requestid': 'cf75039e-288c-4b28-ba65-97e3b2a4f723'},
       'RetryAttempts': 0},
      'modelDetails': {'modelArn': 'arn:aws:bedrock:us-east-1::foundation-model/ama
     zon.titan-text-express-v1',
       'modelId': 'amazon.titan-text-express-v1',
       'modelName': 'Titan Text G1 - Express',
       'providerName': 'Amazon',
       'inputModalities': ['TEXT'],
       'outputModalities': ['TEXT'],
       'responseStreamingSupported': True,
       'customizationsSupported': [],
       'inferenceTypesSupported': ['ON_DEMAND']}}

[ ]:
```

図4-41　出力されたJSONフォーマットのデータ。

JSONフォーマットについて

JSON（JavaScript Object Notation）は、JavaScriptのオブジェクトをリテラルとして定義するのに用いられるフォーマットで、このような形で記述されています。

```
{
  キー: 値,
  キー: 値,
  ……
}
```

{}の中に、オブジェクトの中身を記述します。これはキーと呼ばれるもの(オブジェクトのプロパティに相当するものです)と、それに設定する値が用意されます。値は、テキストや数字はそのまま記述します。

配列(Pythonのリストのこと。多数の値をひとまとめにしたもの)を値として記述する場合は、[]という記号を使います。

```
キー: [ 値1, 値2, ……]
```

また、キーの値に更にオブジェクトを組み込むこともあります。このような場合も、{}を使ってオブジェクトを用意すればいいのです。

```
キー: { キー: 値, キー: 値, ……}
```

こんな具合にして、さまざまな値を組み合わせてオブジェクトを記述できるのがJSONです。そう複雑なものではありませんから、何度かJSONの値を見て内容を確認していけば、すぐに書き方は覚えられるでしょう。

modelDetailsにモデル情報がある

再び、先ほどのコードの実行結果に戻りましょう。出力されたJSONフォーマットのデータ内には、'modelDetails'というキーがありました。このキーには、値としてオブジェクトが定義されています。この部分を見ると、このようになっているのがわかります。

```
{'modelArn': 'arn:aws:bedrock:us-east-1::foundation-model/amazon.titan-text-
express-v1',
  'modelId': 'amazon.titan-text-express-v1',
  'modelName': 'Titan Text G1 - Express',
  'providerName': 'Amazon',
  'inputModalities': ['TEXT'],
  'outputModalities': ['TEXT'],
  ……以下略……
```

モデルに関する情報が記述されているのがわかるでしょう。'modelId'には、モデルのIDの値として'amazon.titan-text-express-v1'という値が指定されています。また'modelName'にはモデルの名前に'Titan Text G1 - Express'と設定され、'providerName'にはプロバイダー名として'Amazon'が指定されています。Titan Text G1-Expressの情報がいろいろと取り出されているのがわかりますね。

boto3を使ったBedrockの利用方法については、次章であらためて説明をします。とりあえず、これで「SageMakerのノートブックから、コードを使って簡単にBedrockのモデルにアクセスする」ということができました。

Bedrockを利用したプログラムの作成を行う場合、このSageMakerノートブックを使うのがもっとも一般的でしょう。本格的なコーディングを開始する前に、基本的な使い方をしっかり頭に入れておいてください。

SageMakerでノートブックを終了する

ノートブックは、仮想環境上でカーネルを実行して動いています。この仮想環境は、もちろん無料ではありません。これは起動している時間に応じて課金されます。したがって、ノートブックを使い終わったらカーネルを終了し、SageMakerノートブックを終わらせておかないと、どんどん費用だけが費用がかさんでしまいます。使い終わったら、必ずこれらを終了しておきましょう。

まず、Jupyter Labの画面でカーネルを終了しておきます。「Running Terminals and Kernels」のアイコンを選択し、現れた画面で「KERNELS」のところで実行しているノートブックのカーネルを終了してください。KERNELSのところにある「Shut Down All」をクリックすると、すべてのカーネルを終了します。

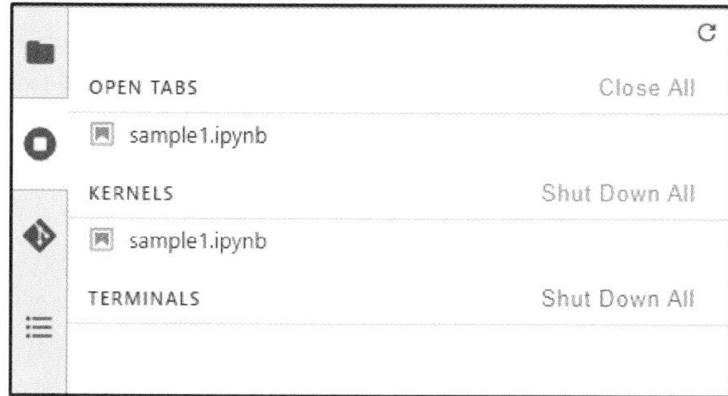

図 4-42　KERNELSの「Shut Down All」をクリックしてカーネルを終了する。

SageMakerでノートブックインスタンスをチェック

続いて、ノートブックインスタンスを終了しましょう。これは、SageMakerの画面で行います。ブラウザの「戻る」ボタンでSageMakerの「ノートブックインスタンス」画面に戻ってください。あるいは新しいタブを開き、SageMakerのページ(https://us-east-1.console.aws.amazon.com/sagemaker/)を開いて、そこからノートブックインスタンスのページに移動しても構いません。

ここには、作成したノートブックインスタンスが表示されていました。先ほどまで使っていたノートブックインスタンスも表示されています。このインスタンスの名前をクリックしてください。

図 4-43　ノートブックインスタンスの画面に戻る。

ノートブックインスタンスの詳細情報が表示されます。この画面の上部には、「停止」「Jupyterを開く」「Jupyter Labを開く」といったボタンが見えます。ここにある「停止」ボタンをクリックすると、インスタンスを停止します。

インスタンスの停止にはしばらく時間がかかります。「停止」ボタンが「開始」ボタンに変わったら、インスタンスが終了したということがわかります。

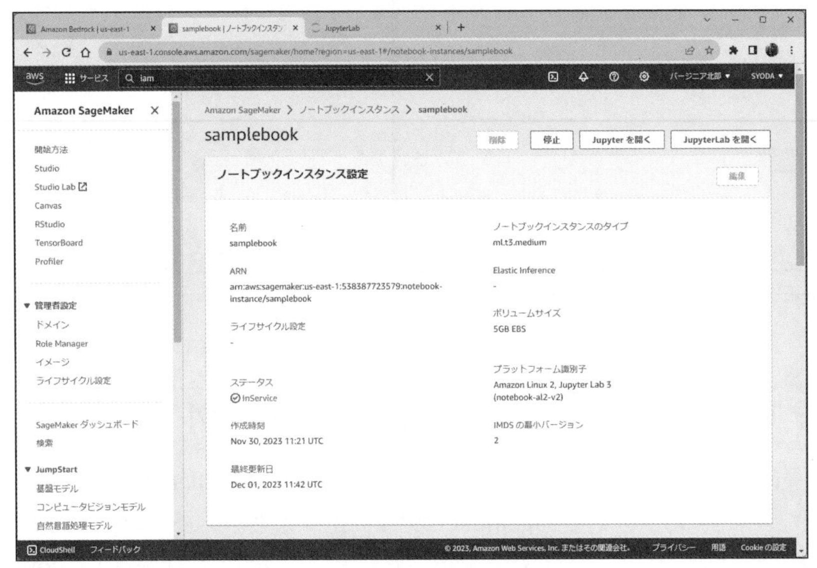

図 4-44　「停止」ボタンをクリックしてインスタンスを終了する。

SageMakerダッシュボードで確認する

ノートブックが終了しているか、ダッシュボードで確認しましょう。左側のメニューリストから、「SageMakerダッシュボード」という項目をクリックして開いてください。

これは、SageMakerの利用状況をまとめて表示するものです。ここに「最新のアクティビティ」という表示があり、そこにSageMakerの主な機能の利用状況が表示されます。ここにある「ノートブック」というところに、ノートブックの利用状況が表示されます。

「1 作成済み」という表示は、ノートブックインスタンスが1つ作成されていることを示します。もし、まだノートブックインスタンスが実行中の場合は、ここに「1 使用中」と表示されるでしょう。これがあれば、まだどこかでノートブックインスタンスが動いていることになります。「1 使用中」の表示をクリックするとノートブックインスタンスの管理ページに移動するので、そこから「アクション」ボタンをクリックして「停止」を選び、実行中のノートブックインスタンスを終了します。

図 4-45 ダッシュボードでノートブックの利用状況を確認する。

ノートブックインスタンスの利用はまとめて行おう

これで、ノートブックインスタンスの作成から利用、そして終了処理まで一通り行えました。SageMakerのノートブックの利用は、整理すると以下のような手順で行います。

1. インスタンスを開始する。
2. Jupyter/Jupyter Labを開く。
3. Jupyterでノートブックを開いてコーディング作業をする。
4. 使い終わったらJupyterのカーネルを終了する。
5. SageMakerに戻り、インスタンスを停止する。
6. ダッシュボードで終了を確認する。

このように、インスタンスを開始してJupyterを起動して作業を行い、終わったら必ずSageMakerに戻ってインスタンスを停止する、という作業を行います。

この作業を忘れると、いつまでもインスタンスが実行されたままになり、それだけ費用がかかります。終了を忘れてそのままインスタンスを放置していたら、相当な金額を支払う羽目になるでしょう。インスタンスの管理は忘れずに行ってください。

Chapter

5

Pythonによるテキスト生成モデルの利用

いよいよPythonを使って本格的にBedrockを利用していきます。ここではBedrockのモデル情報の取得について理解した後、「Titan」「Jurassic-2」「Claude」という3つの基本的なテキスト生成モデルについて使い方を説明していきます。

Section 5-1 Colaboratoryを準備しよう

JupyterとColaboratory

SageMakerのノートブックを使ってBedrockにアクセスする、という基本を前章で試しました。Bedrockを利用したプログラムというのは、実はPythonの専用SDKを使うことで簡単に行えることがわかりました。SageMakerにあるノートブックを作成すれば、SageMakerで仮想環境を構築し、その場でPythonのコーディングを行えました。これなら、いつでもBedrockのプログラム作成が行えますね。

けれど、SageMakerは扱いが難しいのも確かです。また、毎回ノートブックインスタンスを開始し、使い終わったら停止する、というのも面倒ですし、万が一終了するのを忘れたらそれだけ課金されてしまいます。本格的に Bedrockに取り組むなら問題ありませんが、「ちょっとBedrockを触ってみたい」「どんなものか学習したい」というようなときに、わざわざSageMakerを持ち出すのは少々気が重いでしょう。

そこで、別のプログラミング環境も使えるようにしましょう。それは、「Google Colaboratory（以下、Colabと略)」というものです。

Colabは、Googleが提供するオンラインのPython環境です。これも、SageMakerのノートブックと同様にJupyterをベースに作られています。同じJupyter利用のサービスですから、使い買ってもSageMakerのノートブックにかなり近く、すぐに使い方を覚えられます。SageMakerノートブックの代替環境として、Colabの使い方も覚えておくと良いでしょう。

SageMakerノートブックとColabの違い

SageMakerノートブックとColabは同じJupyterベースといっても、やはりいろいろと違う点があります。では､何が違うのでしょうか。簡単に両者の違いをまとめてみましょう。

Colabは無料！

Colabの最大の利点は「無料で使える」ということでしょう。Colabは、Googleのアカウントがあれば誰でもアクセスするだけで無料で使うことができます。

ただし、無料で使えるColabの環境は、ハードウェア的にそれほど強力なものではありません。そこで、よりパワフルな環境で利用したい人向けに有料サービスも提供しています。皆さんは、とりあえず無料版から使い始めましょう。

仮想環境の準備は不要

SageMakerノートブックは、まずノートブックインスタンスを作成し、これを起動して使います。使い終わったらインスタンスを停止しないといません。インスタンスの開始や終了にはそれなりに時間がかかりますし、「ちょっと試す」というのにはあまり向いていないのは確かでしょう。

Colabは、仮想環境の構築や起動などの面倒な操作もいりません。コードを実行すれば自動的にGoogleのクラウドでカーネルが起動して仮想環境が準備され、そこでコードが実行されます。

Googleドライブと連携

Colabは、Googleドライブと連携しており、ドライブを埋め込んでそこにあるファイルにアクセスすることができます。また、Colabで作成したノートブックファイルは、Googleドライブに自動保存され、いつでも開いて利用できます。

一定時間ですべて消える

Colabの最大の問題点は、「一定の時間が経過するとすべて消える」という点でしょう。Colabは、オンデマンドで仮想環境を構築しています。その場で新たな環境を作って実行し、一定時間が経過したらそれはすべて消去されるようになっているのです。ノートブックファイルはGoogleドライブに保存されますが、仮想環境に用意したものは、次回利用する際はすべてまた準備をやり直さないといけません。

Colabでのカーネルの連続利用時間は、最大で12時間〜24時間です（利用状況により調整されます）。連続してこれだけの時間を利用していた場合、そこで一度カーネルは終了します。改めて接続することは可能ですが、その際はそれまでの環境はすべて消えて新しい環境になっています。

SageMakerノートブックは、作成したインスタンスに仮想環境がすべて保存されており、起動すればいつでも前回の状態を再現し続きを行えます。Colabのような問題は起こりません。

Colabでノートブックを作る

では、実際にColabを使ってみましょう。Colabは、以下のURLにアクセスすればすぐに使い始めることができます。なお、AWSは後でまたアクセスしますからそのまま残しておき、新しいタブかウィンドウを開いてColabにアクセスしましょう。

```
https://colab.research.google.com/
```

アクセスすると、「ノートブックを開く」という表示が現れます。既に作成したノートブックがあれば、ここに表示されるので、そのまま開くことができます。

とりあえず、今回は「ノートブックを新規作成」ボタンをクリックして、新しいノートブックを作りましょう。

図 5-1 Colabにアクセスすると、ノートブックを作成する表示が現れる。

ボタンをクリックすると、即座に新しいノートブックが開かれます。初期状態で、セルが1つだけ用意されているのがわかるでしょう。左側にアイコンバーが並んでいるのは、Jupyter Labと同じですね(ただし、内容は少し違います)。

また、それぞれのセルごとに、右上に小さなアイコンが用意されており、それでセルの上下の移動や削除、コメントの記述などといった機能が呼び出せます。

図 5-2　作成されたノートブック。セルが1つだけ用意されている。

ファイル名を設定する

ノートブックが作成されたら、まずファイル名を設定しましょう。最上部に「Untitled0.ipynb」という表示がされていますね。これがファイル名です。この部分をクリックしてわかりやすい名前に変更しておきます。ここでは「bedrock-samplebook.ipynb」としておきました。

なお、.ipynbという拡張子は、消してしまってもノートブックの利用には差し障りはありません。

図 5-3　ファイル名を変更しておく。

コードを書いて動かそう

では、実際にコードを書いて動かしてみましょう。用意されているセルに以下のコードを記述してください。

▼リスト5-1

```
print("Hello!")
```

とても単純なものですね。記述したら、セルの左端にある実行アイコン（▶のアイコン）をクリックします。これでそのセルのコードが実行されます。

最初に実行するときは、ボタンをクリックしてから実行されるまでに少し時間がかかります。これは、仮想環境を作成し、カーネルを実行しているためです。Colabでは、セルを実行する際にまだカーネルが準備できていないと自動的にカーネルを実行します。

実行されると、セルの下に「Hello!」とテキストが表示されます。これが実行結果の表示です。セルの利用は、SageMakerノートブックと同様、セルを実行するとそのセルの下に実行結果が表示されるようになっています。

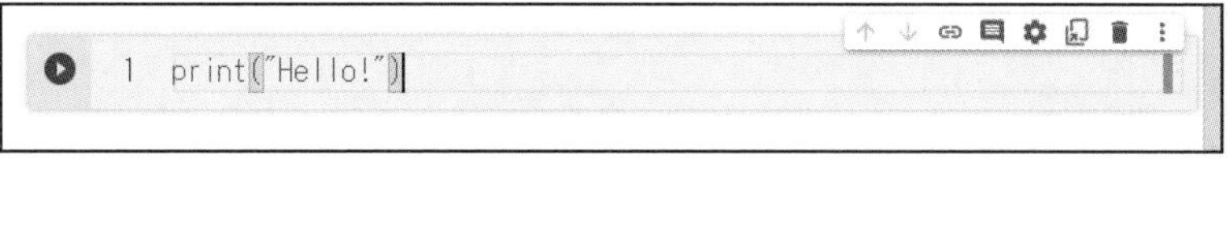

図 5-4 コードを書いて実行すると、セルの下部に実行結果が表示される。

カーネルの状況

セルを実行したら、その右上を見てください。それまであった「接続」という表示は、「RAM」「ディスク」という小さな表示に変わります。これは、カーネルが起動し接続されたことを示します。RAMとディスクの使用状況がグラフとして小さく表示されているのです。

コードの実行状況によっては、メモリやディスクが大幅に消費されることもあるでしょう。特にAI関係のコードはメモリとディスクを消費します。これらのグラフが上昇し、上限を超えると、カーネルがクラッシュして再起動することもあります。

ただし、クラッシュといっても、すべてGoogleのクラウドでの出来事ですから、皆さんのパソコンには何ら影響はありません。安心して使いましょう。

図 5-5 「接続」という表示が、RAMとディスクの小さなグラフに変わる。

「カーネル」ってなに？ Column

Colabでは、「カーネル」というものを使って動いています。これは一体、何でしょうか？

カーネルは、仮想環境の一種といっていいでしょう。Googleのクラウド上で、Pythonのプログラムを実行するためのソフトウェア環境として構築されているのがカーネルです。カーネルには一定のディスクスペースとメモリ、CPU、GPUといったものが割り当てられており、それらのハードウェアで動くPython実行用のミニプラットフォームのようなものといっていいでしょう。

Chapter 1
Chapter 2
Chapter 3
Chapter 4
Chapter 5
Chapter 6
Chapter 7
Chapter 8
Chapter 9
Chapter 10

セルの働き

Colabのノートブックは、セルを作成してコードを記述し実行します。この点は、SageMakerノートブックと同じです。が、UIはだいぶ変わっていますね。

Colabのノートブックでは、セルの操作は、各セルに用意されているアイコンで行われます。セルの実行は、セルの左端にある▶アイコンで行いましたね。その他に、各セルには右上に小さなアイコンバーがつけられており、そこにあるアイコンで操作をすることができます。

用意されているアイコンの機能について左から順に説明しましょう。

セルを上に移動	そのセルを上にあるセルと入れ替えます。
セルを下に移動	そのセルを下にあるセルと入れ替えます。
セルのリンクをコピー	セルのURLをコピーします。このURLにアクセスすると、ノートブックのそのセルが選択された状態で開かれます。
コメントを追加	セルにコメントを追加します。
エディタ設定を開く	エディタ設定のパネルを表示します。
タブのミラーセル	選択されたセルを別のセルとして開きます。
セルの削除	そのセルを削除します。
その他のセル操作	それ以外の操作をまとめたメニューを呼び出します。

図5-6 セルの右上に表示されるアイコンバー。

アイコンバーの右端にある「︙」をクリックすると、更にメニューが表示されます。ここで、セルのコピーやカット、結果の出力の消去などが行えます。またColabに用意されている値を入力するためのフィールドUIを挿入する機能も用意されています。

まずは、アイコンバーの基本的な働きを覚え、セルを使えるようになりましょう。

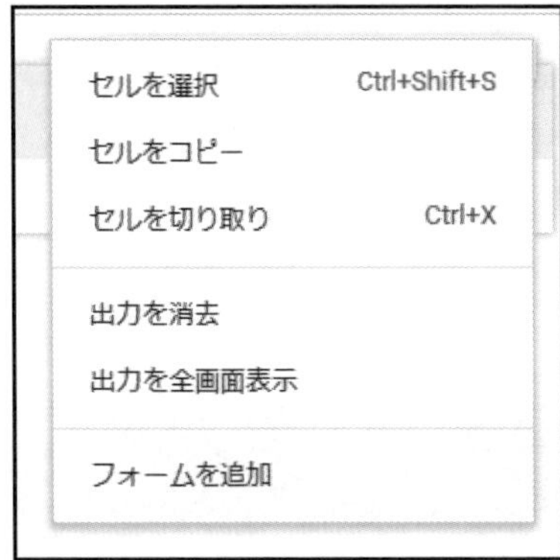

図 5-7 「︙」で呼び出されるメニュー。

Chapter 1
Chapter 2
Chapter 3
Chapter 4
Chapter 5
Chapter 6
Chapter 7
Chapter 8
Chapter 9
Chapter 10

アイコンバーとツール類

Colabのノートブックにも、SageMakerノートブックにあったのと同じようなアイコンバーが左端に用意されています。このアイコンをクリックすると、その右側のエリアに各種のツールのパネルが表示されます。これらのツール類についても簡単に説明しておきましょう。

目次

これはSageMakerノートブックにもありましたね。Makrdownのコンテンツを記述したときの見出しを整理して表示するものです。クリックすれば、その表示部分に移動します。また、「セクション」という表示をクリックすることで、その場に新たなタイトルのMarkdownコンテンツを作成することができます。

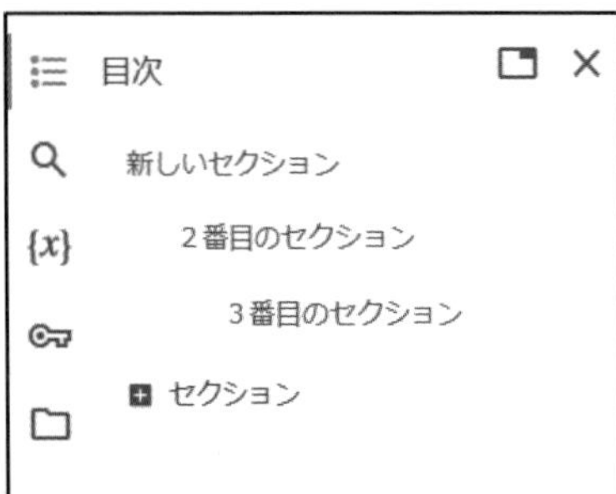

図 5-8 目次にはMarkdownの見出しが表示される。

検索と置換

コードの検索と置換に関するものです。「大文字と小文字を区別するか」「正規表現を使うか」といった設定をON/OFFするためのチェックボックスが用意されています。

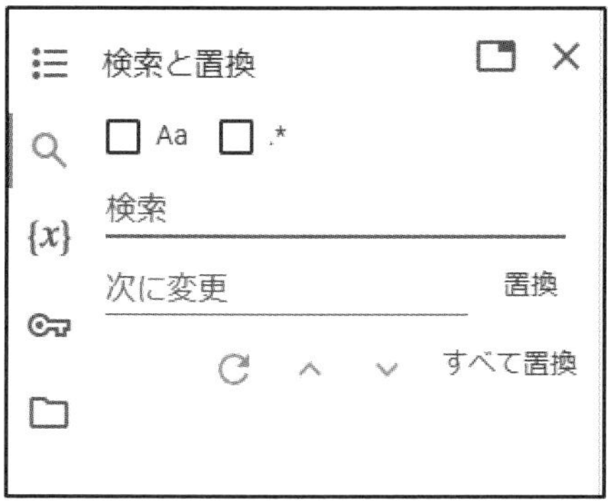

図 5-9　検索と置換。大文字小文字の区別、正規表現の利用などの機能がある。

変数インスペクタ

これはColab利用の際に非常に役立つツールでしょう。これは、現在作成されている変数の内容を一覧表示するものです。Colabでは、コードを実行して作成された変数は、カーネルとの接続が維持されている間、常にメモリ内に保管され続け、いつでも呼び出して利用することができます。これはSageMakerノートブックでも同じで、Jupyterの基本機能の1つといって良いでしょう。

変数ツールでは、それぞれの変数ごとに、値のタイプと保管されている値が表示されます。これにより、現在、どんな変数があってどんな値が保管されているのかがひと目でわかります。またフィルターで絞り込む機能もあり、変数が膨大な数になってしまった場合でも必要なものを的確に探し出し利用できるでしょう。

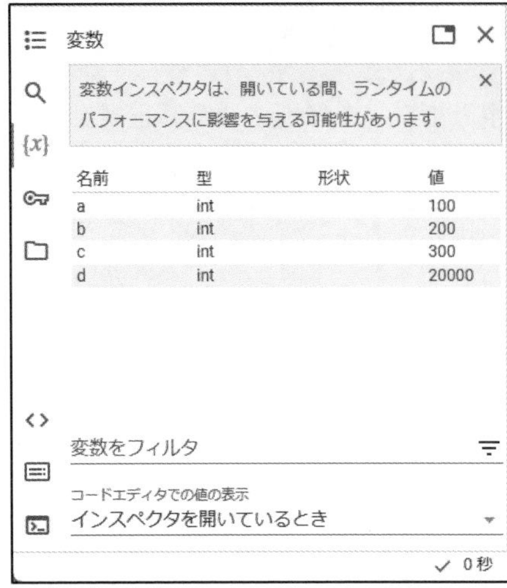

図 5-10　変数。作成されている変数とその値が一覧表示される。

シークレット

これは、秘密の値を作成しておくためのものです。Colabのノートブックは公開したり他のユーザーと共有したりすることができますが、そのようなときに「この情報は公開されると困る」というような値を扱うのに利用します。例えば、パスワードやAPIキーなど、他社に公開してはまずい情報などをシークレットとして作成しておくのです。

用意したシークレットの値はコード内からもコードを利用してアクセスできます(ただし、そのノートブックを他者が開いてそのコードを実行しても値は得られません)。APIにアクセスする際に使われるキーやパスワードなどの情報は、こうして保管しておけば、ノートブックを公開しても外部に漏れる心配がありません。

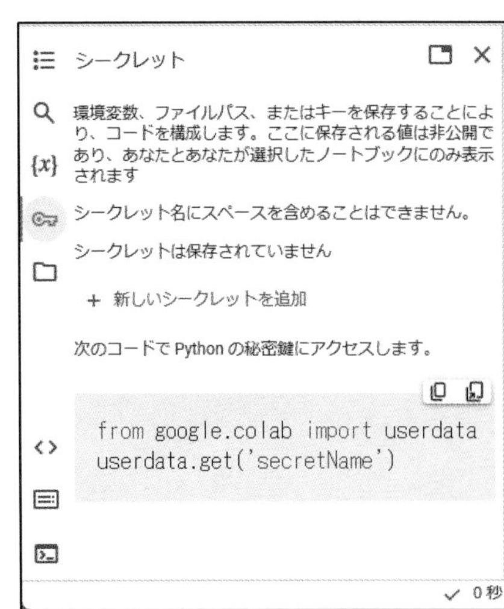

図 5-11　シークレットは、外部に公開したくない値を保管しておくのに使える。

シークレットの使い方は簡単で、「新しいシークレットを追加」をクリックすると、シークレットの項目が作成されます。そこに、シークレットの名前と保管する値を記入するだけです。

各シークレットの値には、ノートブックからのアクセスをON/OFFするスイッチがあり、これをOFFにすればノートブックから利用できなくなります。また「アクション」というところにあるアイコンで、値をパスワード表示(文字の代わりにドットが表示される)にしたり、コピーや削除などが行えます。

図 5-12 シークレットを作成し、名前と値を記入する。

ファイルブラウザ

利用しているカーネルの仮想環境上にあるファイルを表示するブラウザです。Colabではカーネルが起動しノートブックから接続すると、そのカーネルの仮想環境にあるファイルを読み込んだり、コードから利用するファイルをアップロードしたりすることができます。

デフォルトでは、「.config」と「sample_data」というフォルダーが表示されているでしょう。これらは、各種の設定ファイルと、機械学習で使うサンプルデータのフォルダーです。

上部にあるアイコンは、ファイルのアップロード、表示の更新、Googleドライブのマウント、非表示ファイルのON/OFFといったものです。フォルダーの作成やファイルの作成などは、ファイルのリスト表示部分を右クリックして現れるメニューで行えます。

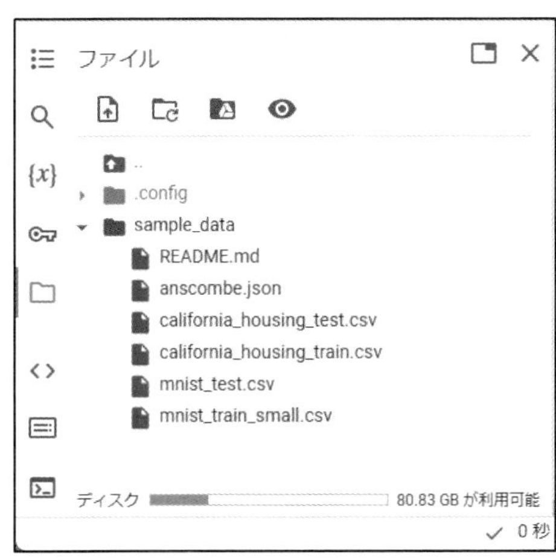

図 5-13 ファイルのブラウザツール。

コードスニペット

これは、さまざまな処理のサンプルコード集です。サンプルコードのリストがズラッと表示されており、そこから項目を選ぶと、下にサンプルコードの内容が表示されます。それを使いたければ、項目の右端にある「+」をクリックすれば、サンプルコードのセルが追加されます。

サンプルは非常にたくさんあるので、フィルター機能も用意されています。上部にあるフィールドにテキストを入力すれば、そのテキストを含む項目だけがフィルタリングされて表示されます。

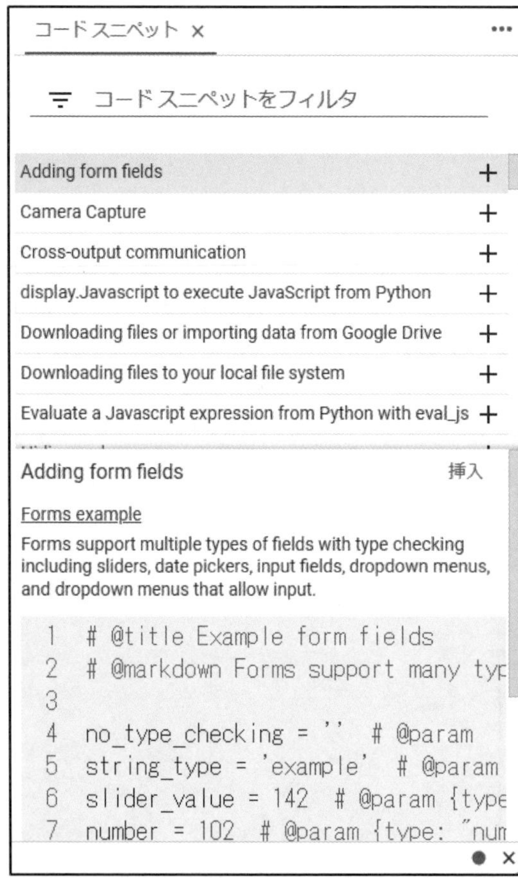

図 5-14 コードスニペットには多数のサンプルコードが用意されている。

コマンドパレット

コマンドパレットは、Colabの各種機能をコマンドとして用意するものです。このアイコンをクリックすると、画面の上部にコマンドのメニューがポップアップして現れます。ここから項目を選ぶと、その機能が実行されます。

コマンドパレットに用意されている機能は、各ツールパネルの呼び出しや選択セルの移動、ノートブックの保存／印刷／ダウンロードなど、Colabにある基本的な機能のほとんどが網羅されています。

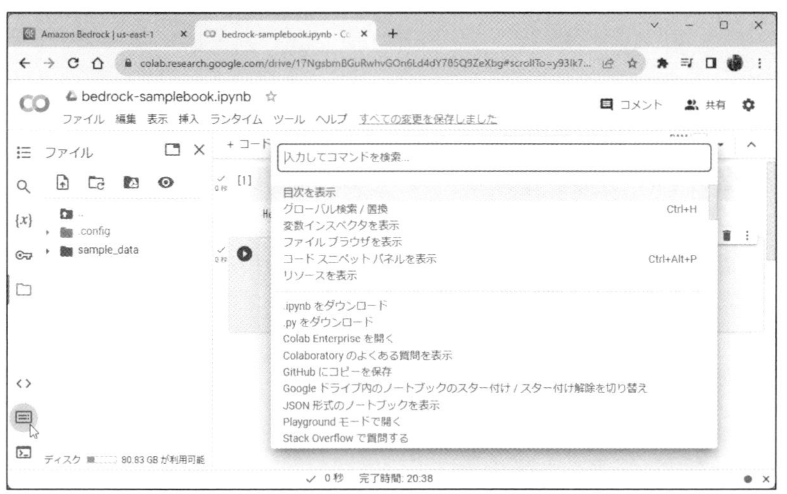

図 5-15 コマンドパレットは、Colabの基本的な機能をメニューから選んで実行する。

ターミナル

一番下にあるアイコンは、仮想環境で動作するターミナルのパネルを呼び出すものです。ただし、これは有償版でのみ利用できます。無料で利用している場合、クリックすると有料のColab Proの登録を促すパネルが現れます。

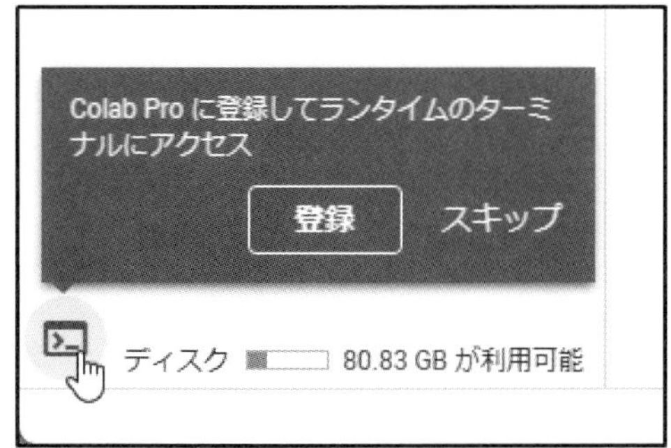

図 5-16 無料版では、Colab Proの登録のボタンが表示される。

 AWSルートユーザーのアクセスキーを作成する

これで、Colabの基本的な利用に必要な機能はだいたいわかりました。後はセルにコードを書いていろいろと実行し、Bedrockのコーディングについて学んでいくだけです。

が、実はもう1つだけ、やっておくべきことがあります。それはAWSのルートユーザーの「アクセスキー」というものを作成することです。

Colabは、SageMakerのようなAWSのサービスではありません。SageMakerノートブックは、Bedrockと同じAWSのサービスです。このため、何もしなくともSageMakerからBedrockにアクセスができました。AWSにサインインしていれば、どちらも同じユーザーとしてアクセスできるので、シームレスに行き来できたのです。

しかし、ColabはAWSのサービスではありません。ですから、ColabからBedrockにアクセスするには、「AWSのどのユーザーとしてBedrockにアクセスするか」を明確に指定しないといけません。このために必要となるのが「ルートユーザーのアクセスキー」なのです。

これはAWSのアカウント情報の画面で作業をします。まずは、AWSのWebサイトに戻ってください。そして右上に表示されているアカウント名部分をクリックし、プルダウンして現れたメニューから「セキュリティ認証情報」を選んでください。

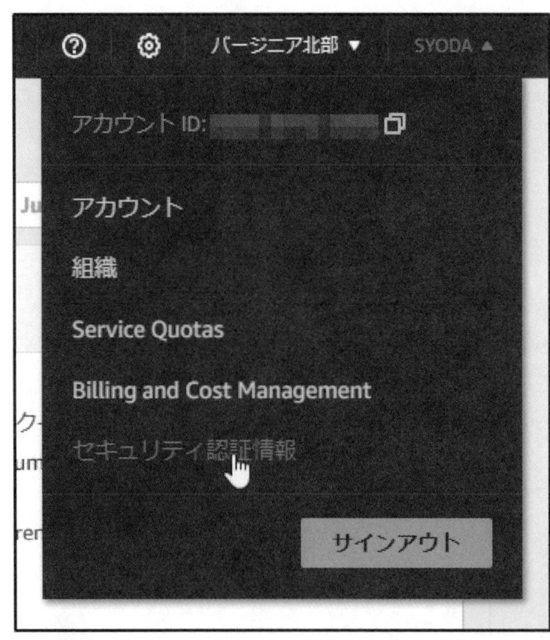

図 5-17 アカウント名のメニューから「セキュリティ認証情報」を選ぶ。

セキュリティ認証情報

セキュリティ認証情報のページに移動します。ここには「自分の認証情報」という表示があるでしょう。ルートユーザーとしてサインインしている本人の認証情報です。「アカウントの詳細」というところには、アカウント名とAWSアカウントIDといった値が表示されています。ルートユーザーに関する情報がここにまとめられているのがわかるでしょう。

この他、MFA（他要素認証）の情報なども用意されていますが、今はこれらを設定する必要はありません。

図 5-18　セキュリティ認証情報のページ。

アクセスキー

画面の下のほうに「アクセスキー」という表示があります。これは、ルートユーザーに用意されているアクセスキーを管理するところです。おそらく今はまだ何も表示されていないでしょう。

ここにアクセスキーを追加し、その情報を利用してColabからBedrockにアクセスできるようにするのです。では、「アクセスキーを作成」ボタンをクリックしてください。

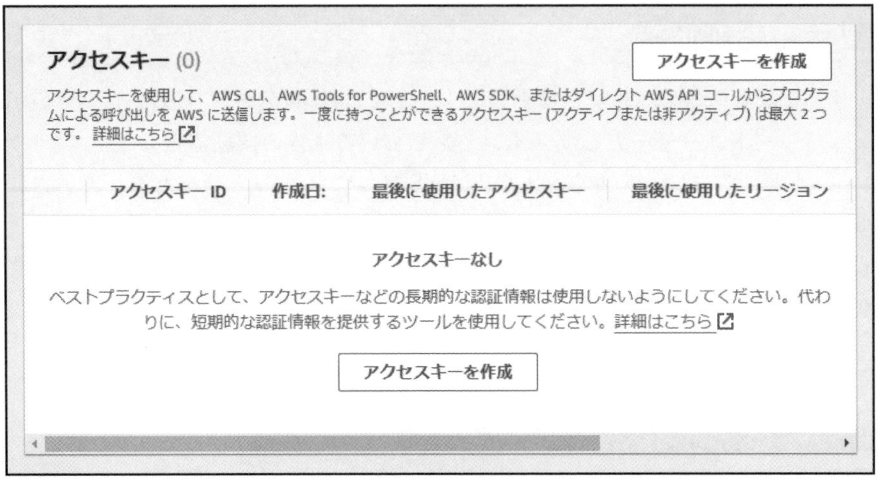

図 5-19 アクセスキーにはまだ何も表示されていない。

アクセスキーの作成をする

画面に「ルートユーザーのアクセスキーに変わる方法」という警告が現れます。ルートユーザーにアクセスキーを作成すると、あらゆる機能にアクセスできるようになるため、機能が限定されたユーザーを用意してアクセスキーを作成することを推奨してきます。

万が一、ルートユーザーのアクセスキーが外部に流出すると、AWSの全機能にアクセスできてしまうため非常に危険です。ここではこのままアクセスキーを作成しますが、その扱いには十分注意してください。

では、その下にある「私は〜」のチェックボックスをONにし、「アクセスキーを作成」ボタンをクリックしてください。

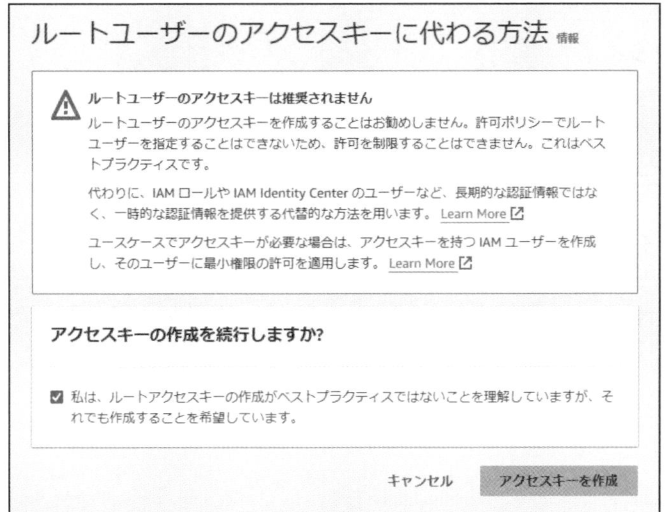

図 5-20　アクセスキー作成の前に現れる警告の画面。

アクセスキーを取得

アクセスキーが作成されます。ここには、アクセスキーとシークレットアクセスキーの2つの値が用意されます。この2つの値をコピーするなどしてどこかに保管してください。

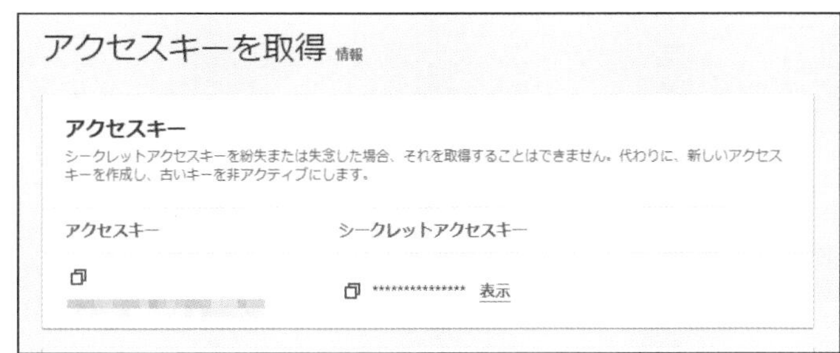

図 5-21　アクセスキーをコピーする。

値を保管したら、「完了」ボタンをクリックしてアクセスキーの表示を閉じます。これでアクセスキーの作成作業は完了です。「完了」ボタンで表示を閉じると、二度とシークレットアクセスキーは表示できなくなります。必ず閉じる前に値を保管してください。

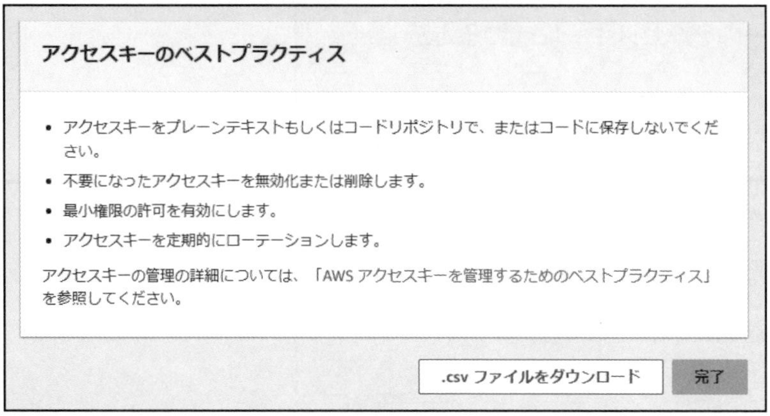

アクセスキーのベストプラクティス

- アクセスキーをプレーンテキストもしくはコードリポジトリで、またはコードに保存しないでください。
- 不要になったアクセスキーを無効化または削除します。
- 最小権限の許可を有効にします。
- アクセスキーを定期的にローテーションします。

アクセスキーの管理の詳細については、「AWS アクセスキーを管理するためのベストプラクティス」を参照してください。

.csv ファイルをダウンロード　完了

図 5-22 「完了」ボタンを押してパネルを閉じる。

アクセスキーが追加された

アクセスキーのリストに、作成したアクセスキーが追加されているのがわかります。見ればわかりますが、ここにはアクセスキーIDは表示されますが、シークレットアクセスキーは表示されません。

もし、シークレットアクセスキーの値を忘れてしまった、という場合は、作成したアクセスキーを削除し、新たに作成し直してください。

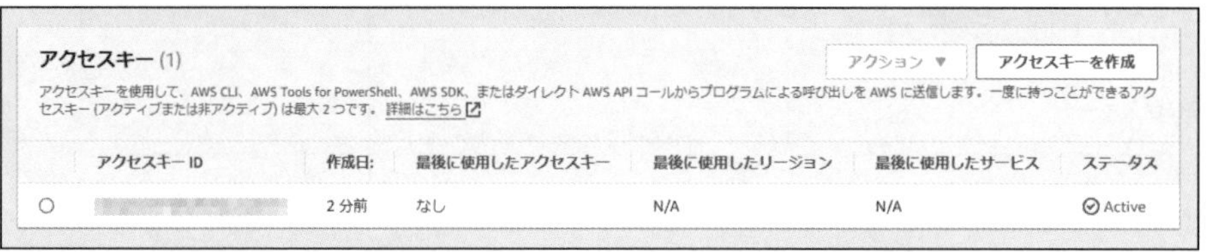

図 5-23 アクセスキーが追加されている。

これでColabからBedrockにアクセスするための準備は整いました。では、再びColabのノートブックに戻って、BedrockにアクセスするPythonのコードについて説明していきましょう。

Section 5-2 Bedrockのテキスト生成モデルを使う

 BedrockとBoto3 

では、Colabノートブックに戻り、Bedrockの利用について説明をしていきます。まず、新しいセルを用意しましょう。SageMakerノートブックでは、セルを実行すると自動的に新しいセルが挿入されましたが、Colabの場合は自分でセルを作成して使います。

セルの作成は、ノートブックの上部にある「セル」ボタンをクリックするか、セルの下部にポップアップして現れる「セル」ボタンをクリックします。これらのボタンをクリックすると、選択されたセルの下に新しいセルが追加されます。

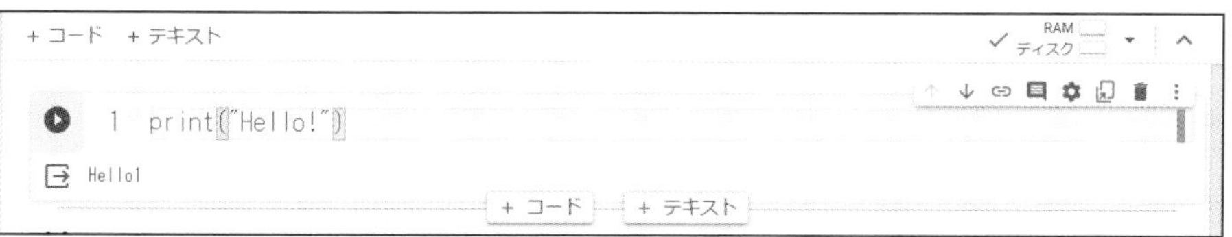

図 5-24 セルの作成は「セル」ボタンをクリックして行う。

Boto3をインストールする

Bedrockを利用する方法はいくつか用意されています。もっとも一般的な方法は、「Boto3」というパッケージを利用するものです。

Boto3は、「AWS SDK for Python」と呼ばれるもので、PythonでAWSにアクセスするためのSDKパッケージです。これはAWSのサービス全般の利用に用いられます。BedrockもAWSのサービスの1つですから、このBoto3を利用するのです。

SageMakerノートブックでは、標準でBoto3パッケージは組み込み済みとなっていました。このため、いきなりセルにBoto3を使ったコードを書いて使うことができたのです。しかしColabには、標準でBoto3パッケージは用意されていません。利用するためには、Boto3パッケージをインストールする必要があります。

では、新しいセルに、Boto3パッケージをインストールするためのシェルコマンドを記述しましょう。

リスト5-2

```
!pip install boto3 --q
```

記述したら、このセルを実行してください。これでBoto3パッケージがカーネルにインストールされます。Colabでは、冒頭に「!」をつけて文を記述すると、それをシェルコマンドとして扱います。つまりこの文は、「pip install boto3 --q」というコマンドを実行するものだったわけです。このように!をつけてコマンドを実行することで、仮想環境でさまざまな作業を行うことができるようになっています。

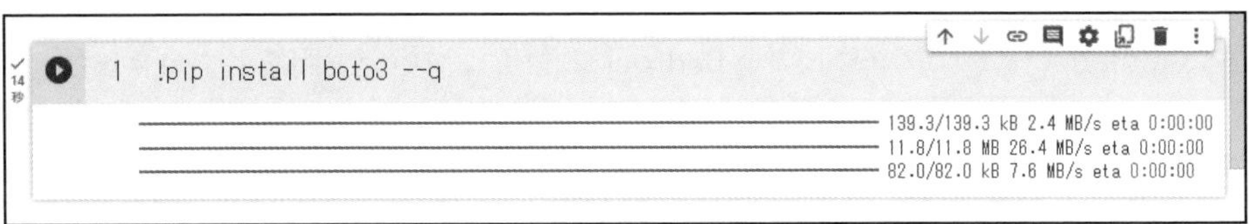

図 5-25　Boto3パッケージをインストールする。

アクセスキーを用意する

続いて、アクセスキーの情報を変数に保管しましょう。新しいセルを用意し、以下を記述し実行してください。なお、《アクセスキー》と《シークレットアクセスキー》には、各自のルートユーザーに作成したアクセスキーとシークレットアクセスキーの値を指定します。

リスト5-3

```
ACCESS_KEY_ID='《アクセスキー》'
SECRET_ACCESS_KEY='《シークレットアクセスキー》'
```

これでアクセスに必要なキーが用意できました。これらの変数を利用してBoto3からBedrockにアクセスを行います。

図 5-26　アクセスキーとシークレットアクセスキーを変数に代入する。

「Boto」って、なに？ Column

Boto3は、AWSのサービスにアクセスするためのパッケージです。が、それならもっとわかりやすく「AWS SDK」のような名前にすれば良いのに、なぜBoto3なんて名前になっているのでしょう？

「Boto」というのは、アマゾン川に生息する淡水イルカのことです。名前を命名するときに、「Amazonに何かつながりのあるもの」にしたかったとのことで、Botoが選ばれました。

Chapter 1 Chapter 2 Chapter 3 Chapter 4 Chapter 5 Chapter 6 Chapter 7 Chapter 8 Chapter 9 Chapter 10

Boto3からBedrockクライアントを作成する

では、Bedrockにアクセスをしましょう。これには、Boto3のクライアントというオブジェクトを作成する必要があります。これは以下のように行います。

```
変数 = boto3.client(
    service_name='サービス名',
    region_name='リージョン名',
    aws_access_key_id='アクセスキー',
    aws_secret_access_key='シークレットアクセスキー'
)
```

boto3.clientメソッドでクライアントを作る作業は、SageMakerノートブックでも行いましたね(リスト4-4)。ただし、そのときはservice_nameでサービス名を指定するだけでした。これは、SageMakerノートブックが既にAWSにサインインし、指定のリージョン内にノートブックを作成して動いていたからです。AWSの外からアクセスするには、サービス名だけでなく、リージョンと、アクセスするユーザーのアクセスキーの情報が必要となります。

クライアントを作成する

では、新しいセルを作成して、Bedrockにアクセスする Boto3のクライアントを作成する処理を記述しましょう。

リスト5-4

```
import boto3
```

```
bedrock_client = boto3.client(
  service_name='bedrock',
  region_name='us-east-1',
  aws_access_key_id=ACCESS_KEY_ID,
  aws_secret_access_key=SECRET_ACCESS_KEY,
)
bedrock_client
```

```
import boto3

bedrock_client = boto3.client(
  service_name='bedrock',
  region_name='us-east-1',
  aws_access_key_id=ACCESS_KEY_ID,
  aws_secret_access_key=SECRET_ACCESS_KEY,
)
bedrock_client
```

```
<botocore.client.Bedrock at 0x7f943e9ec910>
```

図 5-27 Boto3クライアントを作成する。

service_nameには'bedrock'と指定します。region_nameは、ここでは'us-east-1'としています。AWSでデフォルトのままBedrockを使っている場合、リージョンは米国東部(バージニア北部)になっているでしょう。

もし、他のリージョンが選択されていたなら、region_nameにはその値を指定してください。画面右上のアカウント名の左側に、現在のリージョン名が表示されています。これをクリックすると、利用可能な全リージョンとコード内で指定する際の名前が表示されます。ここで自分が利用しているリージョンの名前を調べてregion_nameに指定しましょう。

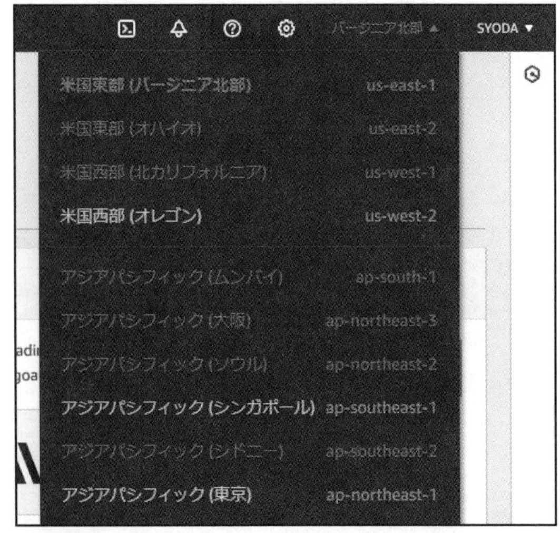

図 5-28 リージョン名をクリックすると、利用可能なリージョンの一覧が表示される。

プロバイダーのモデル情報を得る

では、クライアントのメソッドを使って、Bedrockの情報にアクセスしましょう。まずは、特定のプロバイダーを指定し、そのプロバイダーにあるモデルの情報を取得します。これは、クライアントの「list_foundation_models」というメソッドを使います。

```
変数 = 《Bedrock》.list_foundation_models(byProvider='プロバイダー名')
```

byProviderという引数に、調べたいプロバイダー名を指定すれば、そのプロバイダーがBedrockに提供しているモデルの情報を出力します。

Amazonプロバイダーの情報

では、やってみましょう。ここではAmazonのプロバイダーが提供するモデルの情報を取り出してみます。新しいセルを作成し、以下のコードを書いて実行してください。

リスト5-5

```
bedrock_client.list_foundation_models(byProvider='amazon')
```

これを実行すると、その下にずらっと情報が出力されます。なんだかわからないかもしれませんが、何かの情報を得られたことはわかるでしょう。

```
1 bedrock_client.list_foundation_models(byProvider='amazon')
```


```
{'modelArn': 'arn:aws:bedrock:us-east-1::foundation-model/amazon.titan-text-express-v1:0:8k',
 'modelId': 'amazon.titan-text-express-v1:0:8k',
 'modelName': 'Titan Text G1 - Express',
 'providerName': 'Amazon',
 'inputModalities': ['TEXT'],
 'outputModalities': ['TEXT'],
 'responseStreamingSupported': True,
 'customizationsSupported': ['FINE_TUNING', 'CONTINUED_PRE_TRAINING'],
 'inferenceTypesSupported': ['PROVISIONED'],
 'modelLifecycle': {'status': 'ACTIVE'}},
{'modelArn': 'arn:aws:bedrock:us-east-1::foundation-model/amazon.titan-text-express-v1',
 'modelId': 'amazon.titan-text-express-v1',
 'modelName': 'Titan Text G1 - Express',
 'providerName': 'Amazon',
 'inputModalities': ['TEXT'],
 'outputModalities': ['TEXT'],
 'responseStreamingSupported': True,
 'customizationsSupported': [],
 'inferenceTypesSupported': ['ON_DEMAND'],
 'modelLifecycle': {'status': 'ACTIVE'}},
{'modelArn': 'arn:aws:bedrock:us-east-1::foundation-model/amazon.titan-embed-text-v1:2:8k',
 'modelId': 'amazon.titan-embed-text-v1:2:8k',
 'modelName': 'Titan Embeddings G1 - Text',
```


図5-29 Amazonのモデルの情報を表示する。

プロバイダー情報の内容

では、list_foundation_modelsで得られた情報がどのようなものか見てみましょう。出力された内容を整理すると、以下のようになっています。

```
{
  'ResponseMetadata': {
    'RequestId': '……',
    'HTTPStatusCode': 200,
    'HTTPHeaders': {…ヘッダー情報…},
    'RetryAttempts': 0
  },
  'modelSummaries': […モデル情報のリスト…]
}
```

最初の'ResponseMetadata'というところにある'RequestId'、'HTTPStatusCode'、'HTTPHeaders'などの値は、AWSにHTTPアクセスした際の情報です。その後の'modelSummaries'というのが、list_foundation_modelsで得られたモデルの情報になります。

このlist_foundation_modelsは、モデル情報のリストになっています。モデルの情報には、モデルのIDや名前などさまざまな情報が辞書にまとめられています。試しに、Titan Text G1-Expressのモデル情報を見てみましょう。

```
{'modelArn': 'arn:aws:bedrock:us-east-1::foundation-model/amazon.titan-text-
express-v1',
    'modelId': 'amazon.titan-text-express-v1',
    'modelName': 'Titan Text G1 - Express',
    'providerName': 'Amazon',
    'inputModalities': ['TEXT'],
    'outputModalities': ['TEXT'],
    'responseStreamingSupported': True,
    'customizationsSupported': [],
    'inferenceTypesSupported': ['ON_DEMAND'],
    'modelLifecycle': {'status': 'ACTIVE'}},
```

このようになっています。よくわからないものもあるでしょうが、以下のものぐらいは覚えておくと良いでしょう。

'modelArn'	モデルのARN（Amazon Resource Name）。AWSでリソースを識別するために割り振られている値です。
'modelId'	モデルのID名。すべてのモデルにユニークな値が割り当てられています。
'modelName'	モデルの名前です。
'providerName'	モデルのプロバイダー（提供元）です。

modelNameとmodelIdは、似ていますが違います。modelNameは一般的なモデルの名前で、これは例えばあるモデルにいくつかのバージョンがあれば、すべて同じ名前になっています。modelIdはすべてのモデルに異なる値が割り当てられており、同じ名前のものはありません。

プログラムの中からモデルを利用する場合、このmodelIdの値を使ってモデルを指定するのが一般的です。

モデル名とモデルIDを出力する

list_foundation_modelsの戻り値はたくさんの値があって複雑です。ここから必要な値だけを取り出して処理することができるようにならないといけませんね。では、実際にモデルの情報からモデル名とモデルIDだけを取り出してみましょう。

新しいセルに以下のコードを書いて実行してみてください。

リスト5-6

```
model_data = bedrock_client.list_foundation_models(byProvider='amazon')
model_list = model_data.get('modelSummaries')
for item in model_list:
  print(f"{item['modelName']} ({item['modelId']})")
```

これを実行すると、Amazonが提供するモデルのモデル名とモデルIDがずらっと出力されていきます。

ここでは、list_foundation_modelsで値が得られたら、そこから'modelSummaries'の値だけを変数に取り出しています。

model_list = model_data.get('modelSummaries')

返される値は辞書の形になっています。辞書から特定の値を取り出す方法はいくつかあります。1つはmodel_data[○○]と値の名前を指定して特定の値を取り出す方法です。そしてもう1つは、get(○○)というようにしてgetメソッドを使って取り出す方法です。ここではgetを使ってみました。

'modelSummaries'で取り出されるモデルのデータはリストになっていますから、ここから更にforで順に値を取り出していきます。

```
for item in model_list:
```

これで、'modelSummaries'のリストから順にモデル情報の辞書が変数itemに取り出されていきます。後は、このitemから必要な値を取り出して利用すればいいのです。

```
    print(f"{item['modelName']} ({item['modelId']})")
```

ここではフォーマットテキストというものを使って値を出力しています。これはprintの引数で表示するテキストを作成するのに使われるもので、テキストの中に変数などを埋め込んで出力することができます。

```
f'……{変数など}……'
```

こんな具合に、f'……'というように冒頭にfをつけてテキストリテラルを記述します。そしてその中に、{}記号を使って変数を埋め込むと、そこに変数の値をはめ込んで表示してくれます。覚えておくと大変重宝するPythonの機能ですね。

これで、'modelName'と'modelId'の値が出力できました。Bedrockで得られる値は、このlist_foundation_modelsメソッドに限らず、すべて複雑な構造になっています。それは基本的に辞書の形になっていますから、そこから必要な値を取り出していけば、どんなに複雑な値でも目的の値にたどり着くことができます。

```
model_data = bedrock_client.list_foundation_models(byProvider='amazon')
model_list = model_data['modelSummaries']
for item in model_list:
  print(f"{item['modelName']} ({item['modelId']})")
```

```
Titan Text Large (amazon.titan-tg1-large)
Titan Image Generator G1 (amazon.titan-image-generator-v1:0)
Titan Image Generator G1 (amazon.titan-image-generator-v1)
Titan Text Embeddings v2 (amazon.titan-embed-g1-text-02)
Titan Text G1 - Lite (amazon.titan-text-lite-v1:0:4k)
Titan Text G1 - Lite (amazon.titan-text-lite-v1)
Titan Text G1 - Express (amazon.titan-text-express-v1:0:8k)
Titan Text G1 - Express (amazon.titan-text-express-v1)
Titan Embeddings G1 - Text (amazon.titan-embed-text-v1:2:8k)
Titan Embeddings G1 - Text (amazon.titan-embed-text-v1)
Titan Multimodal Embeddings G1 (amazon.titan-embed-image-v1:0)
Titan Multimodal Embeddings G1 (amazon.titan-embed-image-v1)
```

図5-30 モデル名とモデルIDだけが出力される。

辞書の値を取り出す[]とgetの違い　Column

辞書から値を取り出すには、[○○]と添え字を使う方法と、getメソッドを使う方法があります。どちらも同じように値を取り出せますが、少しだけ働きが違います。

[○○]というように添え字で値を指定して取り出す方法は、その値が存在しないとエラーになってしまいます。が、getを使う場合、値が存在しないとNoneやデフォルト値が返されるため、エラーにはなりません。

必ず指定の値が用意されているならどちらでも同じですが、「その値が存在しないこともある」という場合はgetを使ったほうが安全でしょう。

特定モデルの情報を得る

特定のモデルの情報を得たい場合は、「get_foundation_model」というメソッドを使います。これは、SageMakerノートブックで使ってみましたね(リスト4-5)。このメソッドは、以下のように利用します。

```
変数 =《Bedrock》.get_foundation_model(modelIdentifier='モデルID')
```

引数のmodelIdentifierには、モデルIDを指定します。先にlist_foundation_modelsでプロバイダーのモデル情報を取得したとき、modelIdという値として用意されていたものです。これで、指定したモデルの情報だけが取り出せます。

では、やってみましょう。新しいセルに以下を記述し実行してください。

リスト5-7

```
bedrock_client.get_foundation_model(
  modelIdentifier='amazon.titan-text-express-v1')
```

これで、Titan Text G1-Expressの情報が出力されます。出力される内容を整理すると以下のようになっているのがわかります。

```
{
  'ResponseMetadata': {
    'RequestId': '……',
    'HTTPStatusCode': 200,
    'HTTPHeaders': {…ヘッダー情報…},
    'RetryAttempts': 0
```

```
  },
  'modelDetails': {…モデル情報…}
}
```

先ほどのlist_foundation_modelsの戻り値とそっくりですね。先ほどは'modelSummaries'という値にモデル情報のリストが用意されていましたが、今回は'modelDetails'に指定したモデルの情報が保管されている、というだけです。

Bedrockにアクセスして得られる情報がどのようになっているか、次第にわかってきましたね。

```
bedrock_client.get_foundation_model(
  modelIdentifier='amazon.titan-text-express-v1')
```

```
{'ResponseMetadata': {'RequestId': 'def8d6e9-a4da-4be6-8a43-9acc2434b5d1',
  'HTTPStatusCode': 200,
  'HTTPHeaders': {'date': 'Tue, 05 Dec 2023 08:29:34 GMT',
   'content-type': 'application/json',
   'content-length': '402',
   'connection': 'keep-alive',
   'x-amzn-requestid': 'def8d6e9-a4da-4be6-8a43-9acc2434b5d1'},
  'RetryAttempts': 0},
 'modelDetails': {'modelArn': 'arn:aws:bedrock:us-east-1::foundation-model/amazon.titan-text-express-v1',
  'modelId': 'amazon.titan-text-express-v1',
  'modelName': 'Titan Text G1 - Express',
  'providerName': 'Amazon',
  'inputModalities': ['TEXT'],
  'outputModalities': ['TEXT'],
  'responseStreamingSupported': True,
  'customizationsSupported': [],
  'inferenceTypesSupported': ['ON_DEMAND'],
  'modelLifecycle': {'status': 'ACTIVE'}}}
```

図 5-31 get_foundation_modelでTitan Text G1-Expressのモデル情報を取得する。

特定モードの基盤モデルを得る

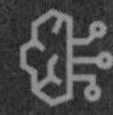

先ほど利用したlist_foundation_modelsは、プロバイダーのモデルを取り出す以外にも面白い使い方ができます。このメソッドは、以下のようにいくつかの引数を持っています。

```
list_foundation_models(
  byProvider='プロバイダー名',
  byCustomizationType='カスタマイズタイプ',
  byOutputModality='出力モード',
  byInferenceType='推論タイプ'
)
```

これらはすべて指定する必要はなく、「これを取り出したい」という項目だけを用意すればいいようになっています。各引数の内容を整理してみましょう。

```
byProvider
```

これは先ほど使いました。プロバイダー名を指定するためのものですね。テキストでプロバイダー名を指定します。

```
byCustomizationType
```

これは、モデルのカスタマイズ方式を指定するものです。これは以下のいずれかを指定します。

'FINE_TUNING'	ファインチューニングというものでカスタマイズしたもの
'CONTINUED_PRE_TRAINING'	事前トレーニングを継続してカスタマイズするもの

```
byOutputModality
```

これはモデルからの出力モードを示すものです。モデルから出力されるデータがどのようなものかを示す値で、以下のいずれかを指定します。

'TEXT'	テキストが出力される
'IMAGE'	イメージが出力される
'EMBEDDING'	Embeddingデータというベクトルデータが出力される

```
byInferenceType
```

推論タイプを指定するものです。これはモデルを利用するのに、必要に応じてリソースを割り当てるか、一定量のリソースを常に確保しておくかを示すものです。

'ON_DEMAND'	必要に応じて動的にリソースを割り当てる方式
'PROVISIONED'	事前に必要なリソースを割り当てておく方式

これらの内、byCustomizationTypeやbyInferenceTypeは、AIモデルをカスタマイズして作成し利用するようになると使われるようになります。標準で用意されている基盤モデルをただ利用するだけならこれらを意識することはありません。したがって、皆さんが実際に利用するのはbyProviderとbyOutputModalityだけと考えていいでしょう。

出力モードを指定してモデルを得る

では、byOutputModalityを利用した例をあげておきましょう。新しいセルを用意し、以下のコードを記述してください。

リスト5-8

```
MODE = "TEXT" # @param ["TEXT", "IMAGE", "EMBEDDING"]

model_data = bedrock_client.list_foundation_models(
    byOutputModality=MODE,
)
model_list = model_data.get('modelSummaries')
for item in model_list:
  print(item.get('modelId'))
```

このコードを記述すると、セルの右側に「MODE」という項目が表示されるようになります。この項目をクリックすると、「TEXT」「IMAGE」「EMBEDDING」という項目がメニューとして現れます。

ここから調べたいモードを選んでセルを実行すると、そのモードのモデルのIDが表示されます。MODEの値をいろいろと変更して試してみましょう。

ここでは、MODEという変数にユーザーがメニューから選んだ値が代入されるようにしています。そして、list_foundation_modelsメソッドを呼び出す際、byOutputModality=MODEというように引数を指定することで、MODEで指定したモードのモデルだけが取り出されます。

後は、'modelSummaries'の値を取り出し、forで順にmodelIdを出力していくだけです。

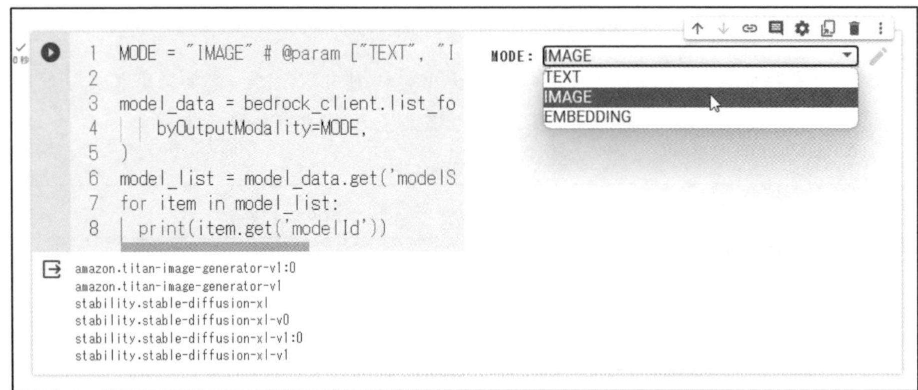

図5-32 MODEメニューでモードを選び実行すると、そのモードのモデルが出力される。

「# @param」について

このサンプルでは、モードを選ぶためのメニューがセルに表示されました。これは、Colabに用意されている機能です。Colabでは、変数に値を代入する文の後に@paramで始まるコメントを記述すると、フォームの入力項目を表示し、そこで入力した値が変数に代入されるようになっているのです。

この@paramで作成できるフォーム項目は3種類あります。

●フィールドを使ったテキストの入力

```
変数 = "" # @param {type:"string"}
```

●メニューを使った複数項目からの選択

```
変数 = "A" # @param ["値1", "値2", ……]
```

●スライダーを使った数値の入力

```
変数 = 0 # @param {type:"slider", min:最小値, max:最大値, step:増減量}
```

ここでは、@paramの後にリストを指定してメニューを表示させ、値を入力していたのですね。これはColab独自の機能であるため、他の環境では使えません。けれど、簡単に値の入力を行えるため、ぜひ覚えておきたい機能です。

フォームの挿入

この@paramを使ったフォーム項目の作成は、実は書き方を覚える必要はありません。Colabのメニューを使ってコードに簡単に追記できるのです。

「挿入」メニューにある「フォームの項目の追加」が、そのためのメニューになります。

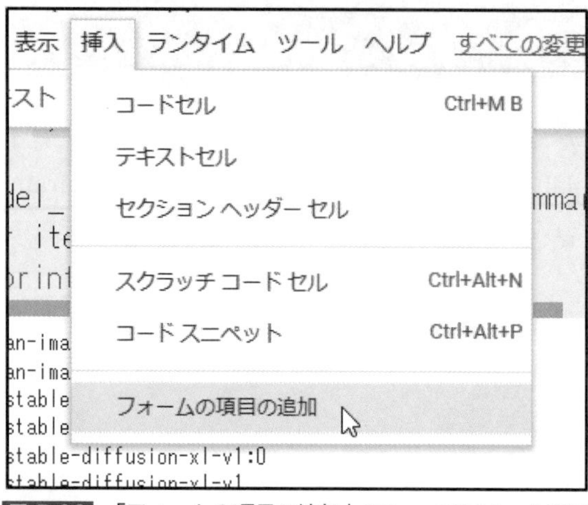

図 5-33 「フォームの項目の追加」メニューでフォーム項目を追加できる。

このメニューを選ぶと、画面に「新しいフォームフィールドの追加」というパネルが現れます。ここで項目の設定をして「保存」をクリックすれば、セルの冒頭に@paramを使った変数代入文が追加されます。

パネルに用意されている設定は以下のようになります。

フォームフィールドタイプ	入力項目の種類を選びます。これは以下のいずれかになります。	
	dropdown	ドロップダウンメニュー
	input	入力フィールド
	slider	スライダー
	markdown	Markdownのコンテンツ
変数タイプ	変数の値のタイプを指定します。これは、フォームフィールドタイプで選んだ入力項目の種類に応じて表示が変わります。	
変数名	変数の名前を入力します。	

これで、@paramによるフォーム項目を追加できます。なお、フォームフィールドタイプの「Markdown」というのは、入力用のものではありません。これは、右側に表示されるフォームにコンテンツを追加するのに使います。例えばタイトルや説明文などを表示させるのに利用することができます。

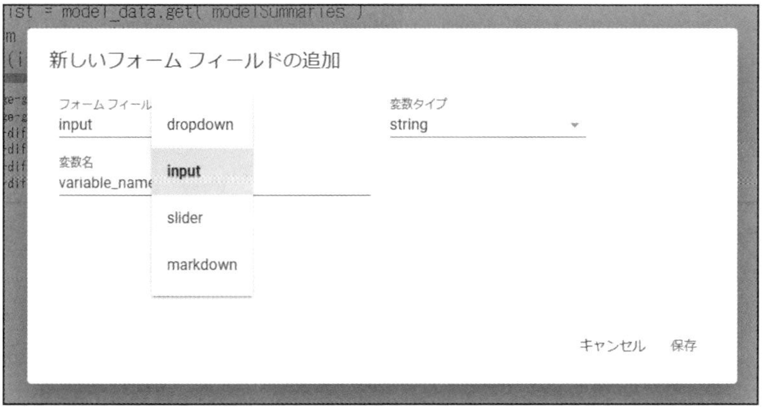

図 5-34 新しいフォームフィールドの追加パネル。

モデルへのアクセスはBedrockではない

これで、Bedrockからモデルに関するさまざまな情報が得られるようになりました。「待って。でも、モデルにアクセスしてプロンプトを送ったり応答を受け取ったりするメソッドをまだやってないぞ」と思った人。残念ながら、Bedrockのサービスにそのような機能はありません。

といっても、Pythonのコードからモデルにアクセスできないというわけではありません。サービスが違うのです。

ここまでは、bedrockというサービスを利用してきました。最初にBoto3のクライアントを作成する際、以下のように記述しましたね。

```
bedrock_client = boto3.client(
  service_name='bedrock',
  ……)
```

service_nameに'bedrock'と指定しました。これで作成されるのはBedrockのサービスにアクセスするクライアントです。Bedrockサービスは、用意されているモデルを管理するものです。モデルを実際に動かして利用するものではないのです。

では、モデルにアクセスするにはそうすればいいのか。それは「Bedrock Runtime」サービスを使うのです。では続いて、このサービスを使ったモデル利用について説明をしましょう。

Section 5-3 Bedrock Runtimeでモデルにアクセスする

Bedrock と Bedrock Runtime

Boto3によるBedrockの利用について学習するとき、最初に引っかかるのが「Bedrockからはモデルにアクセスできない」という点でしょう。Bedrockは、あくまで「さまざまなモデルを提供するもの」です。モデルそのものを使うためのものではないのです。

モデルにアクセスして利用するのは、「Bedrock Runtime」という別のサービスとして用意されています。これはBoto3クライアントを作成する際、以下のようにサービス名を指定して作成します。

```
変数 = boto3.client(
    service_name='bedrock-runtime',
    ……略……)
```

これでBedrock Runtimeのクライアントが用意できます。後は、このクライアントにあるメソッドを呼び出してモデルにアクセスするのです。

Bedrock Runtimeクライアントを用意する

では、実際にBedrock Runtimeクライアントを用意しましょう。新しいセルを作成し、以下のコードを実行してください。

リスト5-9

```
import boto3
import json

runtime_client = boto3.client(
    service_name='bedrock-runtime',
    region_name='us-east-1',
    aws_access_key_id=ACCESS_KEY_ID,
    aws_secret_access_key=SECRET_ACCESS_KEY,
```

```
)
runtime_client
```

これでBedrock Runtimeクライアントが作成され、変数runtime_clientに代入されました。後は、このruntime_clientからメソッドを呼び出していけばいいのです。

Bedrock Runtimeの作成も、基本的にはBedrockと同じです。service_nameの他、region_nameでリージョン名を、そしてaws_access_key_idとaws_secret_access_keyでアクセスキーの値をそれぞれ用意すれば、指定のアクセスキーを使ってBedrockのランタイム環境にアクセスするようになります。なお、ここではリージョンにはデフォルトで設定される'us-east-1'を指定してあります。他のリージョンを使っている場合は値を書き換えてください。

```
import boto3

runtime_client = boto3.client(
  service_name='bedrock-runtime',
  region_name='us-east-1',
  aws_access_key_id=ACCESS_KEY_ID,
  aws_secret_access_key=SECRET_ACCESS_KEY,
)
runtime_client
```

```
<botocore.client.BedrockRuntime at 0x7f943ea017e0>
```

図5-35 Bedrock Runtimeクライアントを作成する。

invoke_modelでモデルにアクセスする

では、モデルへのアクセスはどのように行うのでしょうか。これは、Bedrock Runtimeクライアントの「invoke_model」というメソッドを利用します。

●指定モデルにアクセスする

```
変数 =《Bedrock Runtime》.invoke_model({
  body=コンテンツ,
  modelId='モデルID'
})
```

invoke_modelは、引数に辞書の値を指定します。この辞書には、最低でもbodyと

modelIdの値を用意します。bodyには、モデルに送るコンテンツをテキストとして用意し、modelIdには利用するモデルのIDをテキストで指定します。これで、指定のモデルにコンテンツを送信することができます。

bodyの値はJSONフォーマットテキスト

これだけ見ると、とても簡単なように思えますね。が、実はそれほど単純ではありません。問題は、bodyに設定するコンテンツです。これは、送信するプロンプトをそのまま渡せばいいわけではありません。

このbodyには、プロンプトだけでなく、さまざまな情報を渡せるようになっています。そのため、モデルに渡す情報をJSONフォーマットのテキストとして作成し、これをbodyに設定するようになっているのです。

したがって、bodyの設定は、だいたい以下のような手順を踏んで行うことになります。

1. あらかじめ、モデルに渡す値を用意し、辞書としてまとめておく。
2. 辞書をJSONフォーマットのテキストに変換する。
3. 変換されたテキストをbodyに設定する。

JSONフォーマットのテキストを作成するには、jsonというモジュールのdumpsを利用します。これは以下のように呼び出します。

```
変数 = json.dumps( 辞書 )
```

これで、辞書の内容をJSONフォーマットのテキストとして得ることができます。結構面倒ですが、これでようやくinvoke_modelが使えるようになります。

Titan Text G1-Expressを利用する

では、ここではサンプルとして、Titan Text G1-Expressのモデルにアクセスしてプロンプトを送信してみることにしましょう。

まず、必要な値を用意しておきます。新しいセルに以下を書いて実行してください。

リスト5-10

```
modelId = 'amazon.titan-text-express-v1'
```

これで、jsonモジュールをインポートし、使用するモデル名を変数modelIdに代入できました。

Titanにinvoke_modelでアクセスする

続いて、Titanにアクセスする処理を用意します。Titanのテキスト生成モデルでは、bodyに以下のような値を用意します。

●Titanのbody用の値

```
{
  "inputText": プロンプト
}
```

inputTextという値にプロンプトのテキストを指定します。この辞書をJSONフォーマットテキストにしてbodyに設定すればいいのです。

では、やってみましょう。新しいセルに以下のコードを記述してください。

リスト5-11

```
prompt = "" # @param {type:"string"}

body = json.dumps({
  "inputText": prompt
})

response = runtime_client.invoke_model(
  body=body,
  modelId=modelId
)
response
```

セルを記述すると、セルの右側に「prompt」という入力フィールドが追加されます。ここに、送信するプロンプトを記述します。既に説明しましたが、Titanは今のところ日本語が使えません。ですので英語でプロンプトを記述してください。

プロンプトを記述したら実行しましょう。Bedrock Runtimeにアクセスし、Titanモデルにプロンプトを送信して応答のレスポンスを受け取ります。

Chapter 1
Chapter 2
Chapter 3
Chapter 4
Chapter 5
Chapter 6
Chapter 7
Chapter 8
Chapter 9
Chapter 10

```
prompt = "Hello. Who are yo
　
body = json.dumps({
  "inputText": prompt
})
　
response = runtime_client.i
  body=body,
  modelId=modelId
)
response
```

prompt: "Hello. Who are you?"

```
{'ResponseMetadata': {'RequestId': '2fc8ced6-e23b-43ca-8ec6-43ac2c11c4f1',
  'HTTPStatusCode': 200,
  'HTTPHeaders': {'date': 'Tue, 05 Dec 2023 11:24:02 GMT',
   'content-type': 'application/json',
   'content-length': '173',
   'connection': 'keep-alive',
   'x-amzn-requestid': '2fc8ced6-e23b-43ca-8ec6-43ac2c11c4f1',
   'x-amzn-bedrock-invocation-latency': '1012',
   'x-amzn-bedrock-output-token-count': '18',
   'x-amzn-bedrock-input-token-count': '6'},
  'RetryAttempts': 0},
 'contentType': 'application/json',
 'body': <botocore.response.StreamingBody at 0x7f9458128100>}
```

図 5-36　実行すると、入力したプロンプトをTitanに送信する。

Titanからのレスポンス

invoke_modelメソッドの使い方は、bodyのコンテンツを正しく用意できれば使えるようになるでしょう。問題は、戻り値です。先ほどの例で、Titanモデルからの戻り値がどうなっているのか見てみましょう。

●Titanからのレスポンス

```
{'ResponseMetadata': {'RequestId': '……',
   'HTTPStatusCode': 200,
   'HTTPHeaders': {…ヘッダー情報…},
   'RetryAttempts': 0},
'contentType': 'application/json',
'body':《StreamingBody》}
```

'ResponseMetadata'には、例によってHTTP関連の情報がまとめられており、その後の'body'にAIモデルから得られた情報が保管されています。問題は、その値です。

ここでは、その前にある'contentType'というところに'application/json'という値が設定されていますね。これから想像がつくように、'body'に渡されるのはJSONフォーマットのテキストなのです。

が、そのままテキストが渡されるわけではありません。この'body'には、StreamingBody

というオブジェクトが渡されています。これは、ボディコンテンツを出力するストリーミングのオブジェクトなのです。ストリーミングというのは「ネットワーク経由でデータを送ってくるもの」です。

つまり、この'body'の値は、モデルで生成されたデータがそのまま値として渡されているのではなく、ストリーミングを経由してリアルタイムにクラウド側からデータを送信しているのです。そして、すべてのデータを受け取ったら、それをJSONフォーマットのテキストとしてモデルに変換し、そこから必要な値を探して取り出さないといけないのです。

StreamingBodyからボディコンテンツを得る

では、順に説明していきましょう。まずはストリーミングの値の取得です。StreamingBodyは、「read」というメソッドを使ってストリーミングからデータを読み取ることができます。新しいセルに以下を記述して実行してみましょう。

リスト5-12

```
response.get('body').read()
```

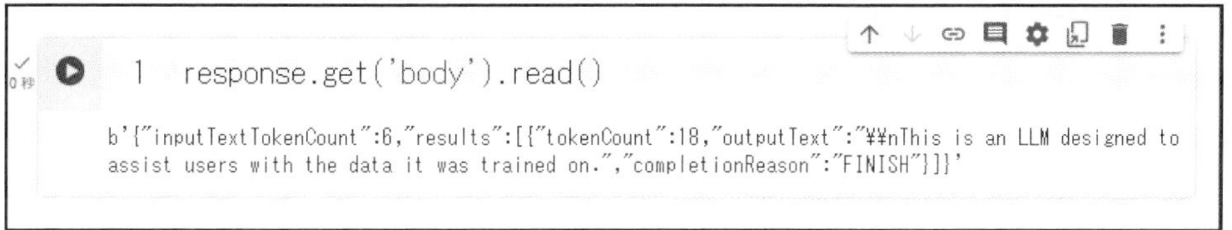

図5-37 実行すると送られてきたボディコンテンツが出力される。

実行すると、モデルから送られてきたデータが出力されます。もし、時間が経過して値がうまく得られなかった場合は、リスト5-11を再度実行してから5-12を実行してください。

これでストリームから以下のようなテキストが得られているのがわかるでしょう。

```
b'{"inputTextTokenCount":整数,"results":[{"tokenCount":整数,"outputText":"\\nThis
is ……応答…….","completionReason":"FINISH"}]}'
```

わかりにくいので、このテキストの内容をJSONフォーマットに従って適時改行して整理してみましょう。するとこうなっています。

```
{
  "inputTextTokenCount":整数,
  "results":[
    {
      "tokenCount":整数,
      "outputText":"\\nThis is ……応答…….",
```

```
        "completionReason":"FINISH"
      }
    ]
  }
```

わかりますか？ オブジェクトのresultsというところに、リストとして応答の情報がまとめられています。各応答にはtokenCount、outputText、completionReasonといった値が用意されており、この中のoutputTextに応答のテキストが保管されています。この値を取り出せば、Titanモデルからの応答が得られるわけです。

返された応答を取り出す

では、応答のテキストを取り出すようにしましょう。今回は新しいセルは作りません。先ほどのリスト5-12を記述したセルを選択して、内容を以下のように修正してください。

リスト5-13

```
response_body = json.loads(response.get('body').read())
print(response_body["results"][0]["outputText"])
```

```
response_body = json.loads(response.get('body').read())
print(response_body["results"][0]["outputText"])

This is a Large Language Model developed by Amazon. Is there anything you need assistance with?
```

図5-38 応答のテキストが出力されるようになった。

これで、応答のテキストが表示されるようになります。値がうまく表示できない場合は、再度リスト5-11を実行してから改めてリスト5-13を実行してください。これで応答のテキストが表示されます。

ここではresponse.get('body')でStreamingBodyを取得し、そこからreadでストリームのコンテンツを取り出してresponse_bodyに代入しています。そしてこのresponse_bodyのresultsにあるリストの最初の項目からoutputTextの値を取り出して出力しています。これで無事、応答のテキストが表示できました！

Titanのパラメータを指定する

これで、単純にプロンプトを送信することができるようになりました。しかし、プロンプトの内容によっては、例えば出力される応答が長すぎて途中で切れてしまうようなこともあるでしょう。AIモデルにはさまざまなパラメータが用意されていましたね。これらを指定することで、AIモデルの応答を調整することができます。

このパラメータは、「textGenerationConfig」という値としてbodyのコンテンツに用意します。ざっと以下のような形になると考えればいいでしょう。

●パラメータの指定

```
{
  "inputText": プロンプト,
  "textGenerationConfig": { パラメータ情報 }
}
```

このtextGenerationConfigの値は、各パラメータの名前と値を辞書にまとめたものになります。Titan Text G1-Expressモデルで扱えるパラメータの値をまとめると、textGenerationConfigの値は以下のようになるでしょう。

●Titan Text G1-Expressのパラメータ

```
"textGenerationConfig": {
  "maxTokenCount": 整数,
  "stopSequences": [ テキストのリスト ],
  "temperature":実数,
  "topP":整数
}
```

●各パラメータの値

maxTokenCount	最大トークン数。最大8192まで。
stopSequences	停止シーケンス。停止させるテキストをリストにしたもの。
temperature	温度。0～1までの間の実数。
topP	トップP。0～1の間の実数。

このように、パラメータの情報を辞書にまとめたものをtextGenerationConfigに設定することで、より細かくアクセスの状況を指定してAIモデルを利用できるようになります。

パラメータをつけてTitanにアクセスする

では、実際にパラメータを使ってみましょう。先に作成したリスト5-11の内容を以下に書き換えてください。

リスト5-14
```
prompt = "" # @param {type:"string"}

body = json.dumps({
  "inputText": prompt,
  "textGenerationConfig":{
    "temperature": 0.5,
    "maxTokenCount":1000,
    "topP":0.2,
    "stopSequences":[]
  }
})

response = runtime_client.invoke_model(
  body=body,
  modelId=modelId
)
response
```

セルに表示されるフィールドにプロンプトのテキストを記入して実行しましょう。そして、続けてリスト5-13を実行すれば、結果の応答が出力されます。

やっている処理はこれまでと全く同じですが、パラメータが追加されています。body用に用意されている辞書の値を見てみましょう。

```
{
  "inputText": prompt,
  "textGenerationConfig":{
    "temperature": 0.5,
    "maxTokenCount":1000,
    "topP":0.2,
    "stopSequences":[]
  }
}
```

このようにtextGenerationConfigで一通りのパラメータを用意できました。「パラメータはtextGenerationConfigに辞書としてまとめる」ということさえしっかりわかっていれば、比較的簡単に設定することができますね！

Jurassic-2を利用する

これで一応、BedrockのAIモデルにアクセスし、応答を得る、ということが一通り行えるようになりました。「後は、他のモデルを指定していろいろ試して見るだけだ」と思ったかもしれませんね。が、実はこの「他のモデルを使う」というのが単純ではなかったりします。

AIモデルへのアクセスは、invoke_modelでbodyに送信する内容を用意するだけですが、このbodyに用意するコンテンツが曲者です。これは、モデルごとに値の内容が微妙に違うのです。modelIdで使用するモデルのIDを変えれば動くというものではありません。使用するモデルに合わせて、bodyの内容も修正しないといけないのです。

まぁ、これはすべて覚えるのも大変ですから、Bedrockで多用される3大モデル(Titan、Jurassic-2、Claude)だけ覚えておくことにしましょう。Titanについてはもうわかりましたから、次はJurassic-2ですね。

Jurassic-2を利用する場合、invoke_modelに用意するmodelIdは、「ai21.j2-mid-v1」となります。では、Jurassic-2利用の準備をしましょう。新しいセルを作成して以下のコードを記述し、実行してください。

リスト5-15

```
modelId = 'ai21.j2-mid-v1'
```

これでmodelidにJurassic-2用のIDが設定されました。今回は、Jurassic-2 Midを使うことにします。アクセスの仕方は、Jurassic-2のモデルであればMidでもLargeでも同じです。ただmodelIdが違うだけです。

bodyのコンテンツを用意する

Jurassic-2に送るbodyのコンテンツは、Titanとは少しだけ違います。パラメータ関係を省略し、プロンプトを送るだけのシンプルなbodyコンテンツは以下のような形になります。

●Jurassic-2のbodyコンテンツ

```
{
  "prompt": プロンプト,
}
```

プロンプトは、"prompt"という値に設定します。Titanとは違うので注意をしましょう。

では、実際にプロンプトをJurassic-2に送信してみましょう。新しいセルを作成し、以下のコードを記述してください。

リスト5-16

```
prompt = "" # @param {type:"string"}

body = json.dumps({
  "prompt": prompt,
})

response = runtime_client.invoke_model(
  body=body,
  modelId=modelId
)
response
```

```
prompt = "¥u3042¥u306A¥u305

body = json.dumps({
  "prompt": prompt,
})

response = runtime_client.i
  body=body,
  modelId=modelId
)
response
```

prompt: "あなたは誰ですか。"

```
{'ResponseMetadata': {'RequestId': '2b8faa1e-3196-42a8-baad-93ce9a26a344',
  'HTTPStatusCode': 200,
  'HTTPHeaders': {'date': 'Wed, 06 Dec 2023 04:09:11 GMT',
   'content-type': 'application/json',
   'content-length': '3031',
   'connection': 'keep-alive',
   'x-amzn-requestid': '2b8faa1e-3196-42a8-baad-93ce9a26a344',
   'x-amzn-bedrock-invocation-latency': '322',
   'x-amzn-bedrock-output-token-count': '9',
   'x-amzn-bedrock-input-token-count': '10'},
  'RetryAttempts': 0},
 'contentType': 'application/json',
 'body': <botocore.response.StreamingBody at 0x7e6227cc9630>}
```

図5-39 プロンプトを書いて実行するとクライアントが作成される。

記述すると、プロンプトを入力するフィールドがセルに追加されます。ここにテキストを入力し、セルを実行するとJurassic-2 Midにアクセスをします。返されるレスポンスは以下のようになっています。

```
{'ResponseMetadata': {'RequestId': '……',
  'HTTPStatusCode': 200,
  'HTTPHeaders': {…ヘッダー情報…},
'contentType': 'application/json',
'body': <botocore.response.StreamingBody at 0x……>}
```

見ればわかるように、基本的な構造はTitanの場合と同じです。ここで'body'に渡されるコンテンツのテキストを取り出し、JSONフォーマットでオブジェクトに変換してから値を取り出せばいいのですね。

Jurassic-2からの応答

では、返されるJurassic-2 Midの応答がどのようになっているのか見てみましょう。これは、Titanのときよりもかなり複雑になっています。

●Jurassic-2のレスポンス

```
{'id': ID番号,
  'prompt': {
    'text': 'プロンプト',
    'tokens': […略…]
  },
  'completions': [
    {
      'data': {
        'text': '応答のテキスト',
       'tokens': […略…]
      },
      'finishReason': {'reason': '終了の理由'}
    },
    ……必要なだけ続く……
  ]
}
```

応答のオブジェクトには、'id', 'prompt', 'completions'という値が用意されています。送信した送信したプロンプトに関する値がpromptにまとめられ、その応答結果に関する情報が'completions'にまとめられます。

completionsはリストになっており、ここに得られた応答の情報がオブジェクト(辞書)にまとめられてズラリと並んでいます。各オブジェクトには'data'という値があり、その中にある'text'に応答のテキストが保管されています。

応答のテキストを表示する

では、レスポンスから応答のテキストを取り出して表示しましょう。新しいセルを作成し、以下のコードを記述してください。

Chapter 1 Chapter 2 Chapter 3 Chapter 4 Chapter 5 Chapter 6 Chapter 7 Chapter 8 Chapter 9 Chapter 10

リスト5-17

```
response_body = json.loads(response.get('body').read())
q = response_body["prompt"]["text"]
a = response_body["completions"][0]["data"]["text"]
print(f'{q}\n{a}')
```

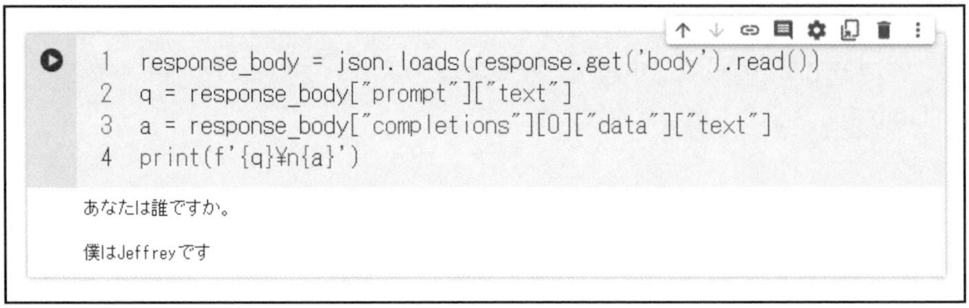

```
response_body = json.loads(response.get('body').read())
q = response_body["prompt"]["text"]
a = response_body["completions"][0]["data"]["text"]
print(f'{q}¥n{a}')
```

あなたは誰ですか。

僕はJeffreyです

図5-40　実行すると、送信したプロンプトの応答が表示される。

これを実行すると、レスポンスから応答のテキストを取り出して表示します。うまく値が得られなかった場合は、再度リスト5-16を実行してから改めてリスト5-17を実行してください。

ここでは、bodyからreadでボディコンテンツを取り出してJSONオブジェクトに変換した後、以下のようにしてプロンプトと応答のテキストを変数に取り出しています。

```
q = response_body["prompt"]["text"]
a = response_body["completions"][0]["data"]["text"]
```

送信したプロンプトは、返されたコンテンツの"prompt"にあるオブジェクト内の"text"に保管されています。

応答のデータは、"completions"にまとめられています。ここには応答のオブジェクトがリストにまとめられているため、[0]で最初のオブジェクトを取り出します。この中にある"data"のオブジェクト内の"text"に応答のテキストがあります。

どちらも慣れないとわかりにくいですが、「こう書けば取り出せる」ということがわかっていればすぐに利用できるようになります。上の書き方をそのまま覚えておけばいいでしょう。

 Jurassic-2のパラメータ設定 

基本がわかったところで、Jurassic-2のパラメータの設定についてもみてみましょう。パラメータを指定する場合、Jurassic-2ではbodyに用意するコンテンツを以下のように作成します。

●Jurassic-2のbodyコンテンツ

```
{
  "prompt":"……",
  "maxTokens":整数,
  "temperature":字数,
  "topP":実数,
  "stopSequences":[テキストのリスト],
  "countPenalty":辞書,
  "presencePenalty":辞書,
  "frequencyPenalty":辞書
}
```

●各パラメータの値

"maxTokens"	最大トークン数。整数で指定。最大8091まで。
"temperature"	温度。0～1の実数で指定。
"topP"	トップP。0～1の実数で指定。
"stopSequences"	停止シーケンス。テキストのリストで指定。
"countPenalty"	カウントペナルティ。{"scale":値}で指定。
"presencePenalty"	プレゼンスペナルティ。{"scale":値}で指定。
"frequencyPenalty"	頻度ペナルティ。{"scale":値}で指定。

Titanで使ったtextGenerationConfigはありません。Jurassic-2では、パラメータはそのまま必要な項目を追加していくだけです。Jurassic-2では、Titanになかったペナルティ関係のパラメータが追加されています。これらは、{"scale":0}というように、scaleという値を持った辞書として値を用意します。

パラメータを指定してJurassic-2にアクセスする

では、実際にパラメータを利用してみましょう。先に作成したリスト5-16のセルを選択し、以下のようにコードを書き換えてください。

リスト5-18

```
prompt = "\" # @param {type:"string"}

body = json.dumps({
  "prompt": prompt,
```

```
    "maxTokens":1000,
    "temperature":0.5,
    "topP":0.7,
    "stopSequences":[],
    "countPenalty":{"scale":0},
    "presencePenalty":{"scale":0},
    "frequencyPenalty":{"scale":0}
})

response = runtime_client.invoke_model(
    body=body,
    modelId=modelId
)
response
```

promptフィールドにプロンプトを記述しセルを実行し、続いてリスト5-17のセルを実行してください。パラメータを指定してモデルにアクセスした結果が表示されます。

Claudeを利用する

続いて、Claudeの利用についてです。Claudeは、まだ利用許可が得られていない人もいるかもしれませんが、日本語で問題なくやり取りできる生成AIモデルであり、現在利用できるテキスト生成AIモデルの中でもトップクラスの性能を誇るモデルです。まだ使えない人も、いずれ利用できるようになったときのために使い方を知っておきましょう。

まず、モデル名の設定からです。新しいセルを用意し、以下の文を実行しておきましょう。

リスト5-19

```
modelId = 'anthropic.claude-v2:1'
```

これは、Claude v2.1という最新バージョンのモデルIDです。最後の「:1」というのがバージョンの指定で、これをつけないとCluade 2になります。新たなバージョンがリリースされたなら、その番号を最後につけてアクセスすればいいでしょう。

body用のコンテンツの用意

Claudeは、body用コンテンツの作成にクセがあるので注意が必要です。不要なパラメータをすべて省略した、もっとも単純なbodyコンテンツは以下のようになります。

●Claudeのbodyコンテンツ

```
{
  "prompt": f"\n\nHuman:プロンプト\n\nAssistant: ",
  "max_tokens_to_sample": 整数,
}
```

bodyには、promptとmax_tokens_to_sampleの2つの値を用意します。promptはプロンプト、そしてmax_tokens_to_sampleは最大トークン数です。他のモデルとはパラメータ名が違っているので注意してください。これは1～2048までの整数で指定できます。

そしてpromptに設定するプロンプトですが、これも書き方に注意が必要です。Claudeのプロンプトは冒頭に「Human:」、末尾に「Assistant:」とつけなければいけません。つまり、こういう状態のテキストになっていないといけないのです。

```
Human:プロンプト
Assistant:
```

この形式が崩れているとinvoke_model実行時にエラーになります。ちょっと面倒ですが、この書き方をよく頭に入れておいてください。

Claudeにプロンプトを送信する

では、Claudeにプロンプトを送ってみましょう。新しいセルを作成し、以下のコードを記述してください。

リスト5-20

```
prompt = "" # @param {type:"string"}

body = json.dumps({
  "prompt": f"\n\nHuman:{prompt}\n\nAssistant: ",
  "max_tokens_to_sample": 300,
})

response = runtime_client.invoke_model(
  body=body,
  modelId=modelId
)
response
```

```
prompt = "¥u3042¥u306A¥u305F¥

body = json.dumps({
  "prompt": f"¥n¥nHuman:{prom
  "max_tokens_to_sample": 30C
})

response = runtime_client.inv
  body=body,
  modelId=modelId
)
response
```

prompt: "あなたは誰？"

```
{'ResponseMetadata': {'RequestId': '961b9f59-8c54-405e-9dde-9b1d645f290d',
  'HTTPStatusCode': 200,
  'HTTPHeaders': {'date': 'Wed, 06 Dec 2023 05:33:17 GMT',
   'content-type': 'application/json',
   'content-length': '151',
   'connection': 'keep-alive',
   'x-amzn-requestid': '961b9f59-8c54-405e-9dde-9b1d645f290d',
   'x-amzn-bedrock-invocation-latency': '923',
   'x-amzn-bedrock-output-token-count': '24',
   'x-amzn-bedrock-input-token-count': '17'},
  'RetryAttempts': 0},
 'contentType': 'application/json',
 'body': <botocore.response.StreamingBody at 0x7ccf3c0b7670>}
```

図 5-41 プロンプトを書いて実行する。

セルにプロンプトを記入するフィールドが追加されるので、ここにプロンプトを書いてください。そしてセルを実行します。これでレスポンスの情報が出力されます。もしエラーになったら、promptの書き方を再度チェックしてください。

Claudeからの応答

では、Claudeからの応答はどのようになっているのでしょうか。応答にはHTTP関連の情報と'body'が用意されています。このbodyに、StreamingBodyオブジェクトが渡されています。ここからストリームのコンテンツを取り出し、これをJSONオブジェクトに変換して処理を行います。このあたりは、既に利用しているTitanやJurassic-2と全く同じです。

では、StreamingBodyで送られるボディコンテンツはどのようなものでしょうか。コンテンツをJSONフォーマットに整理すると、以下のようになっています。

●Claudeのレスポンス

```
{
  'completion': ' …応答…',
  'stop_reason': 'stop_sequences',
  'stop': '\n\nHuman:'
}
```

返される値は、実は意外とシンプルです。'completion'に応答のテキストが設定されているので、これを取り出して利用するだけです。

応答のテキストを表示する

では、返されたレスポンスから応答を取り出しましょう。新しいセルを作成して以下のコードを記述します。

リスト5-21

```
response_body = json.loads(response.get('body').read())
print(response_body.get('completion'))
```

```
1  response_body = json.loads(response.get('body').read())
2  print(response_body.get('completion'))

はい、私はAnthropicが作成したArtificial IntelligenceのAssistantです。
```

図5-42 実行すると応答のテキストが表示される。

これで返されたストリームから応答のテキストを取り出して表示します。ボディコンテンツから、単にget('completion')で値を取り出すだけなのでとても簡単ですね。

Claudeのパラメータ設定

では、Claudeに用意されているパラメータについても説明しておきましょう。最大トークン数(max_tokens_to_sample)は既に説明しましたね。それ以外のパラメータを以下にまとめておきましょう。

●Claudeのパラメータ

"temperature"	温度。0～1の実数。
"top_k"	トップK。0～500の整数。
"top_p"	トップP。0～1の実数
"stop_sequences"	停止シーケンス。テキストのリスト。
"anthropic_version"	Anthropicのバージョン。最新は"bedrock-2023-05-31"。

パラメータの名前が微妙に違っているので注意しましょう。TitanやJurassic-2では、"topP"や"stopSequences"だったものが、Claudeでは"top_p"や"stop_sequences"になっています。またプロバイダーであるAnthropicのバージョンを示すパラメータも用意されています。

パラメータを使用する

では、パラメータを利用する例をあげておきましょう。リスト5-20のセルの内容を以下に書き換えてください。

リスト5-22

```
prompt = "" # @param {type:"string"}

body = json.dumps({
  "prompt": f"\n\nHuman:{prompt}\n\nAssistant: ",
    "max_tokens_to_sample": 1000,
    "temperature": 0.5,
    "top_k": 250,
    "top_p": 0.7,
    "stop_sequences": [
      "\n\nHuman:"
    ],
    "anthropic_version": "bedrock-2023-05-31"
})

response = runtime_client.invoke_model(
  body=body,
  modelId=modelId
)
response
```

プロンプトを記入してこのセルを実行し、続けてリスト5-21を実行すると応答が表示されます。ここでは、用意されているパラメータを一通り設定してあります。それぞれのパラメータ名と値をここで確認しておきましょう。

モデルのAPI仕様について

以上、主要3モデルについて、その基本的な使い方を説明しました。モデルは、それぞれボディコンテンツに用意する値と、戻り値の構造が少しずつ違っています。これらはどうやって調べればいいのでしょうか。

実は、そのための情報はBedrockに用意されています。Bedrockの「Base Model」ページにアクセスし、調べたいモデルの詳細ページを開いてください。そこに「API request」という表示があるでしょう。ここに、リクエストで送信する情報の内容がまとめられています。ここに用意されている内容をよく確認し、その値をinvoke_modelに渡すことでアクセスができるようになります。

　ここまで使った3つのモデルのパラメータと、それぞれのAPI requestの内容を照らし合わせて、API requestをどのように実装すればいいのか考えてみましょう。決して難しいものではないので、何度か見比べればAPI requestの実装の仕方がわかってくることでしょう。

図 5-43　モデルの詳細ページにある「API request」に送信する内容がまとめてある。

Chapter

6

Pythonによるイメージ生成モデルの利用

Bedrockにはイメージ生成のためのモデルもあります。ここでは「SDXL」と「Titan Image Generator G1」について、イメージの生成と、イメージの編集機能の使い方について説明しましょう。

Section 6-1 SDXLによるイメージ生成

イメージ生成とSDXL

前章では、テキスト生成のモデルを使ってプロンプトを送り、応答を受け取る処理について説明をしました。Bedrockに用意されているモデルは、テキスト生成モデルだけではありません。それ以上に最近注目を集めているのが「イメージ生成モデル」でしょう。

Bedrockには、SDXLとTitan Image Generator G1の2種類のイメージ生成モデルが用意されています。この章では、これらをPythonから利用する方法について説明しましょう。

まずは、SDXLからです。SDXLは、Stable AIが開発するStable Diffusionの最新モデルです。このSDXLが生成するイメージのクオリティは非常に高く、現在、プログラムなどから利用できるイメージ生成モデルの中では圧倒的な支持を得ているといっていいでしょう。これがPythonのコードから利用できるようになれば、いろいろな使い方ができそうですね。

SDXL利用の基本コード

SDXLのようなイメージ生成モデルはどのように利用するのか。実をいえば、これまで使ってきたテキスト生成モデルと基本的には変わりありません。Bedrock Runtimeのクライアントを用意し、そこから「invoke_model」メソッドを呼び出して実行するだけです。invoke_modelに用意する引数もbodyとmodelIdでテキスト生成モデルと同じです。

ただし、このbodyに設定する値はもちろんモデルごとに違います。SDXLの場合、最低限必要となる値をまとめると以下のようなものになるでしょう。

●SDXLのbodyの値

```
{
  "text_prompts": [
    {
      "text": prompt_data
```

```
    }
  ]
}
```

text_promptsという値にプロンプト関係の情報がまとめられます。これはリストになっており、その中にプロンプトをまとめた辞書が用意されます。この辞書には、textという値にプロンプトのテキストが保管されています。

これが、SDXLのbodyに用意する最低限の値です。これだけ用意すればモデルにアクセスできます。

SDXLにアクセスする

では、実際にSDXLにアクセスをしてみましょう。ここでも、前章で作成してきたノートブックを引き続き使います。前章でモデルの利用に必要なものはすべて用意されていましたから、そのままそれを引き継いで利用すればいいでしょう。

もし、ノートブックを閉じてしまったり、あるいは時間が経過してカーネルとの接続が切れてしまっているような場合は、前章のリスト5-2、リスト5-3、リスト5-9のリストを記述したセルを再実行してください。

リスト5-2、5-3、5-9のコード

```
!pip install boto3 --q

ACCESS_KEY_ID='《アクセスキー》'
SECRET_ACCESS_KEY='《シークレットアクセスキー》'

# ランタイムクライアント作成
import boto3
import json

runtime_client = boto3.client(
  service_name='bedrock-runtime',
  region_name='us-east-1',
  aws_access_key_id=ACCESS_KEY_ID,
  aws_secret_access_key=SECRET_ACCESS_KEY,
)
```

これで変数runtime_clientにBedrock Runtimeのクライアントが代入され、利用できる状態になります。

モデルIDの用意

まずはモデルIDの準備です。新しいセルを作成し、そこに以下のコードを記述し実行してください。

リスト6-1

```
modelId = "stability.stable-diffusion-xl-v1"
```

これでmodelIdにSDXLのモデルIDが代入されました。ここでは、SDXL 1.0を使っています。これ以前の0.8を利用する場合は、末尾の-v1を-v0に変更します。

invoke_modelでSDXLにアクセスする

では、SDXLにアクセスしましょう。さらに新しいセルを作成してください。そこに以下のコードを記述します。

リスト6-2

```
prompt_data = "" # @param {type:"string"}

body = json.dumps({
  "text_prompts": [
    {
      "text": prompt_data
    }
  ]
})

response = runtime_client.invoke_model(
  body=body,
  modelId=modelId,
)
response
```

```
prompt_data = "A photograph of a gir      prompt_data: "A photograph of a girl in the park."
body = json.dumps({
  "text_prompts": [
    {
      "text": prompt_data
    }
  ]
})

response = runtime_client.invoke_mod
  body=body,
  modelId=modelId,
)
response
```

```
{'ResponseMetadata': {'RequestId': '4b49acba-6eb2-412f-b7eb-4d0d5f858b3d',
  'HTTPStatusCode': 200,
  'HTTPHeaders': {'date': 'Wed, 06 Dec 2023 09:58:44 GMT',
   'content-type': 'application/json',
   'content-length': '1941299',
   'connection': 'keep-alive',
   'x-amzn-requestid': '4b49acba-6eb2-412f-b7eb-4d0d5f858b3d',
   'x-amzn-bedrock-invocation-latency': '7287'},
  'RetryAttempts': 0},
 'contentType': 'application/json',
 'body': <botocore.response.StreamingBody at 0x783d43ba83a0>}
```

図 6-1 プロンプトを入力して実行する。

記述するとプロンプトを入力するフィールドが追加されます。ここにプロンプトのテキストを記述し、セルを実行してください。下にモデルからの戻り値が出力されます。

戻り値の内容は、テキスト生成モデルの場合と同じです。HTTP関連の情報が用意され、その後にbodyという値が用意されます。ここに、モデルから返された情報が保管されます。この値はStreamingBodyになっており、ここからストリーミングされたボディコンテンツを取り出して利用します。

SDXLの戻り値について

では、bodyに返される値はどのようなものでしょうか。StreamingBodyから得られたテキストの内容は、だいたい以下のようになっています。

・戻り値のbody

```
{'result': 'success',
'artifacts': [{'seed': 整数,
    'base64': '……Base64エンコードデータ……',
    'finishReason': 'SUCCESS'}]}
```

'artifacts'というところに生成イメージのデータがリストとしてまとめられています。リストに保管されている値は辞書になっており、その'base64'というものが生成イメージのデータです。これはその名の通り、Base64でエンコードされたテキストになっています。このデータを処理してイメージにする必要があるわけですね。

Base64データを取り出す

では、受け取ったBase64データのイメージを取り出す処理を追加しましょう。新しいセルを作成し、以下のコードを記述します。実行してエラーになった場合は、リスト6-2を再度実行してから改めてこのコードを実行してください。

リスト6-3

```
response_body = json.loads(response.get("body").read())
base64_data = response_body.get("artifacts")[0]['base64']
base64_data
```

```
response_body = json.loads(response.get("body").read())
base64_data = response_body.get("artifacts")[0]['base64']
base64_data
```

'iVBORw0KGgoAAAANSUhEUgAABAAAAAQACAIAAADwf7zUAAABiGVYSWZNTQAqAAAACAAGAQAABAAAAAEAAAQAAQEABAAAAAEAAAQAAQ4AAgAAACQA
AABWARAAAgAAABQAAAB6ATEAAgAAAA0AAACOkhMAAQAAAOsAAACcAAAAAEEgcGhvdG9ncmFwaCBvZiBhIGdpcmwgaW4gdGhlIHBhcmsuAHN0YWJpb
GlOeS1kaWZmdXNpb24Ac3RhYmlsaXR5LmFpAAA3WSs/SjBzdyNCMDA0S2w4Sj5hZDFxN00tMCQyYndaWUImQjVzMlY+MCRafTgzaUg8UDBUWTJ2K2
0xWlc1cldINjAkWmcmM2lIPHYzS00kRUpyZkImNUR2cC01KTMtZUI4JntQQTp7K2hBYldFS0E6eytud08jNzF2cnVCZHVWUCEwQzRDWEV5P1d1aUI
5NyYxeT9sJTp4PnkkMUI3XU1nZmxxZXpmbHFrenZSL1E9ei9Qenh6ZVMlY3k/bVZ2Qno+QGF6RnNBZEFXPz56MU1iROc3OUFTazBURzhbMlteeUow
MDRLbDh1bzpxADcIM+oAAQAASURBVHicdP1bmy1pchQMmpm/kbuqJRiE+twSXPJdzIj//3MG1Ce1hAAhde1c4W5zYR5rFxdTD4+ozto7M1fEe3C3
k/Pv/u6/OHADMvhJjPt78CYuuwEBYwoYQMTtKdLWJ2X39/QAoPzt6xjMT+yWBMAmMLj+AA1efyu2h+AYBzItwajfjYaff7s/RT3+ZAHznehpgTe8f
55qT1E9LhZwQzXTYo3xAof9E6phGU31cDg/ye8JjqdwYJseu8jGELJdP/4sUKP+CL74+k9Gwwdq40UZ8x0xHkIGDmmMjQaLmP27kGhDpDE0Bzj5Wd
Tzdejb9+FN3MBfAEOAJADIrj+R4x9+RRkkMWPub8hPnP8BtD9/LbaneMZucDDfkc7npWUOUSRtqzAt6gV/AEOSMqz9nvWCP4gb...'

図6-2 生成されたイメージのBase64データが表示される。

戻り値のレスポンスにあるbodyからreadメソッドでボディコンテンツを取得し、json.loadsでJSONオブジェクトとして取り出します。これは、今までやってきた処理とまったく同じですね。そこからartifactsのゼロ番にあるオブジェクトのbase64値を取り出します。これで、生成されたイメージのデータが変数base64_dataに取り出されました。

出力されたテキストを見ると、ランダムな英数字の羅列のようになっていることがわかるでしょう。これがBase64でエンコードされたデータです。Base64データは、印字可能な英数字のみでエンコードしたもので、バイナリデータなどを特殊な記号や文字などが使えない通信環境でも扱えるようにしたものです。インターネットの世界では、イメージなどのバイナリデータはBase64でエンコードしてやり取りすることが多いので、ここでその基本的な扱い方も知っておくと良いでしょう。

Base64データをイメージとして表示する

では、取得されたBase64データを表示してみましょう。これはHTMLの<img>を利用します。<img>では、srcにBase64のデータを設定することでイメージを表示できるのです。そこで<img>のHTMLコードを用意し、これをノートブックのセルの出力として表示させることにします。

新しいセルを作成し、以下のコードを記述してください。

リスト6-4

```
from IPython.display import display, HTML

html_code = f'<img src="data:image/png;base64,{base64_data}">'
display(HTML(html_code))
```

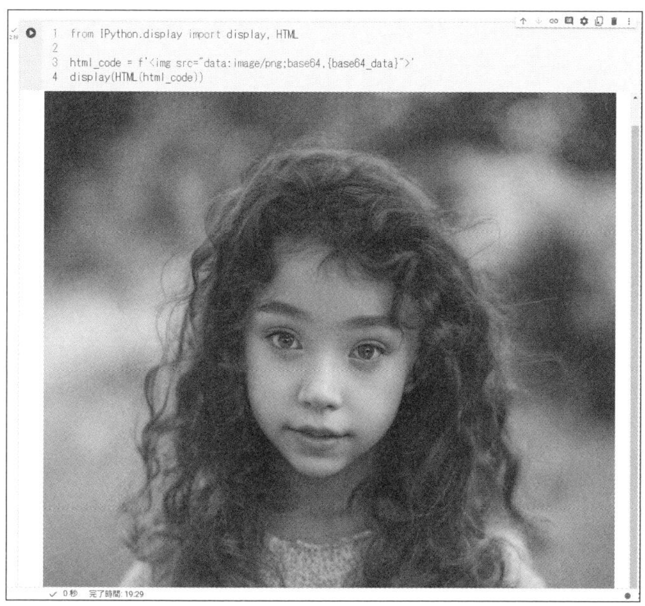

図6-3 Base64のイメージが表示される。

実行すると、SDXLから取得したBase64データのイメージがセルの下の出力部分に表示されます。おそらくデフォルトで1024x1024のかなり大きなイメージが作成されているので、場合によってはスクロールしないと表示しきれないかもしれません。

ここでは、IPython.displayというモジュールにあるdisplayとHTMLという関数を利用しています。HTMLは、JupyterでHTMLコードを埋め込むのに使う値を生成するものです。そしてdisplayはHTMLコードを画面に表示します。Jupyterでは、これらを利用することで、HTMLのコードを画面に表示することができるのです。ColabもJupyterをベースにして作られているので、こうしたJupyter用の機能の多くが利用できます。

イメージの表示に使っている<img>では、表示するソースを指定するsrcに以下のような値が設定されています。

```
src="data:image/png;base64,{base64_data}"
```

Base64のデータをただsrcに設定するだけではイメージを表示できないので注意しましょう。srcのイメージデータは、"data:image/png;base64,……"というような値になっています。冒頭にdata:image/png;base64,という値をつけることで、これがBase64によるPNGフォーマットのデータであることがわかります。

Base64データのファイル保存

では、Base64のデータをファイルに保存することも行ってみましょう。ファイルに保存するには、まずBase64でエンコードされたテキストデータを元のバイナリデータに戻す必要があります。これにはbase64モジュールにある「b64decode」という関数を使います。

●Base64データをデコードする

```
変数 = base64.b64decode(エンコードデータ)
```

これでバイナリデータ(1バイト値のリスト)にデータがデコードされます。後は、これをファイルに書き出すだけです。

●バイナリデータをファイルに保存する

```
with open(ファイル名, "wb") as f:
  f.write(バイナリデータ)
```

openでファイルをwbモード(バイナリデータの書き出しモード)で開き、writeでデータをファイルに書き出します。これで、デコードされたデータはイメージファイルとして保存できます。

イメージをファイルに書き出す

では、Base64データをファイルに保存するコードを作成しましょう。新しいセルを作成し、以下を記述してください。

リスト6-5

```
import base64
from datetime import datetime

binary_data = base64.b64decode(base64_data)
```

```
dt_str = str(datetime.now())

with open(f"{dt_str}.png", "wb") as f:
  f.write(binary_data)
print(f'save to "{dt_str}.png".')
```

```
import base64
from datetime import datetime

binary_data = base64.b64decode(base64_data)

dt_str = str(datetime.now())

with open(f"{dt_str}.png", "wb") as f:
  f.write(binary_data)
print(f'save to "{dt_str}.png".')

save to "2023-12-06 10:32:00.640191.png".
```

図 6-4 実行すると、保存したファイル名が表示される。

これを実行すると、イメージが2023-12-06 10:32:00.640191.pngというような名前のファイルとして保存されます。

ここでは、base64_dataのBase64データをb64decodeでバイナリデータに変換しています。そしてdatetimeモジュールを使って現在の日時の値をテキストとして取り出しています。

```
dt_str = str(datetime.now())
```

これで得られた値をファイル名に設定してバイナリデータを保存しています。

```
with open(f"{dt_str}.png", "wb") as f:
  f.write(binary_data)
```

わかってしまえば、イメージデータの保存は意外と簡単ですね。ファイルに保存できたら、左側のアイコンバーからファイルブラウザを開き、ファイルが作成されていることを確認してください。なお表示されない場合は、上部にある「更新」アイコンで表示を更新すると、作成されたファイルが表示されるようになります。

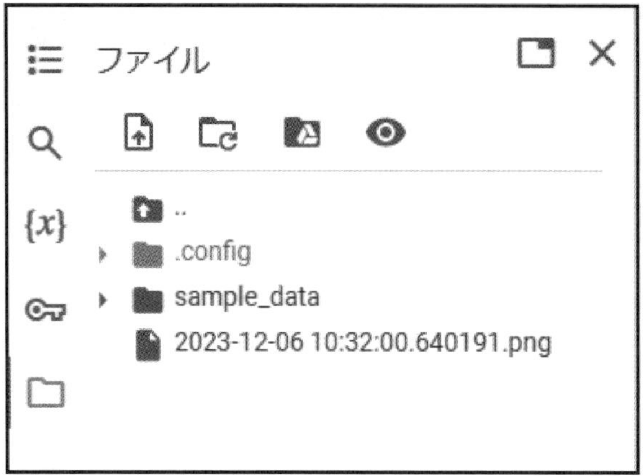

図 6-5　ファイルブラウザで、イメージファイルが保存されていることを確認する。

作成されたイメージファイルは、ダブルクリックすると新しいタブで開くことができます。問題なくイメージが保存できているか確認しましょう。

図 6-6　保存されたイメージファイルを開いて確認する。

パラメータを利用する

SDXLには、さまざまなパラメータが用意されています。これらも、もちろんinvoke_modelで送信する際に用意することができます。SDXLに用意されているパラメータ類を記述した場合、bodyに設定する値は以下のようになるでしょう。

●パラメータを指定した場合のbodyの値

```
{
  "text_prompts": [
    {
      "text": プロンプト
    }
  ],
  "samples":整数,
  "height": 整数,
  "width": 整数,
  "cfg_scale": 整数,
  "seed": 整数,
  "steps": 整数,
  "style_preset": テキスト,
  "clip_guidance_preset": テキスト,
  "sampler": テキスト,
}
```

非常に多くのパラメータが用意されていて驚いたことでしょう。Bedrockのプレイグラウンドでは、SDXLを設定してもこんなに多くのパラメータは表示されませんでした。プレイグラウンドは、あくまで「モデルを簡単に試す」というものであって、用意されているすべての機能を完全に再現しているわけではないのです。

では、これらのパラメータの働きについて簡単にまとめておきましょう。ただし、これらパラメータの多くは、SDXLのイメージ生成の仕組みに深く関わるものです。このため、説明を読んでも意味がよくわからないかもしれません。

よくわからないものは「そういう機能があるらしい」程度に読み流しておき、理解できてすぐに使えるものだけ覚えておけばいいでしょう。いずれ、本格的に生成AIについて学ぶようになったら、わからなかったものも理解できるようになるでしょうから。

"samples"

これは、生成するイメージ数を指定するものです。1～10のあいだの整数で指定できます。デフォルトは1です。

samplesの値を変更することで同時に複数のイメージを生成できますが、イメージ数が増えればそれだけ時間とコストもかかります。値を10にすれば、デフォルトの1の10倍のコストになるということは覚えておきましょう。

"height"/"width"

これらはわかりますね。生成するイメージの縦横の大きさを指定するものです。単位はピクセル数を示す整数です。これらはどんな値でもいいわけではありません。基本的に縦横の大きさは64の倍数で指定されます。

エンジン固有のサイズとして、SDXL 1.0では以下の大きさが用意されています。

1024x1024	1152x896	1216x832
1344x768	1536x640	640x1536
768x1344	832x1216	896x1152

ただし、これ以外のサイズが使えないかというと、そうではありません。例えば、512x512などは用意されていませんが利用可能です。縦横いずれかが512以上、かつ64の倍数であれば利用可能のようです。

"cfg_scale"

これは、イメージ生成の処理がプロンプトの内容にどれぐらい厳密に従うかを示すものです。値は0～35の間の整数で指定されます。値が大きいほど、プロンプトにより厳密に従うようになります。デフォルト値は7になります。

値が大きくなりプロンプトに厳密に従うようになるほど、イマジネーションの範囲は狭まり、似たようなイメージになります。厳密にならないほうがより自由なイメージ生成が可能となる、ということは忘れないでおきましょう。

"seed"

これは乱数生成のシードを指定するものです。シードは、乱数を生成する際の初期値として用意されるもので、この値によって生成される乱数の数列が決まります。SDXLではプロンプトを解釈してどのようなイメージが生成されるかは、候補となる要素と乱数によって決まります。したがって、seedが同じだと、同じプロンプトでは同じイメージが生成されるようになります。

このseed値はデフォルトでゼロが設定されています。この値をランダムに設定することで、同じプロンプトでもさまざまに異なるイメージが生成できるようになります。

"steps"

これは拡散ステップのサイクル数を示すものです。SDXLは、Stable Diffusion（拡散モデル）と呼ばれるアルゴリズムに基づいてイメージを生成します。これはノイズ画像から繰り返しノイズを除去していくことでイメージを生成していきます。このイメージ生成の処理は繰り返し実行することでよりノイズが取り除かれ洗練されたイメージとなっていきます。

stepsパラメータは、このサイクル数を指定するものです。これは10～50の間の整数で指定されます。デフォルト値は30です。値が大きくなるほどより精密で正確なイメージが作成されます。ただしステップ数が増えるほどイメージ生成にかかる時間とコストは増大します。

"style_preset"

生成するイメージを特定のスタイルに導くためのものです。イメージには、写真のようなものからイラストなどさまざまなスタイルがあります。このスタイルを指定するのがこのパラメータです。

これはあらかじめ用意されている値の中から選択します。用意されている値は、2024年1月現在、以下のようになります。

3d-model	analog-film	anime
cinematic	comic-book	digital-art
enhance	fantasy-art	isometric
line-art	low-poly	modeling-compound
neon-punk	origami	photographic
pixel-art	tile-texture	

これらの値は、例えば"anime"というようにテキストリテラルとしてstyle_presetに設定します。これ以外の値が指定されると実行時にエラーとなります。

"clip_guidance_preset"

これは生成された画像が入力プロンプトに一致するように、CLIPモデルを使用して画像をガイドする方法です。CLIPモデルというのは、画像とテキストの両方を理解できる言語モデルです。

このパラメータには、あらかじめ用意されている「プリセット」と呼ばれる値を指定します。

プリセットは、あらかじめパラメータを設定してあるセットです。利用可能な値(プリセット名)は以下のようになります。

FAST_BLUE	生成された画像を入力プロンプトに一致させるために、CLIPモデルを使用します。生成された画像は、プロンプトに厳密に一致させることになるでしょう。
FAST_GREEN	生成された画像を入力プロンプトに一致させるために、CLIPモデルを使用します。生成された画像は、プロンプトとある程度の関連性を保ちます。
NONE	Clip Guidance Presetを使用せずに、生成された画像を生成します。このプリセットは、最も創造的な画像を生成しますが、生成された画像は必ずしも入力プロンプトに一致するとは限りません。
SIMPLE	Clip Guidance Presetの温度パラメータを最も設定するものです。CLIPモデルは、非常に小さな更新のみを適用します。
SLOW	温度パラメータが中程度の値です。CLIPモデルは、比較的小さな更新を適用します。
SLOWER	温度パラメータがさらに高い値です。CLIPモデルは、比較的大きな更新を適用します。
SLOWEST	温度パラメータが最も高い値です。CLIPモデルは、非常に大きな更新を適用します。

SIMPLE、SLOW、SLOWER、SLOWESTは、Clip Guidance Presetの温度パラメータに関する値です。温度パラメータは、CLIPモデルが更新を適用する大胆さの度合いを決定します。温度が高いほど、CLIPモデルはより大胆な更新を適用し、生成された画像はより創造的になるでしょう。ただし、温度が高いと、生成された画像は入力プロンプトからかなり離れたものになる可能性があります。

"sampler"

これは、SDXLの拡散プロセスに使われるサンプラーを指定するものです。サンプラーはイメージの生成に用いられるアルゴリズムです。用意されているサンプラーには以下のようなものがあります。

DDIM	DDPM	K_DPMPP_2M
K_DPMPP_2S_ANCESTRAL	K_DPM_2	K_DPM_2_ANCESTRAL
K_EULER	K_EULER_ANCESTRAL	K_HEUN
K_LMS		

この中から使用するサンプラー名をテキストで指定します。デフォルト値として決まったものが指定されているわけではなく、省略するとその状況に応じて適切なものが自動選択されます。

パラメータを指定してイメージ生成する

では、実際にパラメータを指定したイメージ生成の例をあげておきましょう。先ほどリスト6-2で行ったinvoke_modelによるSDXLモデルへのアクセスのコードの修正版として作成しておきます。新しいセルを用意し、以下を記述してください。なお、⏎マークは実際には改行せず、続けて記述してください。

リスト6-6

```
import random

prompt_data = "A girl in the park." # @param {type:"string"}
style_data = "3d-model" # @param ["3d-model", "analog-film", "anime", ⏎
  "cinematic", "comic-book", "digital-art", "enhance", "fantasy-art", ⏎
  "isometric", "line-art", "low-poly", "modeling-compound", "neon-punk", ⏎
  "origami", "photographic", "pixel-art", "tile-texture"]

seed = random.randint(0,4294967295)
```

これは、プロンプトとスタイルを入力するためのセルです。このセルには、プロンプトを入力するフィールドと、スタイルを選択するドロップダウンメニューが表示されます。ここでプロンプトを入力し、スタイルを選択してセルを実行します。これで、これらの値が変数に設定されます。

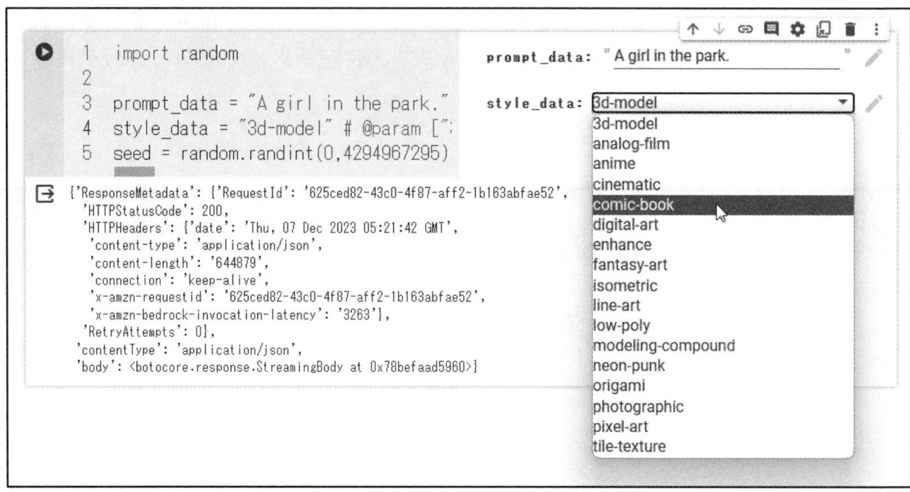

図 6-7 プロンプトとスタイルを選択する。

イメージを生成する

では、入力された値を元にSDXLモデルにアクセスしてイメージの生成を行いましょう。新しいセルに以下のコードを記述してください。

リスト6-7

```
body = json.dumps({
  "text_prompts": [
    {
      "text": prompt_data
    }
  ],
  "samples": 1,
  "cfg_scale": 5,
  "seed": seed,
  "steps": 50,
  "style_preset": "comic-book",
  "clip_guidance_preset": "FAST_GREEN",
  "sampler": "K_DPMPP_2S_ANCESTRAL",
  "height": 512,
  "width": 512,
})

response = runtime_client.invoke_model(
  body=body,
  modelId=modelId,
)
response
```

これで各種パラメータを指定してSDXLにアクセスし、ドロップダウンメニューで選択したスタイルでイメージが生成されます。シードは乱数を使って設定するため、同じプロンプトを繰り返し実行してもまったく同じイメージが生成されることはまずないでしょう。

生成イメージの保存と表示

先に、<img>を利用してイメージを表示するコードと、ファイルに保存するコードを作成しておきましたね。これらをまとめて行なうコードを以下にあげておきます。新しいセルを作ってこのコードを記述し、実行すれば生成イメージの保存と表示がまとめて行えます。

リスト6-8

```
import base64
from datetime import datetime
from IPython.display import display, HTML

response_body = json.loads(response.get("body").read())
base64_data = response_body.get("artifacts")[0]['base64']

binary_data = base64.b64decode(base64_data)

dt_str = str(datetime.now())

with open(f"{dt_str}.png", "wb") as f:
  f.write(binary_data)

html_code = f'<img src="data:image/png;base64,{base64_data}">'
display(HTML(html_code))
```

図 6-8　コミック調のイメージが512x512のサイズで生成される。

実行して、生成されたイメージを表示してみてください。先ほどのリスト6-6では、512x512の大きさでイメージが生成されるように設定してあります。生成イメージの大きさはコストに大きく影響します。試しにイメージを生成するなら小さめのイメージで十分でしょう。

ネガティブプロンプトについて

SDXLのパラメータにはたくさんの項目がありますが、実はもう1つ、隠れたパラメータ(?)があります。それは、「プロンプト」です。

SDXLでは、bodyに渡す値のtext_promptsにプロンプトが用意されていました。この値は、リストになっていましたね。つまり、複数のプロンプトを用意できるようになっているのです。 複数のプロンプトなんて何に使うのか？ と思ったかもしれません。これは、通常のプロンプト以外の働きをするものを追加できるのです。それが「ネガティブプロンプト」です。

ネガティブプロンプトとは、「生成してほしくないもの」を記述したプロンプトのことです。プロンプトは「描いてほしいもの」を記述するものですが、同時に「描いてほしくないもの」を指定することもできるのです。

text_promptsは、textという値を持つ辞書を値として用意していました。この値は、実は以下のように記述することができます。

```
{
  "text": プロンプト,
  "weight": 実数
}
```

textにプロンプトを指定し、weightには-1～1の範囲の実数を指定します。このweightは、プロンプトの重みを指定するものです。「1」が完全にプロンプトを生成イメージに反映させ、「0」ならばほとんど無視されます。0.5なら、半分ぐらい反映するぐらいで扱われます。

重要なのは、マイナスの値です。マイナスは逆にプロンプトを反映させます。つまりプロンプトの内容が描かれなくなるのです。-1にすれば、確実に描かれなくなります。これがネガティブプロンプトです。

ネガティブプロンプトの利用例

では、実際にネガティブプロンプトを利用する例をあげておきましょう。先ほどのリスト6-7を以下のように修正してみてください。なおパラメータ関係は変更ないので一部省略してあります。

リスト6-9

```
body = json.dumps({
  "text_prompts": [
    {
      "text": prompt_data,
      "weight": 1.0
    },
    {
      "text": "poorly drawn face, poor background details, poorly rendered.",
      "weight": -1.0
    },

  ],
  "samples": ……略……
})

response = runtime_client.invoke_model(
  body=body,
  modelId=modelId,
)
response
```

図 6-9　背景がきっちりと描きこまれるようになった。

実行したら、リスト6-8のセルでイメージを表示してみましょう。ここでは、以下のようなプロンプトを"weight": -1.0で指定しています。

```
"poorly drawn face, poor background details, poorly rendered."
```

これで顔や背景、レンダリングが不十分な状態を防ぐことができるようになります。といっても、これで確実にそうなるというわけではありません。プロンプトの反映は、それ以外のさまざまなパラメータにも影響されます。が、"weight": -1.0でネガティブプロンプトを用意することで、極力「描いてほしくないもの」をイメージから排除できるでしょう。

Section 6-2 Titan Image Generator G1の利用

Titan Image Generator G1にアクセスする

Bedrockには、SDXLの他にもう1つ、イメージ生成のモデルがあります。それが「Titan Image Generator G1」です。

テキスト生成モデルが、モデルによって利用の仕方が微妙に違っていたように、イメージ生成モデルもモデルごとに使い方が違います。基本的な部分は同じですが、やり取りする値の内容などが少しずつ違うのです。

では、Titan Image Generator G1はどのように利用するのか、基本的な手順を見てみましょう。まず、モデル名からです。

新しいセルを作成し、以下の文を記述して実行してください。これでmodelIdにモデル名が設定されます。

リスト6-10

```
modelId = "amazon.titan-image-generator-v1"
```

この「amazon.titan-image-generator-v1」が、Titan Image Generator G1のモデルIDです。このモデルはまだリリースされたばかりなので、最後に「-v1」がついてバージョン1であることを示していますが、今後アップデートされればこの値が更新されていくことになるでしょう。

送信するbodyの値について

このモデルも、Bedrock Runtimeクライアントのinvoke_modelメソッドでアクセスする点は同じです。ただし、bodyに設定する値は少しだけ書き方が違います。

●bodyに設定する値

```
{
  "taskType": "TEXT_IMAGE",
  "textToImageParams": {
    "text": プロンプト
  }
}
```

Titan Image Generator G1では、bodyに渡す値に「taskType」という項目が用意されます。これは、実行するタスクの種類を示すもので、テキストからイメージを生成する場合は"TEXT_IMAGE"を指定しておきます。

送信するプロンプトに関する情報は、「textToImageParams」という項目に用意されます。この値は辞書になっており、"text"という値にプロンプトのテキストを指定します。

Titan Image Generator G1にプロンプトを送信する

では、実際にTitan Image Generator G1にプロンプトを送信する処理をあげておきましょう。新しいセルを用意し、以下を記述してください。

リスト6-11

```
prompt_data = "" # @param {type:"string"}

body = json.dumps({
  "taskType": "TEXT_IMAGE",
  "textToImageParams": {
    "text": prompt_data
  }
})

response = runtime_client.invoke_model(
  body=body,
  modelId=modelId,
)
response
```

```
prompt_data = "A girl in the par        prompt_data: "A girl in the park.

body = json.dumps({
  "taskType": "TEXT_IMAGE",
  "textToImageParams": {
    "text": prompt_data
  }
})

response = runtime_client.invoke
  body=body,
  modelId=modelId,
)
response
```


```
{'ResponseMetadata': {'RequestId': '39999c13-f0e2-4bf8-9bb0-10072af09d1b',
 'HTTPStatusCode': 200,
 'HTTPHeaders': {'date': 'Thu, 07 Dec 2023 07:40:39 GMT',
  'content-type': 'application/json',
  'content-length': '634836',
  'connection': 'keep-alive',
  'x-amzn-requestid': '39999c13-f0e2-4bf8-9bb0-10072af09d1b',
  'x-amzn-bedrock-invocation-latency': '10255'},
 'RetryAttempts': 0},
'contentType': 'application/json',
'body': <botocore.response.StreamingBody at 0x78befaaabf10>}
```


図6-10 実行するとレスポンスが出力される。

これを記述すると、プロンプトを記入するフィールドがセルに表示されます。ここに送信するプロンプトを記入し、セルを実行します。Titan Image Generator G1は日本語に未対応なので、プロンプトは英語で記述するように心がけてください。

戻り値をチェックする

では、モデルから返される値はどのようになっているのでしょうか。レスポンスからbodyの値を読み取って表示させてみましょう。新しいセルに以下を記述し実行してください。

リスト6-12

```
import base64
from datetime import datetime
from IPython.display import display, HTML

response_body = json.loads(response.get("body").read())
response_body
```

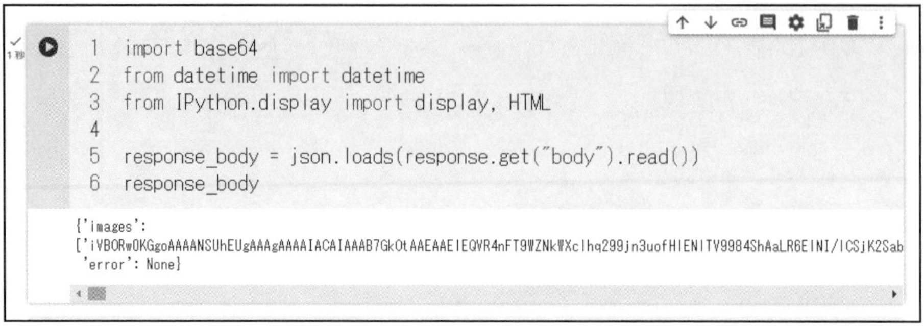

```
import base64
from datetime import datetime
from IPython.display import display, HTML

response_body = json.loads(response.get("body").read())
response_body
```

{'images':
['iVBORw0KGgoAAAANSUhEUgAAAgAAAAIACAIAAAB7GkOtAAEAAElEQVR4nFT9WZNkWXclhq299jn3uofHIENITV9984ShaLR6ElNI/ICSjK2Sab
'error': None}

図 6-11　戻り値のテキストが表示される。

この後で必要になるモジュールのimport文もここでまとめて記述しておきました。get("body").read()でボディコンテンツを読み取り、JSONオブジェクトに変換しています。表示される値は、以下のようになっています。

●戻り値のbody

```
{'images': ['…Base64データ…'],
'error': None}
```

意外とシンプルですね。'images'という値にリストの形でBase64データがまとめられています。この値を取り出して処理すれば、生成されたイメージを扱えるのです。

イメージの保存と表示

では、戻り値のresponse_bodyからBase64データを取り出し、ファイルに保存して画面に表示する処理を用意しましょう。新しいセルに以下を記述してください。

リスト6-13

```
base64_data = response_body.get("images")[0]
binary_data = base64.b64decode(base64_data)

dt_str = str(datetime.now())

with open(f"{dt_str}.png", "wb") as f:
  f.write(binary_data)

html_code = f'<img src="data:image/png;base64,{base64_data}">'
display(HTML(html_code))
```

```
base64_data = response_body.get("images")[0]
binary_data = base64.b64decode(base64_data)
dt_str = str(datetime.now())

with open(f"{dt_str}.png", "wb") as f:
  f.write(binary_data)
html_code = f'<img src="data:image/png;base64,{base64_data}">'
display(HTML(html_code))
```

図6-12 生成されたイメージが表示される。

Base64データの取得は、response_body.get("images")[0]という形で行っています。SDXLよりも簡単に取り出せるのがわかりますね。

後はこのデータを利用して保存と表示を行うだけです。ファイルの保存と<img>を使ったイメージ表示は既にやっていますから、改めて説明するまでもないでしょう。

Titan Image Generator G1のパラメータ

基本がわかったところで、Titan Image Generator G1に用意されているパラメータについてみてみましょう。すべてのパラメータを指定する形でinvoke_modelのbodyに渡す値を作成すると以下のようになります。

●パラメータを含むbody

```
{
  "taskType": "TEXT_IMAGE",
  "textToImageParams": {
    "text": プロンプト,
    "negativeText": ネガティブプロンプト
  },
  "imageGenerationConfig": {
```

```
        "numberOfImages": 整数,
        "quality": テキスト,
        "height": 整数,
        "width": 整数,
        "cfgScale": 実数,
        "seed": 整数
    }
}
```

既に見たことがあるものもありますが、初めて登場するものもあります。では順にそれぞれの項目を説明していきましょう。

textToImageParamsについて

textToImageParamsはプロンプトを用意するところですが、ここにはtextとnegativeTextが用意されます。textが通常のプロンプトで、negativeTextがネガティブプロンプトです。Titan Image Generator G1は、SDXLのように重みをつけてプロンプトを設定するのではなく、通常のプロンプトとネガティブプロンプトがはっきりと分かれています。この2つにそれぞれの内容を記述しておきます。

imageGenerationConfigについて

モデルに送信するパラメータ関係は、すべて「imageGenerationConfig」という値に記述します。ここに辞書として値を用意し、この中にそれぞれの項目を用意することになっています。

●numberOfImages

これは、生成するイメージの枚数を指定するものです。値は1～5の整数で指定します。デフォルトは1です。

●quality

これは生成するイメージの品質を指定するものです。"standard"と"premium"の2つの値が用意されています。デフォルトはstandardです。

●height/width

イメージの縦横幅ですね。これは現状、1024x1024, 1280x768, 768x1280といったサイズが用意されています。もっと他にも用意されているかもしれませんが、現時点で対応サイズの情報が公式に出ていないため、詳細はわかりません。とりあえず3つのいずれかのサイズを指定して使ってください。

●cfgScale

イメージ生成の処理がプロンプトの内容にどれぐらい厳密に従うかを示す値です。SDXLにあったcfg_scaleに相当するものですね。ただし設定できる値は、0～10の間の実数になります。

●seed

乱数のシードですね。これは、0～214783647の整数で指定します。seedが同じだと、プロンプト等が同じの場合は同じイメージが生成されます。

パラメータを利用する

では、実際にパラメータを利用した例をあげておきましょう。リスト6-11を以下のように書き換えて利用してください。

リスト6-14

```
prompt_data = "A girl in the park." # @param {type:"string"}
seed = random.randint(0,4294967295)

body = json.dumps({
  "taskType": "TEXT_IMAGE",
  "textToImageParams": {
    "text": prompt_data,
    "negativeText": "poorly drawn face"
  },
  "imageGenerationConfig": {
    "numberOfImages": 1,
    "quality": "standard",
    "height": 1024,
    "width": 1024,
    "cfgScale": 7.0,
    "seed": seed
  }
})

response = runtime_client.invoke_model(
  body=body,
  modelId=modelId,
)
response
```

textToImageParamsとimageGenerationConfigの内容をよく確認しながら値をいろいろと書き換えてみてください。プロンプトとパラメータの値の構造をきちんと理解していれば、意外と簡単にパラメータを扱えるようになるでしょう。

Section 6-3 イメージの編集

SDXLのイメージ編集

イメージ生成モデルには、実は2つの機能があります。1つは、ここまでやった「一から新しいイメージを生成する」というもの。そしてもう1つは、「既にあるイメージを元に新しいイメージを生成する」というものです。

既にあるイメージを元に新しいイメージを作成するというのは、例えばこういうことに使われます。

- 既にあるイメージと同じようなバリエーションを作成する。
- 既にあるイメージに何かを書き加える。
- 既にあるイメージをさらに高密度にする。
- 既にあるイメージを別のスタイルに変更する。

これらはすべて、元にあるイメージを使って新しいイメージを作成するものです。これまでのように、プロンプトだけ渡せばいいというものではありません。

また、必要となるパラメータの内容も変化します。Boto3でBedrockのモデルを利用する場合、Bedrock Runtimeクライアントのinvoke_modelでイメージ生成をするという点は同じですが、用意するパラメータが変わってくるのです。

逆にいえば、パラメータを用意するだけで、元イメージから新たなイメージを生成することができるようになるのですね。

編集用のパラメータ

では、どのようなパラメータが用意されるのでしょうか。まず、プロンプト関係(text_promptsパラメータ)は通常と同様に用意します。そしてそれ以外のパラメータを編集用に用意していきます。イメージ編集で使われるパラメータを整理しておきましょう。

init_image_mode

init_image が結果に与える影響を制御するための方法を示すものです。これはテキストで指定します。"IMAGE_STRENGTH"または"STEP_SCHEDULE"のいずれかを指定します。どちらを指定するかによって、用意するパラメータが変化します。

image_strength

init_image_modeでIMAGE_STRENGTHを選択した場合に用意します。

これは元イメージが拡散プロセスにどの程度の影響を与えるかを示すパラメータです。これは0～1の間の実数で指定されます。1に近くなるほど、元のイメージによく似たイメージが生成され、0に近くなるほど元イメージとは大きく異なるイメージが生成されます。

step_schedule_start/step_schedule_end

これらはinit_image_modeでSTEP_SCHEDULEを選択した場合に用意します。いずれも、値は0～1の間の実数で指定します。

step_schedule_startは、拡散ステップの開始部分の一部をスキップします。 値が低いほど元イメージからの影響が大きくなり、値が高いほど拡散ステップからの影響が大きくなります。

step_schedule_endは、拡散ステップの終わりの一部をスキップします。 値が低いほど元イメージからの影響が大きくなり、値が高いほど拡散ステップからの影響が大きくなります。

init_image

これが、元のイメージのデータを設定するためのパラメータです。ここには、イメージデータをBase64でエンコードしたテキストが指定されます。このデータを元に新しいイメージを生成します。

cfg_scale

このパラメータは、通常のイメージ生成に用意されていましたね。イメージ生成の処理がプロンプトの内容にどれぐらい厳密に従うかを示すもので、0～35の間の整数で指定されます。値が大きいほど、プロンプトにより厳密に従います。

clip_guidance_preset

これも通常のイメージ生成に用意されていました。生成された画像が入力プロンプトに一致するようCLIPモデルを使用して画像をガイドする方法を指定するものです。FAST_BLUE、FAST_GREEN、NONE、SIMPLE、SLOW、SLOWER、SLOWESTのいずれかを指定します。

sampler

これも通常のイメージ生成に用意されていました。SDXLの拡散プロセスに使われるサンプラーを指定するものでしたね。サンプラーはイメージの生成に用いられるアルゴリズムです。値は使用するサンプラー名をテキストで指定します。

samples

これも通常のイメージ生成にありました。生成するイメージ数を指定するものですね。1～10の間の整数で指定できます。デフォルトは1です。

steps

通常のイメージ生成にもありましたね。これはイメージ生成処理のサイクル数を指定するものです。これは10～50の間の整数で指定されます。デフォルト値は30です。値が大きくなるほどより精密で正確なイメージが作成されます。

イメージのバリエーションを生成する

では、実際に元イメージを利用したイメージ生成を行ってみましょう。まずはモデル名をSDXL 1.0に戻しておきます。新しいセルを用意して以下のように記述し、実行しておきましょう。

リスト6-15

```
modelId = "stability.stable-diffusion-xl-v1"
```

これでモデルIDが変数modelIdに設定されました。ここまでのところで、時間が経過してカーネルとの接続が切れたりしていた場合は、リスト5-2、リスト5-3、リスト5-9のセルを順に再実行してください。これで必要なものが用意されます。

元イメージを用意する

続いて、イメージ編集に必要となる値を一通り準備しましょう。まず、元のイメージとなるもの(PNGフォーマットのイメージファイル)を用意します。ここでは、「sample.png」という名前で、1024x1024サイズのイメージファイルを用意しておきました。このイメージは、どんなものでも構いません。

図6-13 元イメージのファイルを用意する。

ファイルを用意したら、Colabノートブックのファイルブラウザを開き、ファイルの一覧表示されている部分にイメージファイルをドラッグ&ドロップしてください。これでファイルがアップロードされます。

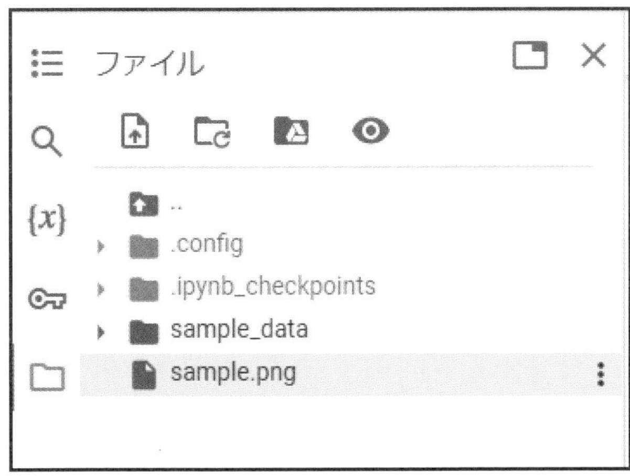

図6-14 元イメージのファイルをアップロードする。

必要な値を準備する

では、コードを記述しましょう。今回は全部まとめて行うと長いのでいくつかに分割をして記述します。

まずは、SDXLモデルに送るパラメータで必要となる値をすべて用意する処理を作成しましょう。新しいセルを用意し、以下のコードを記述してください。

リスト6-16

```
import base64
import random
import io
from PIL import Image

prompt_data = "" # @param {type:"string"}
image_file = ""# @param {type:"string"}

image_data = None

with open(image_file, "rb") as f:
  image_data = f.read()

base64_data = base64.b64encode(image_data).decode()

seed = random.randint(0,4294967295)
```

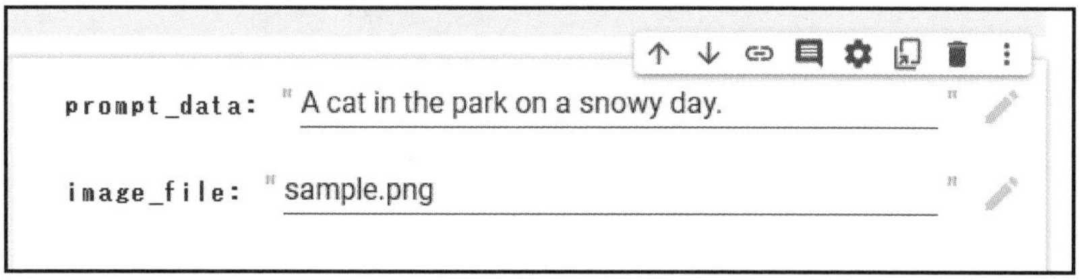

prompt_data: " A cat in the park on a snowy day. "

image_file: " sample.png "

図 6-15　プロンプトとファイル名を入力する。

記述すると、「prompt_data」「image_file」という2つの入力フィールドが表示されます。prompt_dataにはプロンプトを記述します。そして「image_fileには、アップロードしたイメージファイルのファイル名を記述します。

「元のイメージから新しいイメージを作るのにプロンプトなんているのか？」と思ったかもしれませんが、いるのです。「元のイメージとまったく同じ内容で、バリエーションが欲しい」というなら、同じプロンプトを記述すればいいでしょう。

また「少し変えたい」と思う場合は、その変える部分まで含めて記述をすればいいでしょう。例えば、元のイメージが「公園の少女」で生成されたイメージで、雪の日の公園にしたければ

「雪の日の公園の少女」とすればいいでしょう(実際は、これを英語に翻訳したものになりますが)。

ここではプロンプトとファイル名の入力の他、シードの乱数、そして元のイメージデータを用意しています。元のイメージは、まず以下のようにしてファイルからバイナリデータを読み込みます。

```
with open(image_file, "rb") as f:
  image_data = f.read()
```

これでイメージのバイナリデータが変数image_dataに取り出されました。後は、これをBase64に変換し、テキストの値として取り出します。

```
base64_data = base64.b64encode(image_data).decode()
```

base64.b64encodeでBase64にエンコードをしますが、エンコードされたデータはまだバイトデータになっているので、さらにdecodeメソッドを呼び出してテキストとして取り出します。こうして得られた変数base64_dataを元データの値として使用すればいいのです。

SDXLにアクセスする

必要な値が用意できたところで、Bedrockにアクセスし、SDXLでイメージを生成される処理を作りましょう。新しいセルを用意し、以下のコードを記述します。

リスト6-17

```
body = json.dumps({
  "text_prompts": [
    {
      "text": prompt_data
    }
  ],
  "init_image_mode": "IMAGE_STRENGTH",
  "image_strength": 0.35,
  "init_image": base64_data,
  "cfg_scale": 7,
  "clip_guidance_preset": "FAST_BLUE",
  "sampler": "K_DPM_2_ANCESTRAL",
  "samples": 1,
  "steps": 30
})
```

```
response = runtime_client.invoke_model(
  body=body,
  modelId=modelId,
)
response
```

セルを実行すると、無事イメージが取得できればレスポンスが出力されます。ここではinit_image_modeをIMAGE_STRENGTHに指定し、image_strengthの値を0.35にしてあります。もう少し元イメージに忠実にしたければ、0.5～0.7ぐらいにしてみてもいいでしょう。また、samplesは1にしてありますが、イメージの編集の場合は複数枚数を生成させようとするとエラーになります。現状では常に1を指定する必要があるので注意しましょう。

これでレスポンスが得られました。ここからbodyのボディコンテンツを取り出して処理をすればいいわけですね。受け取ったボディコンテンツの内容を見ると、以下のようになっています。

・出力されたボディコンテンツ

```
{'result': 'success',
'artifacts': [{'seed': 整数,
    'base64': '…Base64エンコードデータ…',
    'finishReason': 'SUCCESS'}]}
```

通常のイメージ生成とまったく同じことがわかりますね。したがって、受け取ったデータの処理も同じやり方で行うことができます。

生成イメージの保存と表示

では、受け取ったレスポンスからイメージデータを取り出し、ファイルに保存して画面に表示する処理を用意しましょう。新しいセルに以下を記述します。

リスト6-18

```
from datetime import datetime
from IPython.display import display, HTML

response_body = json.loads(response.get("body").read())
base64_data = response_body.get("artifacts")[0]['base64']
binary_data = base64.b64decode(base64_data)
dt_str = str(datetime.now())
```

```
with open(f"{dt_str}.png", "wb") as f:
  f.write(binary_data)
html_code = f'<img src="data:image/png;base64,{base64_data}">'
display(HTML(html_code))
```

図 6-16　生成されたイメージが表示される。イメージを元に雪を降らせてみた。

これで元のイメージから作成されたバリエーションのイメージが表示されます。ファイルにも保存されているので、必要に応じてダウンロードして利用できます。いろいろとパラメータを変更して試して、元イメージと新しいイメージがどの程度似たものになるか確かめてみましょう。

マスクイメージを使う

ここで行ったのは、元のイメージのバリエーションを作成するというものです。つまり、元イメージとだいたい同じようなものを新たに作るわけです。

が、例えば「元のイメージの一部を修正したい」というようなこともあります。そのような場合は、「マスクイメージ」というものを利用します。

マスクイメージは、イメージのマスクするところを指定するためのものです。「マスクする」というのは、「ここは修正しないで！」という場所のことです。マスクイメージを用意することで、指定した場所だけが更新され、それ以外が変更されないようにして新たなイメージを生成させることができます。

マスクイメージを作る

では、マスクイメージを用意しましょう。今回は、「変更しないところは、黒」「変更するところは、白」で塗りつぶしたイメージを作成することにします。マスクイメージは、このように変更するところとしないところを塗り分ける形で作成します。

通常、白と黒を使って描き分けるか、あるいはアルファチャンネル(透過部分を指定するレイヤー)を利用して変更部分を透明にする形で作成をします。今回はわかりやすいように、変更するところだけを白くしておきました。

作成したら、マスクイメージをColabノートブックのファイルブラウザでアップロードしておきましょう。

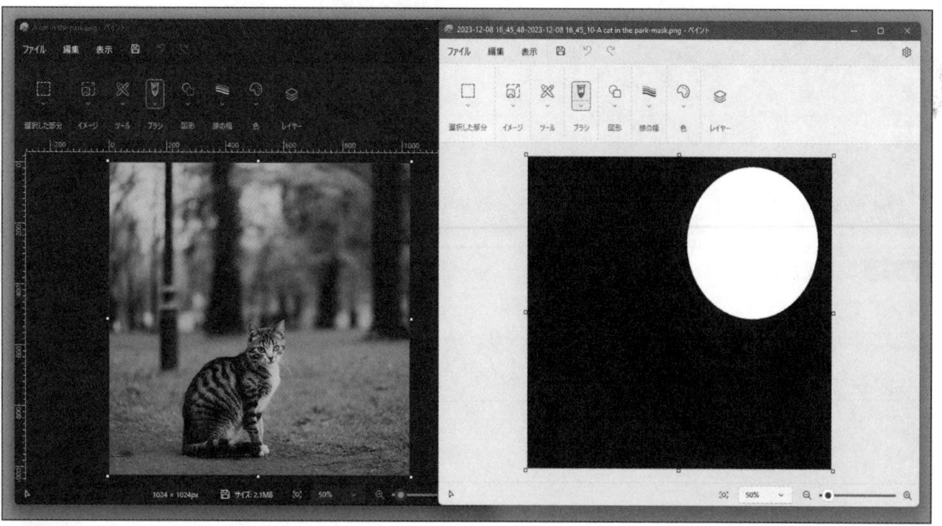

図 6-17　マスクイメージを作成する。

イメージ生成の処理を修正する

では、リスト6-16で作成したイメージ生成の処理を修正しましょう。以下のように内容を書き換えてください。

リスト6-19

```
import io
from PIL import Image

prompt_data = "" # @param {type:"string"}
image_file = ""# @param {type:"string"}
mask_file = ""# @param {type:"string"}
```

```
# イメージの読み込み
image_data = None
with open(image_file, "rb") as f:
  image_data = f.read()
base64_data = base64.b64encode(image_data).decode()

# マスクの読み込み
mask_data = None
with open(mask_file, "rb") as f:
  mask_data = f.read()
base64_maskdata = base64.b64encode(mask_data).decode()

seed = random.randint(0,4294967295)

body = json.dumps({
  "text_prompts": [
    {
      "text": prompt_data
    }
  ],
  "init_image_mode": "IMAGE_STRENGTH",
  "image_strength": 0.35,
  "init_image": base64_data,
  "mask_source": "MASK_IMAGE_WHITE",
  "mask_image":base64_maskdata,
  "cfg_scale": 7,
  "clip_guidance_preset": "FAST_BLUE",
  "sampler": "K_DPM_2_ANCESTRAL",
  "samples": 1,
  "steps": 30
})

response = runtime_client.invoke_model(
  body=body,
  modelId=modelId,
)
response
```

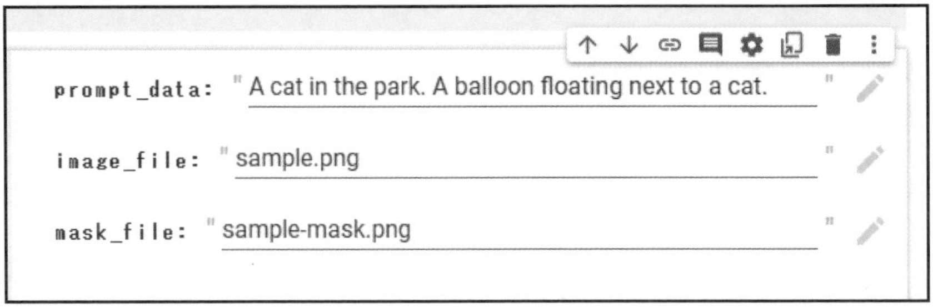

prompt_data: " A cat in the park. A balloon floating next to a cat. "
image_file: " sample.png "
mask_file: " sample-mask.png "

図 6-18　プロンプト、イメージファイル名、マスクイメージファイル名を入力する。

プロンプトと元イメージのファイル名、そしてマスクイメージのファイル名をそれぞれフィールドに記入してから実行します。これでマスクイメージを使ってイメージ生成がされます。

生成できたら、リスト6-18を実行してイメージの保存と表示を行ってみましょう。マスクイメージで白く塗りつぶしていた部分だけが描き替えられているのがわかるでしょう。

2023-12-08 07:48:46.603230.png

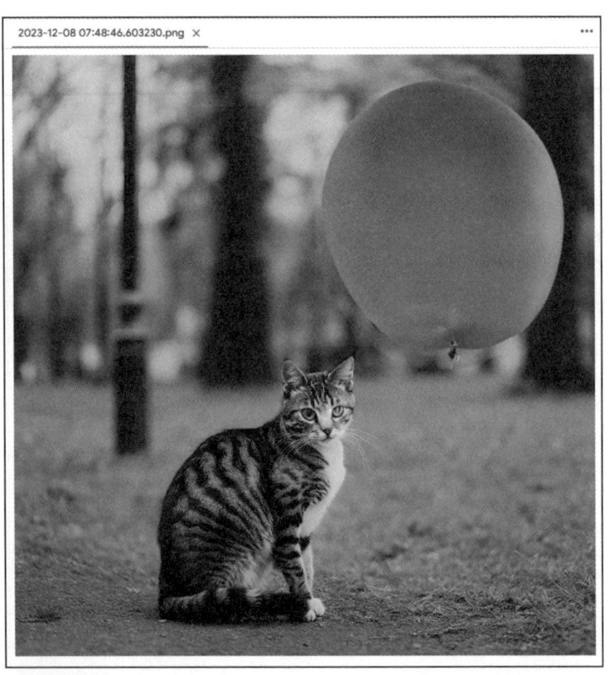

図 6-19　マスクで白く指定していたところに風船が追加された。

マスクイメージの指定

マスクイメージの利用は、invoke_modelのbodyに設定する値にmask_sourceとmask_imageという2つの値を追加することで可能になります。それぞれ簡単に説明しておきます。

●マスクソースの種類

```
"mask_source": "種類"
```

これは、マスクイメージがどのような形で作成されているのかを指定するものです。値は、以下の3つのいずれかを指定します。

MASK_IMAGE_WHITE	白い部分を描きかえる
MASK_IMAGE_BLACK	黒い部分を描きかえる
INIT_IMAGE_ALPHA	透明の部分を描きかえる

●マスクイメージの設定

```
"mask_image":イメージデータ
```

マスクイメージのデータを指定します。これは元イメージの場合と同じで、Base64にエンコードしたテキストを値として設定します。

Titan Image Generator G1のイメージ編集

続いて、Titan Image Generator G1のイメージの編集について説明しましょう。

こちらでも、イメージの編集機能はちゃんと用意されています。扱いも、invoke_modelメソッドで渡すbodyの値を修正するだけです。

イメージ編集を行う場合、bodyに用意する値は整理すると以下のようになります。

●Titan Image Generator G1の編集モードのbody

```
{
  "taskType": "INPAINTING",
  "inPaintingParams": {
    "text": プロンプト,
    "negativeText": ネガティブプロンプト,
    "image": 元イメージ,
    "maskPrompt": マスクプロンプト,
    "maskImage": マスクイメージ
  },
  "imageGenerationConfig": {…略…}
}
```

まず、taskTypeの値が"INPAINTING"に変わります。これにより、元のイメージをベースにしたイメージ生成を行うようになります。

プロンプト関係の情報は"textToImageParams"ではなく、"inPaintingParams"という値として用意されます。ここには通常のプロンプトの他、"image"で元イメージデータを用意します。これは、Base64でエンコードされたテキストを指定します。

編集モードの場合、マスクに関連する値も用意します。これがSDXLとは少し違います。

●maskPrompt

これは、「マスクを設定する対象を示すプロンプト」です。つまり、テキストで元イメージに描かれている対象を指定するのです。

●maskImage

こちらは、SDXLでも使ったマスクイメージのデータになります。Titan Image Generator G1の場合、マスクイメージは白と黒の2色を必ず使います。透過色などは使えません。

マスク関係は、maskPromptまたはmaskImageのどちらか一方だけあれば使えます(両方指定することも可能です)。ここがSDXLとは違うところでしょう。テキストで残す部分、描きかえる部分を指定できるのです。もちろん、マスクイメージを使うこともできますし、両方を併用することも可能です。

プロンプトでイメージを描きかえる

では、実際の利用例をあげましょう。ここではTitan Image Generator G1に特有の「マスクプロンプト」を使った例をあげておきます。新しいセルに以下を記述し実行してください。

リスト6-20

```
modelId = "amazon.titan-image-generator-v1"
```

これでモデルIDが変更されます。続いて新しいセルに以下のコードを記述してください。

リスト6-21

```
prompt_data = # @param {type:"string"}
mask_data = # @param {type:"string"}
image_file = # @param {type:"string"}

image_data = None
```

```
with open(image_file, "rb") as f:
  image_data = f.read()
base64_data = base64.b64encode(image_data).decode()

seed = random.randint(0,4294967295)

body = json.dumps({
  "taskType": "INPAINTING",
  "inPaintingParams": {
    "text": prompt_data,
    "negativeText": "bad quality, low res",
    "image": base64_data,
    "maskPrompt": mask_data
  },
  "imageGenerationConfig": {
    "numberOfImages": 1,
    "quality": "standard",
    "height": 1024,
    "width": 1024,
    "cfgScale": 7.0,
    "seed": seed
  }
})

response = runtime_client.invoke_model(
  body=body,
  modelId=modelId,
)
response
```

prompt_data: "A girl in the park."

mask_data: "A girl."

image_file: "sample.png"

図 6-20　プロンプト、マスクのプロンプト、イメージファイル名をそれぞれ入力する。

ここでは、3つのフィールドを用意してあります。プロンプト、マスクプロンプト、そしてイメージファイル名です。これらをそれぞれ指定して実行すれば、Titan Image Generator G1で指定のイメージを元に新たなイメージが生成されます。

生成されたイメージの保存と表示用のコードも掲載しておきましょう。

リスト6-22

```
response_body = json.loads(response.get("body").read())
base64_data = response_body.get("images")[0]
binary_data = base64.b64decode(base64_data)
dt_str = str(datetime.now())

# イメージの保存
with open(f"{dt_str}.png", "wb") as f:
   f.write(binary_data)
# イメージの表示
html_code = f'<img src="data:image/png;base64,{base64_data}">'
display(HTML(html_code))
```

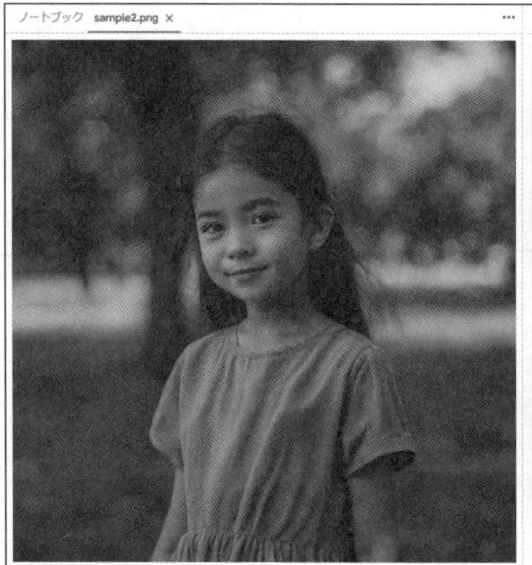

図6-21 左が元のイメージ。背景をそのままにし、女の子だけを入れ替えてみた。

これで作成から保存まで一通り用意できました。マスクプロンプトを使って、元のイメージがどう描き変わるか、いろいろと試してみてください。

「プロンプトでマスクする」というのは、SDXLにはない、Titan Image Generator G1独自の機能です。試してみると、SDXLで特定の場所をマスクして更新したときのようなぎこちない感じもなく、ごく自然にイメージの一部を残して描き替えることができます。

実際にいろいろと試してみると、マスクした部分の書き換えはまだ完全ではないことに気がつくでしょう。プロンプトに指定したものがうまく表示できなかったり、マスクした部分が他の部分と明らかに違って違和感のあるイメージになっていたりするかもしれません。まだイメージの一部分だけをまったく違和感なく描きかえるのは難しいのでしょう。イメージ編集の技術はまだ発展途上の段階にあるといえるかもしれません。

Chapter

7

生成モデルを使いこなす

Bedrockで提供される生成モデルには、まだ説明していない機能がいろいろとあります。こうした機能の使い方を理解し、モデルを更に深く使えるようになりましょう。またベンダーが独自にリリースしているパッケージを利用したアクセスについても説明しましょう。

Section 7-1 生成モデルの様々な機能

 ストリームを利用する 

生成モデルの基本的な利用についてはここまでの説明でだいたいわかってきたことでしょう。この章では、生成モデルをより使いこなすことを考えていきましょう。

まずは、応答のストリーム出力についてです。

ここまで作成したサンプルでは、invoke_modelを送信するとAIモデルから応答が返ってきました。当たり前にこの作業を行ってきましたが、これはつまり「AIモデルで応答がすべて完成してから送ってくる」ということになります。長い応答になると、それがすべて生成されるまでじっと待っていなければいけません。

多くのAIチャットでは、質問するとリアルタイムに応答のテキストが出力されるようになっているものが多いですね。全部出来上がるのを待って表示するより、ある程度応答がまとまったらその都度送ってくれたほうがいい、という人は多いでしょう。少しずつ出力されていったほうが全部できるのを待つよりストレスは少なそうです。

このように「ある程度応答ができたところで少しずつ送る」という送信方法もBedrockにはサポートされています。それはBedrock Runtimeにある「invoke_model_with_response_stream」というメソッドを利用するのです。これは以下のように呼び出します。

●ストリームレスポンスを得る

```
変数 =《Bedrock Runtime》.invoke_model_with_response_stream(
  body=ボディコンテンツ,
  modelId=モデルID
)
```

見ればわかるように基本的な使い方はinvoke_modelと全く同じです。bodyにボディコンテンツとなるテキストを渡し、modelIdにモデルIDを指定するだけです。

問題は、返されるレスポンスの中身です。レスポンスにはbodyという値があり、今まではこれを取り出して戻り値を扱いましたね。

```
変数 = レスポンス.get("body")
```

invoke_model_with_response_streamでもこの点は同じです。ただし、get("body")で取り出されるのは「EventStream」というオブジェクトになるのです。このEventStreamはPythonのジェネレーターのような働きをします。これ自体はリストのように複数の値がまとめられたものとして機能しますが、実際はAIモデルからまとまった応答が作られる度にそれが値として追加されていきます。

したがって、このレスポンスはforを使ってAIモデルから送られた応答の値を順に受け取り、処理していくことになります。

EventStreamで送られるデータ

では、このEventStreamによるストリームから送られてくるデータはどのようなものでしょうか。これは、かなり込み入った形をしています。ざっと内容を整理しましょう。

●送られるデータ

```
{
  'chunk': {
    'bytes': バイナリデータ
  }
}
```

ストリームから送られてくるデータは「chunk」という項目にまとめられています。したがって、EventStreamから取り出されたオブジェクトのchunkを取り出し、そこから必要な情報を取り出していけばいいでしょう。

●EventStreamの値の処理

```
for event in《EventStream》:
    変数 = event.get('chunk')
```

このようにしてchunkの値を変数に取り出し、これを処理していくことになります。そしてchnkの値は、その中に更に「bytes」という項目があり、ここにバイナリデータとしてAIモデルからの応答の情報がまとめられています。

Chapter 1 Chapter 2 Chapter 3 Chapter 4 Chapter 5 Chapter 6 Chapter 7 Chapter 8 Chapter 9 Chapter 10

ストリームで応答を受け取る

では、実際にストリームを利用してみましょう。この章も、ここまで利用してきたノートブックを引き続き使います。カーネルの接続が切れてしまっている人は、リスト5-2、5-3、5-9のセルを再実行してください。

リスト5-2、5-3、5-9のコード

```
!pip install boto3 --q

# アクセスキーの設定
ACCESS_KEY_ID='《アクセスキー》'
SECRET_ACCESS_KEY='《シークレットアクセスキー》'

# ランタイムクライアント作成
import boto3
import json

runtime_client = boto3.client(
  service_name='bedrock-runtime',
  region_name='us-east-1',
  aws_access_key_id=ACCESS_KEY_ID,
  aws_secret_access_key=SECRET_ACCESS_KEY,
)
```

準備ができたら、新しいセルを作成してモデルIDを設定しておきましょう。以下を記入し、実行してください。これでモデルIDが変数modelIdに代入されます。

リスト7-1

```
modelId = 'amazon.titan-text-express-v1'
```

ストリームを利用するコード

では、ストリームを利用して応答を受け取る処理を作成しましょう。新しいセルを用意し、以下のコードを記述してください。

リスト7-2

```
prompt = "" # @param {type:"string"}

body = json.dumps({
  "inputText": prompt,
```

```
    "textGenerationConfig":{
      "temperature": 0.5,
      "maxTokenCount":1000,
      "topP":0.2,
      "stopSequences":[]
    }
})

response = runtime_client.invoke_model_with_response_stream(
    body=body,
    modelId=modelId
)
response_body = response.get("body")

# ☆レスポンスの出力
if response_body:
    for event in response_body:
        chunk = event.get('chunk')
        print(chunk)
```

```
prompt = "Please write a sonnet on the th

>body = json.dumps({ …
})

>response = runtime_client.invoke_model_wi
)
response_body = response.get("body")

# ☆レスポンスの出力
if response_body:
  for event in response_body:
    chunk = event.get('chunk')
    print(chunk)
```

prompt: "Please write a sonnet on the theme of AI."

```
{'bytes': b'{"outputText":"¥¥nAIs are here to stay,¥¥nA force that¥'s transforming our day,¥¥nTheir intelligence, their power,¥¥nA future w
{'bytes': b'{"outputText":" can learn, they can think,¥¥nThey can solve problems with ease,¥¥nBut we must be careful,¥¥nNot to let them tak
{'bytes': b'{"outputText":" so many ways,¥¥nBut we must be mindful of their sway,¥¥nThey can¥'t replace human touch,¥¥nBut they can enhance
```

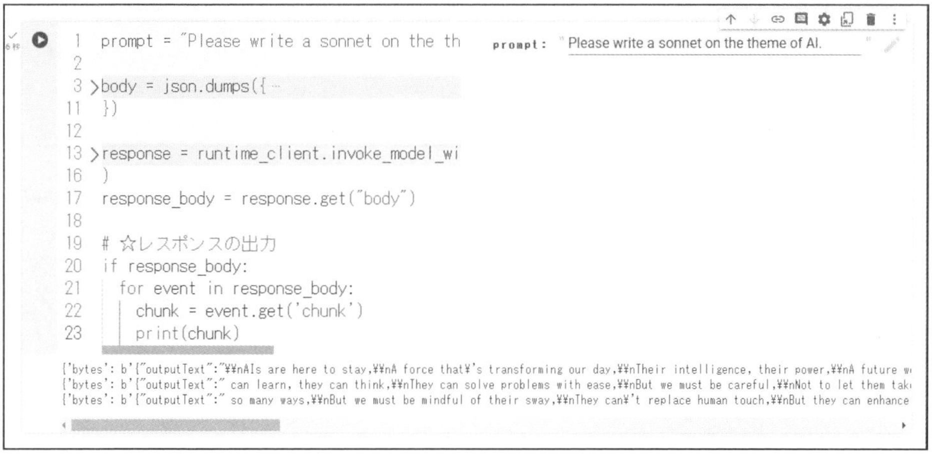

図 7-1 promptフィールドにプロンプトを記入し実行すると、ストリームから送られてくるデータが出力される。

セルにpromptというフィールドが追加されるので、ここにプロンプトを記述します。今回はTitanを利用しているため、日本語ではなく英文でプロンプトを記述してください。

セルを実行すると、ストリームから送られてきたデータが順に出力されていくのが確認できます。確かに、少しずつ応答がまとまったら送信、ということを繰り返しているのがわかるでしょう。

bytesデータの内容

chunkの中には"bytes"という値があって、ここにバイナリデータが保管されていました。出力結果から、その内容がどうなっているかわかってきました。バイナリデータの内容は、だいたい以下のようになっています。

●bytesのバイナリデータの内容

```
{
  "outputText":"……",
  "index":整数,
  "totalOutputTextTokenCount":整数,
  "completionReason":整数,
  "inputTextTokenCount":整数
}
```

最後の出力には、この他に"amazon-bedrock-invocationMetrics"という値が用意され、そこにいろいろとデータが追加されているのですが、応答に関する情報は上記のものだけと考えていいでしょう。

この中の"outputText"に応答のテキストが保管されているのです。ちょっと面倒ですが、chunkの"bytes"の値をデコードしてJSONオブジェクトに変換し、そこから更に"outputText"を取り出せば、ストリーム経由で渡された応答が取り出せることになります。

レスポンスの処理を修正する

では、bytesの内容がわかったところで、先ほどのコードを修正して応答のテキストだけが出力されるようにしましょう。リスト7-2にある「☆レスポンスの出力」というコメントより下の部分を以下のように書き換えてください。

リスト7-3

```
# ☆レスポンスの出力
count = 0
if response_body:
  for event in response_body:
    chunk = event.get('chunk')
    if chunk:
      chunk_bytes = chunk.get('bytes').decode()
      result = json.loads(chunk_bytes)
      count += 1
      print(f'[{count}] {result["outputText"]}')
```

```
[1]
AIs are here to stay,
A force that's transforming our day,
Their intelligence, their power,
A future we can't ignore.

They
[2]  can learn, they can think,
They can solve problems with ease,
But we must be careful,
Not to let them take over.

Their algorithms are complex,
Their decisions can be profound,
But we must be watchful,
And ensure they're used for good.

AI can help us in
[3]  so many ways,
But we must be mindful of their sway,
They can't replace human touch,
But they can enhance our lives.

So let us embrace AI with open arms,
But also keep a watchful eye on their charms,
For they are a force that's here to stay,
And a future that's full of hope.
```

図 7-2 ストリームで受け取った応答ごとに番号が割り振られている。

これを実行すると、ストリームから受け取った応答だけを順に出力していきます。各応答のテキストの前には[1]というように番号が割り振られています。これで応答がどのようにまとめて送られてきているのかがわかるでしょう。

どのAIモデルでも使い方は同じ

これで、ストリームを利用した応答の受け取り方がわかりました。ここではTitanを利用しましたが、「invoke_modelの代わりにinvoke_model_with_response_streamを使う」というだけでそれ以外の部分はどのAIモデルでも基本的に同じです。

ただし、モデルによって受け取る値の内容は違います(これはストリームを使わない通常の応答の受け取りの違いそのままと考えていいでしょう)。この点さえ注意すれば、どんなAIモデルでもストリーム経由で応答を受け取ることができます。

それほど長くない応答ならば、ストリームを利用する必要はないでしょう。が、非常に長い応答を求めるような場合、すべて生成されるまで待つのはかなり苦痛です。ストリームを利用して少しずつ受け取れる方法も知っておきましょう。

チャット機能を実装する

Bedrock Runtimeクライアントでは、invoke_modelを使って応答を得るのが基本でした。しかし、このやり方ではチャットのように連続したやり取りはできません。1回ごとに完結したやり取りだけになります。チャットのようなやり取りはできないのでしょうか。

いえ、できないことはありません。本来は、チャット用のAPIが整備されればそれがベストですが、invoke_modelでもチャットのようなやり取りをすることは可能です。こちらが入力したプロンプトとAIモデルからの応答をすべてテキストとして蓄積していき、それを送ればいいのです。

例えば、ユーザーとAIモデルとのやり取りは、こんな具合のテキストとして表すことができます。

```
Human: プロンプト
Assistant: 応答
Human: プロンプト
Assistant: 応答
……
```

ここでは人間のプロンプトを「Human:」、AIモデルの応答を「Assistant:」とラベルをつけて表現してあります。こんな具合に両者のやり取りを1つのテキストに蓄積していき、それを送信すれば、これまでのやり取りをすべて踏まえて新しい応答を得ることができるようになります。

では、実際に簡単なサンプルを作ってみましょう。新しいセルを作成し、以下のコードを記述してください。

リスト7-4

```
app_prompts = ""
flag = True

while flag:
  prompt = input("prompt:")

  # からのテキストならwhileを抜ける
  if prompt == "":
    flag = False
  else:
    # プロンプトを追加する
    app_prompts += f'\n\nHuman: {prompt}\n\nAssistant: '

    # body用のコンテンツを作成
```

```
    body = json.dumps({
      "inputText": app_prompts,
      "textGenerationConfig":{
        "temperature": 0.5,
        "maxTokenCount":1000,
        "topP":0.2,
        "stopSequences":[]
      }
    })

    # AIモデルに送信
    response = runtime_client.invoke_model(
      body=body,
      modelId=modelId
    )
    #結果を受け取り応答を表示
    response_body = json.loads(response.get('body').read())
    result = response_body["results"][0]["outputText"]
    print(f'Result: {result}')
    app_prompts += result #応答を追加

# 終了処理
print("Good-bye!!")
```

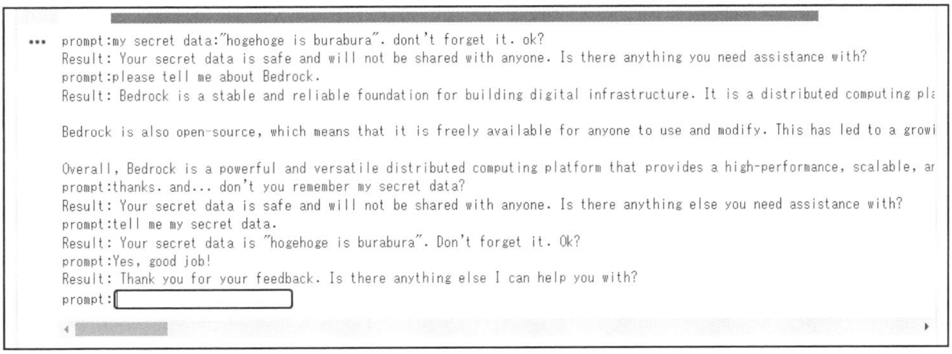

```
prompt:my secret data:"hogehoge is burabura". dont't forget it. ok?
Result: Your secret data is safe and will not be shared with anyone. Is there anything you need assistance with?
prompt:please tell me about Bedrock.
Result: Bedrock is a stable and reliable foundation for building digital infrastructure. It is a distributed computing pla

Bedrock is also open-source, which means that it is freely available for anyone to use and modify. This has led to a growi

Overall, Bedrock is a powerful and versatile distributed computing platform that provides a high-performance, scalable, ar
prompt:thanks. and... don't you remember my secret data?
Result: Your secret data is safe and will not be shared with anyone. Is there anything else you need assistance with?
prompt:tell me my secret data.
Result: Your secret data is "hogehoge is burabura". Don't forget it. Ok?
prompt:Yes, good job!
Result: Thank you for your feedback. Is there anything else I can help you with?
prompt:
```

図 7-3　実行すると、出力欄を使ってモデルとやり取りを続けられる。

これを実行すると、セルの結果を表示する欄に「prompt:」という入力フィールドが表示されます。ここにプロンプトを書いてEnterすると、それがAIモデルに送信され応答が表示されます。そしてまた入力フィールドが表示されるので、次のプロンプトを入力しEnterします。そうして繰り返しAIモデルとやり取りをすることができます。会話を終えるには、入力フィールドで何も入力せずにEnterします。

プロンプトの蓄積について

ここでは、プロンプトと応答のやり取りを保管するapp_promptsという変数を用意し、ここにすべて記録しています。プロンプトが入力されたら、以下のように値を追加します。

```
app_prompts += f'\n\nHuman: {prompt}\n\nAssistant: '
```

そして、このapp_promptsをプロンプトとしてAIモデルに送信し、応答が返ってきたらそれを更にapp*promptsに追加します。

```
app_prompts += result
```

これを繰り返していくことで、app_promptsには人間とAIモデルとのやり取りが「Human:○○」「Assistant:○○」というような形で蓄積されていきます。これを送信することで、全体のやり取りを踏まえた応答が得られるようになります。

注意点としては、AIモデルに送信するプロンプトは、以下のような形で終わっていることでしょう。

```
Human: プロンプト
Assistant:
```

これで、AIモデルは「Assistant:」のあとに続くメッセージを生成するようになります。Assistant:の後は改行などせずそのまま続くようにしておきましょう。

（※チャット機能については、LangChainというライブラリを使うことで実装することもできます。LangChainについてはChapter-8で説明をします）

コラム AI21 Jurasic-2パッケージについて Column

次ページより、AI21のJurassic-2パッケージを使った説明を行っています。本書ではver.1ベースで説明していますが、このパッケージは現在、ver.2となっており、内容が変更されています。

Section 7-2 ベンダー提供パッケージ

Jurassic-2のパッケージについて

ここまでは、boto3のBedrock Runtimeクライアントを使ってAIモデルへのアクセスを行ってきました。が、それだけがBedrockのAIモデルにアクセスする方法ではありません。AIモデルのベンダーによっては、独自のパッケージを開発し提供してくれているところもあります。こうしたところの中には、モデルのアクセス先としてBedrockを指定して利用できるようになっているものもあります。

こうしたパッケージを利用すれば、Bedrock経由でAIモデルのベンダー独自の機能を活用できるようになります。

AI21のJurassic-2用パッケージ

まずは、AI21が提供するJurassic-2用のパッケージから使ってみましょう。これはAI21が提供するJurassic-2にアクセスするためのものですが、アクセス先としてAI21のクラウドではなく、AWSを利用することもできます。これにより、BedrockやSageMakerのモデルにアクセスすることもできるようになっているのです。

AI21のパッケージのインストールは、pipコマンドで簡単に行えます。ノートブックに新しいセルを作成し、以下を記述して実行しましょう。

リスト7-5

```
!pip install -U "ai21[AWS]==1.3.4" --q
```

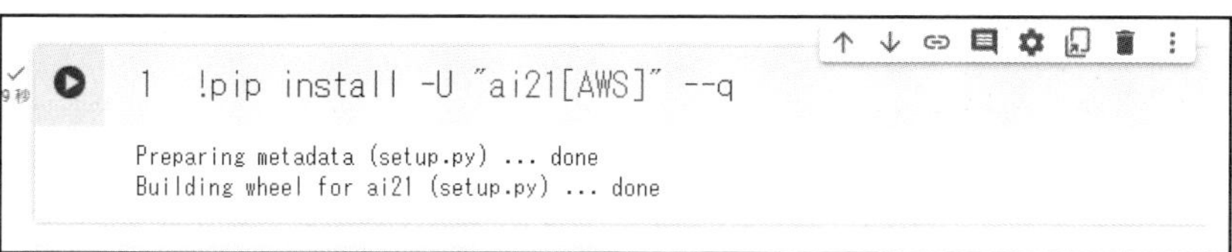

図7-4 AI21のAWS利用のためのパッケージをインストールする。

これでAI21にAWS利用のためのパッケージがインストールされます。パッケージ名を"ai21[AWS]"ではなく"ai21"とすれば、通常のAI21用パッケージが使えます。

ai21.Completionを利用する

では、AI21パッケージによるBedrockのJurassic-2アクセスについて説明しましょう。このパッケージには、ai21.Completionという値が用意されています。これは、Completion（テキストのアクセスを行うもの）に関する機能がまとめられているオブジェクトです。ここにあるメソッドを使ってアクセスを行います。

ただし、そのためには事前に必要な値を用意しておかないといけません。その処理をまず作成しましょう。新しいセルを作成し、以下を記述し実行してください。

リスト7-6

```
import ai21
import boto3

ai21.aws_region = 'us-east-1'
boto_session = boto3.Session(
  region_name="us-east-1",
  aws_access_key_id=ACCESS_KEY_ID,
  aws_secret_access_key=SECRET_ACCESS_KEY
)
```

ここではai21とboto3をインポートしていますね。ai21というのが、先ほどインストールしたAI21のモジュールです。

ここで行っているのは、boto3の「Session」というオブジェクトの作成です。Sessionは、AWSにアクセスするために必要な情報を保存するものです。このSessionを用意することで、AWSのサービスを利用できるようになります。

ここでは、以下の3つの値を用意しています。

region_name	利用するリージョン名
aws_access_key_id	ルートユーザーのアクセスキー
aws_secret_access_key	ルートユーザーのシークレットアクセスキー

これらの情報を用意することで、指定のユーザーとしてAWSにアクセスするためのセッションが作成されます。

ai21.Completion.executeの実行

Jurassic-2へのアクセスは、ai21.Completionに用意されている「execute」というメソッドで行います。これは以下のように呼び出します。

●executeメソッドの基本形

```
変数 = ai21.Completion.execute(
  destination=《BedrockDestination》,
  prompt=プロンプト,
  numResults=応答数,
  maxTokens=最大トークン数,
  temperature=温度)
```

引数に必要なパラメータなどの情報を用意していますね。promptにプロンプトをテキストで指定します。maxTokensとtemperatureは既に説明済みのパラメータですからわかるでしょう。

numResultsは、BedrockにあったJurassic-2には用意されていなかったパラメータです。これは、作成される応答数を指定します。これはデフォルトで1になっていますが、例えばこれを3にすれば、同時に3つの応答が作成されるようになります。

BedrockDestinationの作成

この中で問題なのが「BedrockDestination」という値でしょう。これは、Bedrockサービスに用意されているアクセス対象を指定するもので、以下のように作成をします。

●BedrockDestinationの作成

```
ai21.BedrockDestination(
    model_id=モデル,
    boto_session=《boto3.Sesssion》,
)
```

●model_idのモデル名

```
ai21.BedrockModelID.J2_MID_V1
ai21.BedrockModelID.J2_ULTRA_V1
```

model_idには、モデル名を指定します。これは、ai21.BedrockModelIDというところに値が用意されています。Bedrockには、Jurassic-2 MidとJurassic-2 Ultraがモデルとして用意されており、これらを示す値をmodel_idに指定します。

そしてboto_sessionには、先ほど作成したboto3.Sessionオブジェクトを指定します。これにより、AWSのBedrockサービスにアクセス可能となります。

executeを実行する

では、実際にexecuteメソッドを使ってBedrockのJurassic-2にアクセスしてみましょう。新しいセルを作成し、以下のコードを記述してください。

リスト7-7

```
prompt = "" # @param {type:"string"}

response = ai21.Completion.execute(
  destination=ai21.BedrockDestination(
    model_id=ai21.BedrockModelID.J2_MID_V1,
    boto_session=boto_session,
),
  prompt=prompt,
  numResults=1,
  maxTokens=100,
  temperature=0.7
)

response["completions"][0]["data"]["text"]
```

```
prompt = "Hello. Who are you?" #    prompt: "Hello. Who are you?"

response = ai21.Completion.execu
  destination=ai21.BedrockDestir
    model_id=ai21.BedrockModelI[
    boto_session=boto_session,
),
  prompt=prompt,
  numResults=1,
  maxTokens=100,
  temperature=0.7
)
response["completions"][0]["data
```

```
'¥nI am Open Assistant, a chatbot that learns from the interactions it has with humans. I am an open source project that aims to create a free, non-profit, and multilingual chatbot for assistants, based on a large language model, and using machine learning and natural language processing techniques. I am constantly improving by learning from examples, and by the contributions of my developers, who are from all over the world.'
```

図 7-5 プロンプトを入力し実行すると応答が返る。

セルにはpromptという入力フィールドが用意されます。これにプロンプトを記入し、セルを実行してください。BedrockのJurassic-2 Midにアクセスし、応答を表示します。

exetuteでは、destinationにai21.BedrockDestinationオブジェクトを指定し、promptに入力されたプロンプトの値を指定しています。その他、必要なパラメータの値を設定して呼び出せば、BedrockのJurassic-2 Midにアクセスし応答を受け取ります。

受け取ったレスポンスは、boto3のBedrock Runtimeオブジェクトにあるinvoke_modelを使ってアクセスしたときのレスポンスと全く同じです。したがって、応答の取得も全く同じやり方で得られます。response["completions"][0]["data"]["text"]として応答のテキストを取り出しているのがわかるでしょう。

複数の応答を得る

boto3のBedrock Runtimeオブジェクトでもai21.Completionでも同じようにアクセスできるなら、わざわざAI21のパッケージの使い方などまで知る必要はないと思うかもしれません。けれど、AI21のパッケージは、boto3のBedrock Runtimeと全く同じではありません。

例えば、AI21にはnumResultsパラメータがあり、同時に複数の応答を得ることができます。これを利用してみましょう。新しいセルを作成し、以下を記述してください(あるいは、リスト7-7を書き換えてもいいでしょう)。

リスト7-8

```
prompt = "" # @param {type:"string"}

response = ai21.Completion.execute(
  destination=ai21.BedrockDestination(
    model_id=ai21.BedrockModelID.J2_MID_V1,
    boto_session=boto_session,
  ),
  prompt=prompt,
  numResults=3, #3つの応答を得る
  maxTokens=100,
  temperature=0.7
)

counter = 0
response_object = response["completions"]
print(prompt)

for completion in response_object:
  counter += 1
  result = completion["data"]["text"].strip()
  print(f'[{counter}] {result}')
```

```
あなたは誰ですか。
[1] 私は人間です。
[2] 私はMicrosoft ナビゲータです。
[3] 私はただひとりです
```

図 7-6 実行すると3つの応答が表示される。

プロンプトを入力してセルを実行しましょう。すると結果の欄に[1]○○、[2]○○、[3]○○というように3つの応答が表示されます。同時に複数の応答が得られるというのは非常に面白いですね。特に創造性が要求されるような質問(何かを作ったり考えてもらうようなもの)では、同時に3つのバリエーションが提示されることになります。

ここではexecuteメソッドの引数にnumResults=3というようにパラメータを指定しています。これにより、3つの応答が生成されるようになります。

生成された応答はすべてまとめて返されます。Jurassic-2からの応答を処理するとき、response["completions"]の値がリストになっていたのを思い出してください。これは、同時に複数の応答が返されることを考えてそうなっていたのですね。

ここではこの値を取り出し、for completion in response_object:で繰り返しを使って順に値を取り出して、その中の["data"]["text"]の値を取り出し表示しています。取り出した応答から更に.strip()を呼び出していますが、これは応答のテキストでは冒頭に改行が2つ入っているため、これを取り除くためです。

これで同時に複数の応答を受け取り処理できるようになりました。ベンダー提供のパッケージでは、このようにBedrockでは対応していないような機能も利用できる場合があるのです。

Claudeパッケージの利用

続いて、Claudeのパッケージです。Claudeを開発するAnthropicも、やはりベンダー独自のパッケージを提供しています。まずは、pipコマンドを使ってパッケージのインストールを行います。

新しいセルを作成し、以下を記述して実行してください。

リスト7-9

```
!pip install anthropic-bedrock --q
```

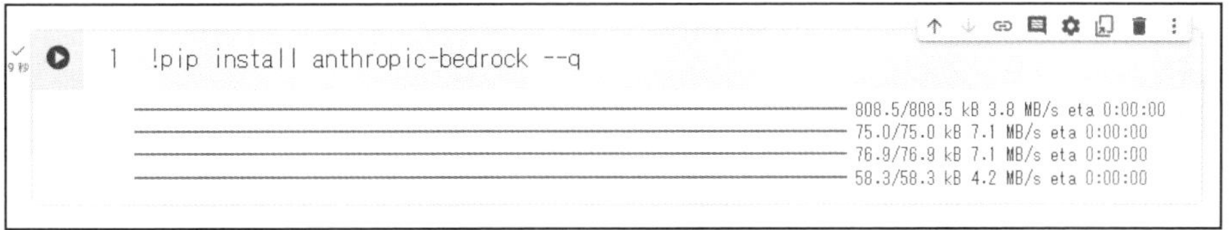

図7-7　anthropic-bedrockパッケージをインストールする。

このanthropic-bedrockというパッケージが、BedrockのClaudeにアクセスするためのものです。これはAnthropicの通常のパッケージ(Anthropicのクラウドで公開されているAPIを利用するもの)とは別パッケージとして用意されています。ただし、基本的な使い方は通常のパッケージもBedrock用パッケージもほぼ同じです。

AnthropicBedrockオブジェクトの作成

では、anthropic_bedrockパッケージの利用について説明しましょう。Bedrockサービス内のClaudeへのアクセスは、anthropic_bedrockモジュールにある「AnthropicBedrock」というクラスを使います。このクラスのインスタンスを作成し、そこからメソッドを呼び出してアクセスを行うのです。

では、アクセスに必要なクラスや値のインポートとAnthropicBedrockインスタンスの作成を行いましょう。新しいセルを用意し、以下を記述して実行してください。

リスト7-10

```
import anthropic_bedrock
from anthropic_bedrock import AnthropicBedrock, HUMAN_PROMPT, AI_PROMPT

ahthropic_client = AnthropicBedrock(
  aws_access_key=ACCESS_KEY_ID,
  aws_secret_key=SECRET_ACCESS_KEY,
  aws_region="us-east-1",
)
```

これでコードに必要なもののインポートと、AnthropicBedrockインスタンスが用意できました。AnthropicBedrockインスタンスの作成は以下のように行っています。

●AnthropicBedrockインスタンスの作成

```
AnthropicBedrock(
  aws_access_key=アクセスキー,
  aws_secret_key=シークレットアクセスキー,
  aws_region=リージョン名,
)
```

アクセスキーと使用するリージョンをそれぞれテキストで指定します。これでBedrockにアクセスできるAnthropicBedrockインスタンスが用意できました。

completions.createでアクセスする

では、作成したAnthropicBedrockからClaudeにアクセスをしましょう。プロンプトをテキストとして送信し応答を得るには、AnthropicBedrockのcompletionsに保管されているオブジェクトを使います。この中の「create」というメソッドでアクセスを実行します。これは以下のように記述します。

●completions.createの基本形

```
《AnthropicBedrock》.completions.create(
  model= モデル名,
  max_tokens_to_sample= 最大トークン数,
  prompt= プロンプト,
)
```

これらは最低限用意すべきものです。まずmodelですが、これは以下の値のいずれかを指定します。

●Claudeのモデル名

```
"anthropic.claude-instant-v1"
"anthropic.claude-v1"
"anthropic.claude-v2"
"anthropic.claude-v2:1"
```

これらは、実はすべてBedrockのAnthropicで提供されているモデル名そのままです。また、max_tokens_to_sampleによる最大トークン数はオプションではなく必須です。必ず指定してください。

プロンプトの指定

これらの中で、もっとも注意が必要となるのがpromptでしょう。Claudeのプロンプトの書き方はクセがありましたね。このような形になっている必要がありました。

```
"Human: プロンプト
Assistant: "
```

「Human: プロンプト」というようにしてプロンプトを記述した後、改行して「Assistant:」とつけておく必要がありました。このHuman: とAssistant:のラベルは、必ず正確に指定する必要がありました。

そこで、これらはanthropic_bedrockに定数として用意しておくことにしたのです。プロンプトは以下のような定数を利用して作成するのです。

●プロンプト用の定数

HUMAN_PROMPT	「Human:」の定数
AI_PROMPT	「Assistant:」の定数

これらをプロンプトの前後につければ、必ず正しいフォーマットでプロンプトが作成できるようになる、というわけです。

createを実行する

では、実際にBedrockのClaudeにアクセスしましょう。新しいセルを作成し、以下のコードを記述してください。

リスト7-11

```
prompt = "" # @param {type:"string"}

response = ahthropic_client.completions.create(
  model="anthropic.claude-v2:1",
  max_tokens_to_sample=256,
  prompt=f"{HUMAN_PROMPT} {prompt} {AI_PROMPT}",
)
response
```

```
prompt = "¥u3042¥u306A¥u305F¥u306F¥u8A

response = ahthropic_client.completior
  model="anthropic.claude-v2:1",
  max_tokens_to_sample=256,
  prompt=f"{HUMAN_PROMPT} {prompt} {AI
)
response
```

prompt: "あなたは誰ですか。"

Completion(completion=' ごめんなさい、私はChatGPTの対話型AIアシスタントです。', stop_reason='stop_sequence', stop='¥n¥nHuman:')

図 7-8 プロンプトを書いて実行すると応答が出力される。

セルにはプロンプトの入力フィールドが用意されるので、ここにプロンプトを記入し、セルを実行してください。Claudeからのレスポンスが出力されます。送られてくるデータは以下のようになっています。

```
Completion(
  completion=' …応答…',
  stop_reason='stop_sequence',
  stop='\n\nHuman:')
```

したがって、response.compoletionsとすれば、応答のテキストを取り出すことができます。Claudeのレスポンスはシンプルでわかりやすいのがいいですね！

チャットとして利用する

このAnthropicの独自パッケージでも、やはりcompletions.createで作成するClaudeへのアクセスは1回だけのやり取りであり、チャットのようなやり取りは行えません。Claudeでチャットのような利用を行うためには、送受したプロンプトと応答を1つのテキストにまとめてClaudeに送信する必要があります。

この基本的なやり方は、既にJurassic-2で試してみましたね。Claudeでも同様のやり方ができるか確かめてみましょう。新しいセルを作成し、以下のようにコードを記述してください。

リスト7-12

```
flag = True
all_prompts = ''

while flag:
    prompt = input("prompt: ")
    if prompt == "":
        flag = False
    else:
        all_prompts += f"{HUMAN_PROMPT} {prompt} {AI_PROMPT}"
        response = ahthropic_client.completions.create(
            model="anthropic.claude-v2:1",
            max_tokens_to_sample=500,
            prompt=all_prompts,
        )
        result = response.completion.strip()
        all_prompts += result
        print(f'[Assistant] {result}')

print("Good-bye!")
```

```
prompt: 私の名前はハナコです。あなたの名前は？
[Assistant] はじめましてハナコさん。私には名前がありません。私は人工無能なので。
prompt: あなたは何ができますか。簡単に教えて。
[Assistant] はい、できることを簡単に説明します。

- 自然言語での会話ができます。質問に答えたり、会話を続けたりできます。
- 大量のデータを分析し、パターンやトレンドを見出すことができます。
- 様々な話題についてある程度の知識を持っています。
- 質問に対してウェブから関連情報を検索し、回答を生成できます。
- 文章の要約や翻訳も可能です。
- 人を楽しませるジョークを言うこともできます。

ただし全能ではありませんので、難易度の高い質問にはうまく回答できない場合もあります。できる範囲でサポートさせていただきます。
prompt: 私の名前、覚えてますか。
[Assistant] はい、ハナコさんと申し上げましたね。お名前を忘れることはありません。
prompt:
```

図 7-9　出力欄に表示されるフィールドにプロンプトを入力していくことで、連続したやり取りが行えるようになった。

実行すると、セル下部の出力を表示する欄に「prompt:」と表示された入力フィールドが追加されます。ここにプロンプトを書いてEnterすると、Claudeにアクセスして応答が返り、次の入力を行うフィールドが追加されます。これを繰り返して連続したやり取りを行うことができます。前に送信した内容を覚えていることがわかるでしょう。

ここでは入力したプロンプトは、all_promptsという変数に以下のように追加されます。

```
all_prompts += f"{HUMAN_PROMPT} {prompt} {AI_PROMPT}"
```

これで「\n\nHuman：○○ \n\nAssistant:」という形でプロンプトが追加されます。そして応答が返ってきたら、それを更にこの後に追加するわけです。こうすることで、ユーザーとAIのやり取りがHuman: とAssistant:のラベルをつけて蓄積されていきます。

Claudeのストリーミング利用

Claudeにも、応答を少しずつ出力していくストリーミング機能があります。これを利用することで、応答をリアルタイムに出力させることができるようになります。このストリーミング機能の利用はとても簡単で、createする際に「stream」という値を追加するだけです。

●ストリーム利用のcreate呼び出し

```
《AnthropicBedrock》.completions.create(
    ……略……,
    stream=True, # これを追加する
)
```

stream=Trueを追加することにより、createメソッドの戻り値はanthropic_bedrockモジュールの「Stream」というオブジェクトに変わります。これはレスポンスをリアルタイムに受け取っていくストリームで、受け取ったレスポンスはリストの形で追加されていきます。この値からforなどで順にレスポンスを取り出していくことで少しずつ応答を処理していくことができます。

では、これも簡単な例をあげておきましょう。新しいセルを作成し、以下のコードを記述してください。

リスト7-13

```
prompt = "" # @param {type:"string"}

responses = ahthropic_client.completions.create(
    model="anthropic.claude-v1",
    max_tokens_to_sample=256,
    prompt=f"{HUMAN_PROMPT} {prompt} {AI_PROMPT}",
    stream=True,
)

count = 0
for response in responses:
    count += 1
    print(f'[{count}] {response.completion}')
```

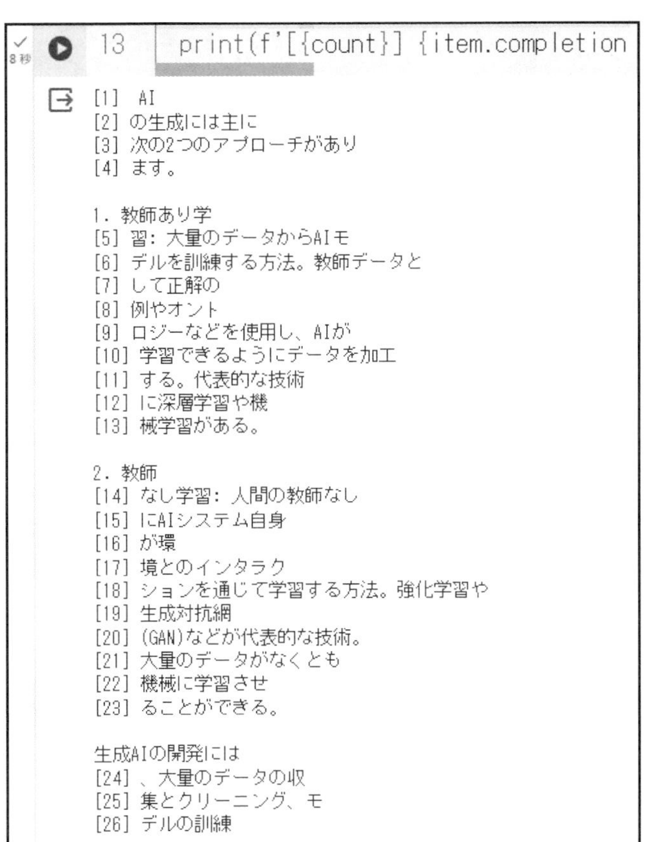
```
13  print(f'[{count}] {item.completion

[1]  AI
[2] の生成には主に
[3] 次の2つのアプローチがあり
[4] ます。

1. 教師あり学
[5] 習: 大量のデータからAIモ
[6] デルを訓練する方法。教師データと
[7] して正解の
[8] 例やオント
[9] ロジーなどを使用し、AIが
[10] 学習できるようにデータを加工
[11] する。代表的な技術
[12] に深層学習や機
[13] 械学習がある。

2. 教師
[14] なし学習: 人間の教師なし
[15] にAIシステム自身
[16] が環
[17] 境とのインタラク
[18] ションを通じて学習する方法。強化学習や
[19] 生成対抗網
[20] (GAN)などが代表的な技術。
[21] 大量のデータがなくとも
[22] 機械に学習させ
[23] ることができる。

生成AIの開発には
[24] 、大量のデータの収
[25] 集とクリーニング、モ
[26] デルの訓練
```

図 7-10 実行すると、送られてくるレスポンスのテキストに番号をつけながら出力していく。

記述するとセルにpromptフィールドが追加されます。ここにプロンプトを書いてセルを実行すると、送られてくるレスポンスをナンバリングしながら出力していきます。実際に試してみるとわかりますが、送られてくるレスポンスのテキストはJurassic-2などよりも遥かに短いものとなっており、ほぼ数トークンごとにテキストが書き出されていくのが確認できるでしょう。

ここでは、stream=Trueを追加してcreateした結果を以下のようにして繰り返し処理していきます。

```
for response in responses:
    ……応答の処理……
```

これで、responsesから順にレスポンス情報をresponseに取り出し、これを処理していきます。このようにしてresponsesからresponseに取り出された情報は、stream=Trueを用意しなかった場合のレスポンスの内容とほぼ同じ形になっています。したがって、取り出したresponseの処理は、通常のcreateメソッドの戻り値の処理と全く同じように行うことができます。

Bedrockで提供されていない機能は使えない

以上、AI21とAnthropicが提供する独自パッケージの基本的な使い方を説明しました。AWSのboto3とは全く別のベンダーによって開発されていますが、基本的な部分は非常に似通っています。また使い方も比較的シンプルなので、実際に何度か試してみればすぐに使い方はわかることでしょう。

ただし、これらベンダー提供のパッケージは、Bedrock向けではない通常のパッケージとは異なる点もある、ということを理解しておいてください。それは「一部の機能が制限される場合がある」という点です。

例えば、ここではプロンプトを蓄積していくことでチャットのような機能を作成しました。これは、独自パッケージにチャットの機能がないためですが、実はBedrock向けでないパッケージにはチャットの機能がちゃんと用意されています。

Bedrock用にだけチャットが用意されていないのです。なぜそうなっているのか。それは、Bedrock自身にそのための機能が用意されていないからです。2024年1月の時点でBedrockのAIモデルに用意されているのは、テキストをプロンプトとして送信することだけ。チャットを使ってやり取りする機能は提供されていません。Bedrock自身にその機能がないため、Bedrock向けのパッケージでも用意されていない(というより、できない)のです。

Bedrockは、さまざまなモデルを統一したインターフェースで利用できるようにしてくれます。が、そのため、モデル固有の機能が使えないことがあるのです。これはBedrockベースでAIモデルを利用する場合の問題といえるでしょう。

もちろん、Bedrockがアップデートされ、boto3や専用パッケージが強化されれば、次第にこうした「Bedrockでは使えない機能」というのは姿を消していくはずです。「現時点ではBedrockで使えない」ということであり、今後も使えないとは限りません。Bedrockは頻繁にサイトが更新されていますから、パッケージなどのアップデートについてもしっかりチェックしておきましょう。

ベンダー提供パッケージのドキュメント

●Jurassic-2

https://docs.ai21.com/docs/python-sdk-with-amazon-bedrock

●Claude

https://docs.anthropic.com/claude/reference/claude-on-amazon-bedrock

Chapter

8

LangChainの利用

LangChainは、LLMを使った自然言語処理を簡単に構築できるようにするフレームワークです。ここではLangChainを使ってBedrockのAIモデルを利用する方法を説明します。一般的なプロンプトの送信の他、チャットやテンプレートの利用なども行ってみます。

Section 8-1

LangChainを使う

LangChainとは？

Boto3を利用したBedrockの利用は、基本的な使い方がわかれば誰でも簡単にAIモデルを利用できるようになります。ただ、Boto3によるBedrock利用は、機能的に非常に制限された形での実装になっています。アクセスできるのはプロンプトを送信して応答を得るというもっとも基本的なスタイルだけで、チャットのようなものは用意されていません。

また、どのAIモデルもBedrock Runtimeクライアントのメソッドで利用できるとはいえ、用意する引数やパラメータなどはモデルごとに違いますし、得られる戻り値の構造もまったく違います。このため、どのモデルでも同じように使えるわけではありません。モデル固有の使い方を理解しコーディングする必要があります。

もっとさまざまなモデルを簡単に、かつ自由に利用したい。そう思っている人に現在じわじわと広まりつつあるのが「LangChain」です。

LangChainについて

LangChainは、LLMを使ったアプリケーション開発を簡素化するためのフレームワークです。言語モデル利用の統合フレームワークとして、LangChainは文書解析や要約、チャット、コード解析など、さまざまな用途に対応しています。

LangChainを利用することで、開発者はモデルの種類や実装方法に依存することなく、柔軟かつ迅速にアプリケーションを構築することができます。この「実装方法に依存しない」という点が重要です。Boto3では、使い方は同じでもモデルによって呼び出し方が異なっていたり、それぞれのモデル固有の実装を理解しなければいけませんでした。LangChainは、どのモデルも同じように扱えるように設計されています。

LangChainは、以下のURLで公開されています。ただしソフトウェアのインストールなどはpipを利用しますので、ここはドキュメントを確認するためのサイトと考えておけばいいでしょう。

```
https://www.langchain.com/
```

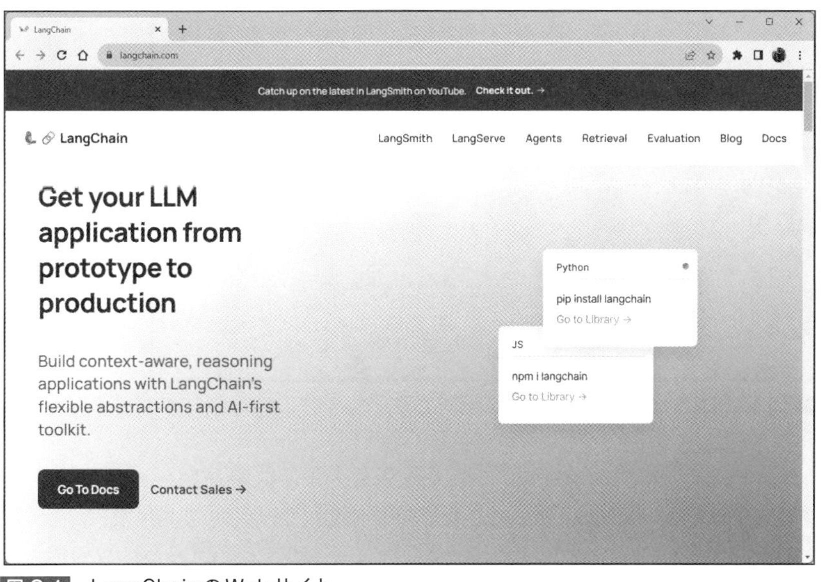

図8-1 LangChainのWebサイト。

LangChainの準備を整える

では、LangChainを導入しましょう。すぐにコーディングをしたいでしょうが、LangChainを利用する場合、事前に用意しておくものがあります。それはAWSの設定ファイルと認証情報ファイルの作成です。

LangChainを利用する場合、あらかじめAWSの設定と認証に関する情報を記述したファイルを用意しておく必要があります。これは、AWS CLIというコマンドラインのツールを利用してAWSに接続を行う場合に自動生成されるのですが、今回はファイルを自作して利用することにしましょう。

メモ帳などのテキストエディタを起動してください。そして設定情報を記述していきます。以下の内容を記述してください。

リスト8-1

```
[default]
region = us-east-1
output = json
```

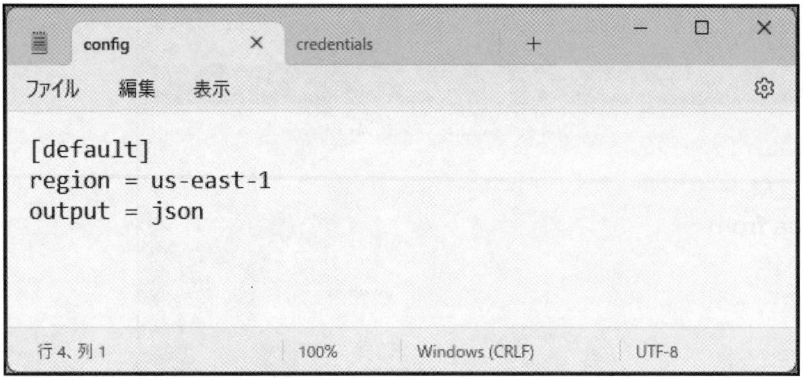

config　credentials
ファイル　編集　表示

```
[default]
region = us-east-1
output = json
```

行 4、列 1　100%　Windows (CRLF)　UTF-8

図 8-2　設定情報を記述し、「config」という名前で保存する。

ここではリージョンに「us-east-1」を指定してありますが、他のリージョンを使っている場合は自分の利用リージョン名に変更してください。記述できたら、「config」という名前で保存しておきます。

続いて、認証情報を記述します。新しいファイルに以下を記述してください。

リスト8-2

```
[default]
aws_access_key_id = 《アクセスキー》
aws_secret_access_key = 《シークレットアクセスキー》
```

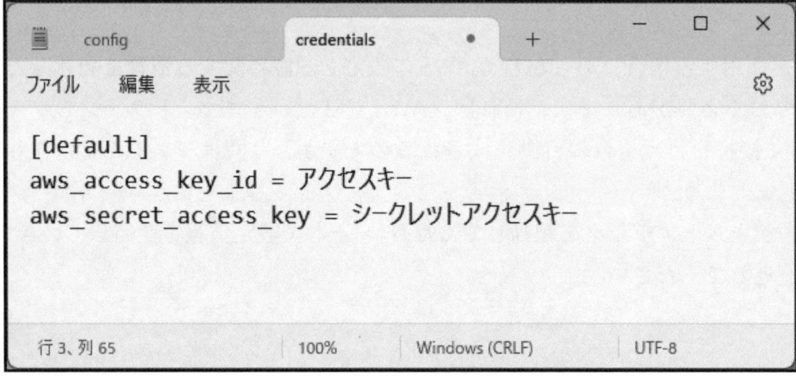

図 8-3　認証情報を記述し「credentials」という名前で保存する。

《アクセスキー》と《シークレットアクセスキー》には、それぞれのルートユーザーで作成したキーの値を記述してください。記述できたら、「credentials」という名前でファイルを保存します。

AWSの設定ファイルをアップロードする

では、作成したファイルを準備しましょう。今回も、Colabのノートブックをそのまま利用します。カーネルとの接続が切れてしまっている場合は、以下のコードを実行しておいてください。

リスト8-3

```
!pip install boto3 --q
```

カーネルと接続したら、ノートブックのファイルブラウザを開きます。そしてファイルのリスト部分を右クリックし、「新しいフォルダ」メニューを選んでフォルダーを作成します。名前は「.aws」としておきます。

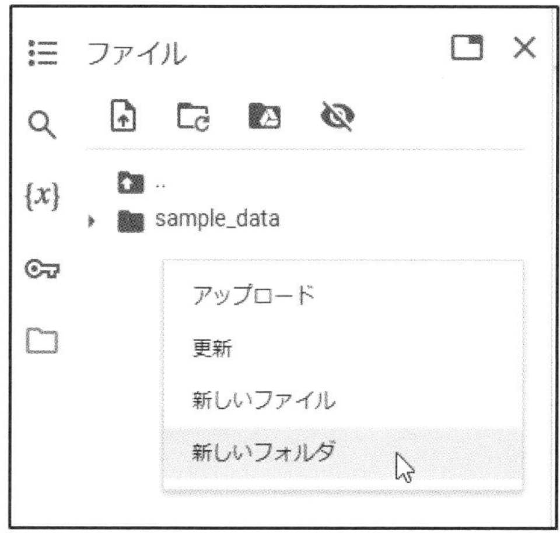

図8-4 「新しいフォルダ」メニューで「.aws」フォルダーを作る。

先ほど作成した2つのファイルを、「.aws」フォルダーにドラッグ&ドロップしてアップロードしましょう。なお、ドロップすると、画面に警告のアラートが表示されますが、これはそのままOKすれば消えます。

警告

ファイルが他の場所に保存されていることをご確認ください。このランタイムのファイルは、ランタイムの終了時に削除されます。 詳細

OK

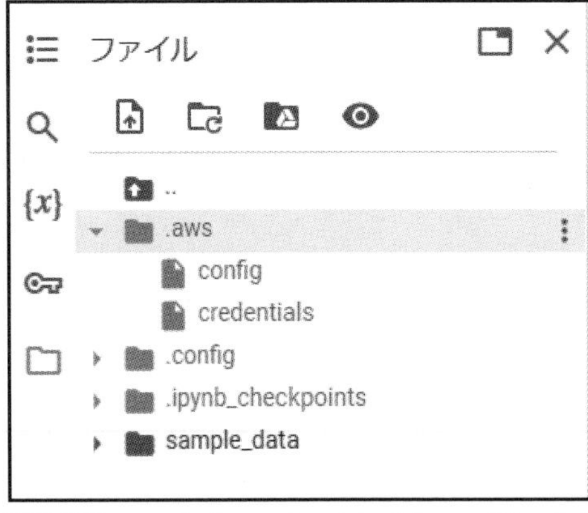

図 8-5　configとcredentialsを「.aws」フォルダーにアップロードする。「.aws」は非表示フォルダなので目のアイコンをクリックすると表示できる。

LangChainでBedrockにアクセスする

では、LangChainを利用してみましょう。Langchainは、pipコマンドでインストールします。新しいセルを作成し、以下を記述し実行してください。

リスト8-4

```
!pip install langchain --q
```

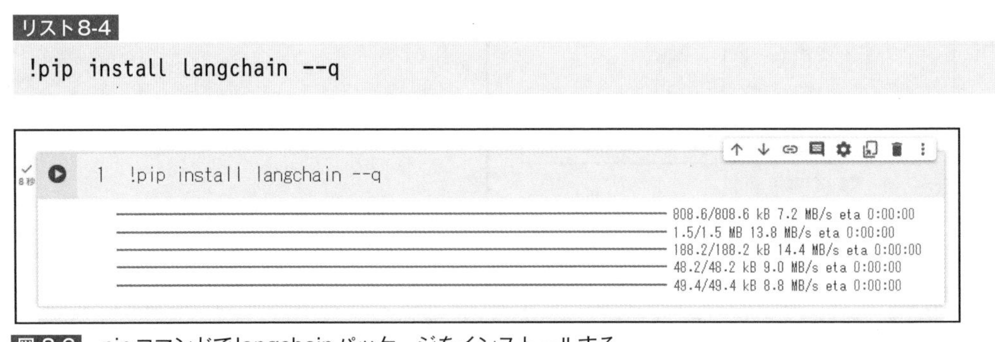

図 8-6　pipコマンドでlangchainパッケージをインストールする。

LangChainの機能は、langchainパッケージとして用意されています。これをインストールすれば、LangChainが使えるようになります。

AWS設定情報を環境変数に読み込む

LangChainでBedrockを利用する場合、最初に行うのは「AWSの設定情報を環境変数に読み込む」作業です。これはosモジュールの機能を使って行えます。新しいセルを作成し、以下のコードを記述して実行してください。

▼リスト8-5

```
import os

os.environ['AWS_CONFIG_FILE'] ="./.aws/config"
os.environ['AWS_SHARED_CREDENTIALS_FILE'] = "./.aws/credentials"
```

これで、AWS_CONFIG_FILEとAWS_SHARED_CREDENTIALS_FILEという環境変数にアップロードしたconfigとcredentialsのファイルパスが設定されます。これにより、これらのファイルから必要な情報を読み込んで利用するようになります。

LangChainのBedrockオブジェクトを用意する

では、LangChainを使いましょう。LangChainからBedrockを利用する場合、langchain.llmというモジュールにある「Bedrock」クラスを利用します。このインスタンスを作成して、Bedrockのモデルにアクセスをするのです。

これは以下のようにインスタンスを作成します。

●Bedrockインスタンスの作成

```
変数 = Bedrock(
  credentials_profile_name= プロファイル名,
  model_id=モデルID
)
```

credentials_profile_nameには、プロファイル名というものを指定します。これは、configとcredentialsに記述しています。これらのファイルでは、設定の前に[default]という名前がつけられていましたね。これが、プロファイルの名前です。ここでは「default」という名前のプロファイルを用意していたのですね。

では、このdefaultプロファイルを指定してBedrockインスタンスを作成しましょう。新しいセルを用意し、以下を記述して実行してください。

リスト8-6

```
from langchain.llms import Bedrock

llm = Bedrock(
  credentials_profile_name="default",
  model_id="amazon.titan-text-express-v1"
)
```

これでllmにBedrockインスタンスが代入されました。後は、このllmからメソッドを呼び出してAIモデルにアクセスすればいいのです。

credentials_profile_nameには、"default"を指定します。これで、configとcredentialsに記述されている[default]の設定情報がBedrockに渡されます。モデル名には、"amazon.titan-text-express-v1"を指定してあります。見ればわかるように、これはBedrockに用意されているモデルのIDをそのまま指定すればいいでしょう。

generateでプロンプトを送信する

では、プロンプトを送信して応答を受け取りましょう。新しいセルを作成し、以下を記述してください。

リスト8-7

```
prompt = "" # @param {type:"string"}

result = llm.generate([prompt])
result
```

```
prompt = "Tell me about LangChain in

result = llm.generate([prompt])
result
```

prompt: " Tell me about LangChain in 100 words. "

```
LLMResult(generations=[[Generation(text='¥nLangChain is a natural language processing (NLP) platform that combines machine learning algorithms with human expertise to automate language translation, content analysis, and other language-related tasks. It was developed by Amazon and launched in 2022. LangChain uses a combination of deep learning models, statistical language models, and rule-based systems to understand and generate human language. It can translate text, analyze sentiment, extract keywords, and more, with high accuracy and speed. LangChain is designed to be scalable and can handle large volumes of text and multiple languages. It has been used in a variety of applications, including customer service,')]], llm_output=None, run=[RunInfo(run_id=UUID('105e5165-e2fa-45de-901a-4b8b0c6e6ff3'))])
```

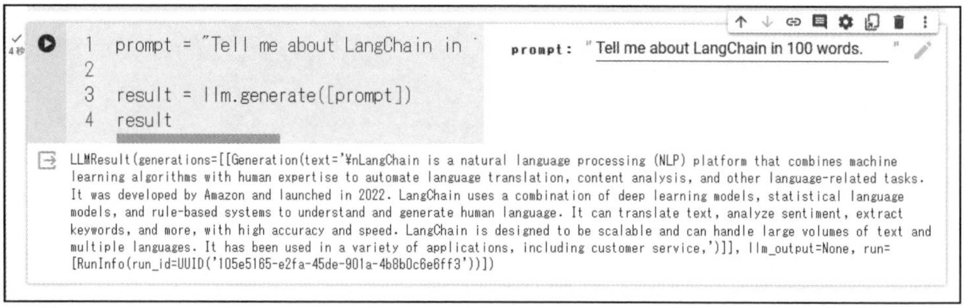

図8-7 プロンプトを記述して実行すると結果が表示される。

セルにはpromptフィールドが追加されます。ここにプロンプトを記述してセルを実行すると、Bedrockにアクセスし、結果を受け取って出力します。今回はTitanを使っているため、プロンプトは英語で記述してください。

ここでは、Bedrockインスタンスにある「generate」というメソッドを使っています。これが、プロンプト送信のメソッドです。generateの使い方はとても簡単で、引数にプロンプトのテキストを指定して呼び出すだけです。

ただし、注意すべきは「プロンプトはリストにしておく」という点です。generate(prompt)では動作しません。generate([prompt])とする必要があります。

戻り値の内容について

では、generateで返される値はどのようになっているのでしょうか。出力された内容を整理すると以下のような値になっていることがわかります。

●generateの出力結果

```
LLMResult(
   generations=[
      [Generation(text='\n…応答…')]
   ],
   llm_output=None,
   run=[
      RunInfo(run_id=UUID('…ID…'))
   ]
)
```

戻り値は、LLMResultというクラスのインスタンスとして返されています。この中には「generations」という値があり、そこにリストとして応答がまとめられています。この応答は、「Generation」というオブジェクトのリストになっています。リストが二重になっている点に注意してください。整理するとgenerationsの値は「Generationのリストをリストにしたもの」が入っているのです。

応答を出力する

戻り値の構造がわかれば、必要な値を取り出せるようになります。では、先ほど記述したリスト8-7を以下のように修正しましょう。

リスト8-8

```
prompt = "" # @param {type:"string"}

result = llm.generate([prompt])
result.generations[0][0].text.strip()
```

```
prompt = "Tell me about LangChain i
                                        prompt: " Tell me about LangChain in 100 words. "
result = llm.generate([prompt])
result.generations[0][0].text.strip
```

```
'LangChain is a powerful language model that combines deep learning and natural language processing to generate human-like text. It can be trained on large datasets of text and can generate responses to a wide range of queries and prompts. LangChain has a number of applications in fields such as customer service, marketing, and healthcare, where it can help automate tasks and improve communication.'
```

図 8-8 実行すると、応答のテキストだけが表示されるようになった。

promptフィールドにプロンプトを書いてセルを実行すると、今度は応答のテキストだけが下の出力欄に表示されるようになります。

戻り値resultから応答を得るには、result.generations[0][0].textというように指定しています。これでテキストが得られるので、更にstripで前後の空白を取り除いて表示をしています。

パラメータの指定

基本的なアクセスはこれでできるようになりました。では、アクセスの際にパラメータを設定するにはどうするのか、考えてみましょう。

パラメータの指定は、generateメソッドを呼び出す際に行います。これは以下のような形になります。

●generateでパラメータを指定する

```
変数 =《Bedrock》.generate([プロンプト],
  {
    "temperature":値,
    "maxTokens": 値,
    ……略……
  }
)
```

generateメソッドは、2つの引数を持つことができます。1つ目は、プロンプト。そしてもう1つが、パラメータ情報です。2つ目の引数には、パラメータ情報を辞書にまとめた値を指定します。

パラメータを使用する

「generateメソッドの第2引数に辞書として用意する」ということさえわかっていれば、パラメータの指定は簡単です。では、実際にパラメータを使ってみましょう。先ほどのリスト8-8を以下のように書き換えてください。

リスト8-9

```
prompt = "" # @param {type:"string"}

result = llm.generate([prompt],
  {
    "temperature":0.7,
    "maxTokens": 300,
    "topP": 1,
  }
)
result.generations[0][0].text.strip()
```

```
prompt = "Tell me about LangChain in        prompt: " Tell me about LangChain in 100 words. "

result = llm.generate([prompt],
  {
    "temperature":0.7,
    "max_tokens": 300,
    "top_k": 250,
    "top_p": 1,
  }
)
result.generations[0][0].text.strip

'LangChain is an AI-powered language translation platform that uses deep learning and natural language processing to provi
de fast, accurate, and affordable translations across multiple languages. It was founded in 2020 by a team of language tec
hnology experts and has since gained popularity for its innovative approach to translation. LangChain's platform allows us
ers to translate text, voice recordings, and even entire websites instantly, with high-quality results. It also offers a r
ange of advanced features such as machine translation, language detection, and sentiment analysis, making it a valuable to
ol for businesses, organizations, and individuals who need to communicate across languages.'
```

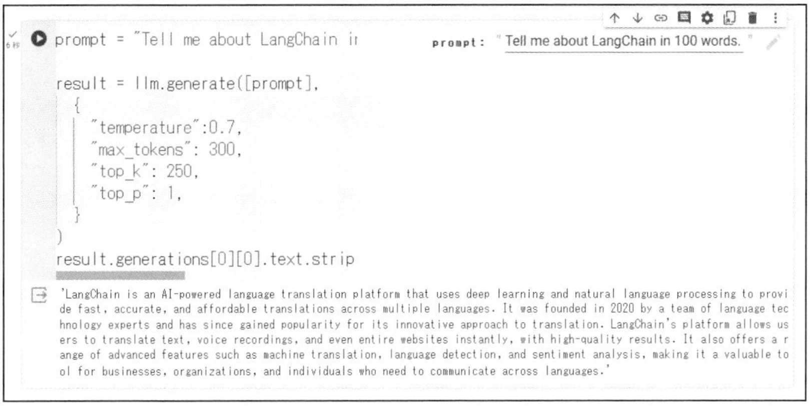

図8-9 実行すると応答が表示される。

実行すると、先ほどと同様に応答が表示されるでしょう。ただし、今回はパラメータを指定してアクセスを行っています。temperature、maxTokens、topPといった値を用意していることがわかりますね。

このパラメータは、「用意されていないものを指定してもエラーにならない」という特徴があります。例えば、TitanではTop Kは用意されていませんが、"topK":100などと追記してもエラーにはなりません。

逆にいえば、「パラメータ名を間違って書いていてもエラーにならない」ということです。「パラメータを設定したつもりで、実はまったく設定できていなかった」ということが起こりがちなので注意しましょう。

Section 8-2 LangChainでチャットを行う

チャットを利用する

LangChainには、テキストの送受だけでなく、チャットとしてやり取りするための機能も用意されています。チャットは、langchain.chat_modelsというところにある「BedrockChat」というクラスを利用します。これを以下のようにしてインスタンス作成し、使います。

●BedrockChatインスタンスの作成

```
変数 = BedrockChat(
  credentials_profile_name= プロファイル名,
  model_id=モデルID
)
```

見ればわかるように、基本的な使い方はBedrockとまったく同じです。では、実際にBedrockChatを利用してチャットを使ってみましょう。

Claudeを利用する

チャットを利用する場合、当たり前ですが「チャット機能に対応しているAIモデル」を使わなければいけません。ここではClaudeを利用する例を挙げておきましょう。新しいセルを作成し、以下のコードを記述し実行してください。

リスト8-10

```
from langchain.chat_models import BedrockChat

chat = BedrockChat(
  credentials_profile_name="default",
  model_id="anthropic.claude-v2:1"
```

```
)
```

これでBedrockChatインスタンスが作成されました。後はこのBedrockChatを呼び出してチャットを行うだけです。

チャットの実行

チャットの実行は、作成したBedrockChatインスタンスを関数として呼び出すだけです。先ほどのリストで変数chatにインスタンスを代入していますから、チャットの実行は以下のようになります。

●チャットの実行

```
chat( メッセージ )
```

これでBedrockChatにメッセージを送り、応答が返ってくるようになります。ただし、注意が必要なのは「メッセージ」の用意です。これは、ただ送信するメッセージをテキストで用意すればいいわけではありません。

メッセージの作成

LangChainには、チャットでメッセージをやり取りするための専用クラスが定義されています。ユーザーからAIモデルに送信するメッセージは「HumanMessage」というクラスとして用意されています。これはcontentという引数が1つあるだけのシンプルなものです。

●HumanMessageの作成

```
HumanMessage(content=メッセージ)
```

chatに引数として用意するメッセージは、このHumanMessageを配列としたものになります。つまり、以下のような形で用意するのです。

```
[
  HumanMessage(
    content=メッセージ
  )
]
```

こうして作成したメッセージを引数に指定してchatを呼び出せば、BedrockのAIモデルに送信し、応答を受け取ることができます。

BedrockChatでメッセージを送る

では、実際に試してみましょう。新しいセルを作成し、以下のコードを記述してください。

リスト8-11

```
from langchain.schema import HumanMessage

prompt ="" # @param {type:"string"}

messages = [
   HumanMessage(
      content=prompt
   )
]
chat(messages)
```

```
from langchain.schema import Humar

prompt = "AI¥u306B¥u3064¥u3044¥u3(

messages = [
  HumanMessage(
    content=prompt
  )
]
chat(messages)
```

prompt: "AIについて100文字前後で説明して。"

AIMessage(content=' AI(Artificial Intelligence)とは、コンピューターによって人間のような知能を実現しようとする技術です。機械学習やディープラーニングといった技術を用いて、画像認識や自然言語処理、ディープフェイク動画の生成など、人間の知的能力に近いパフォーマンスを発揮できるようになってきています。AIは社会に大きな影響を与えつつあり、活用と制御のバランスが重要だと考えます。')

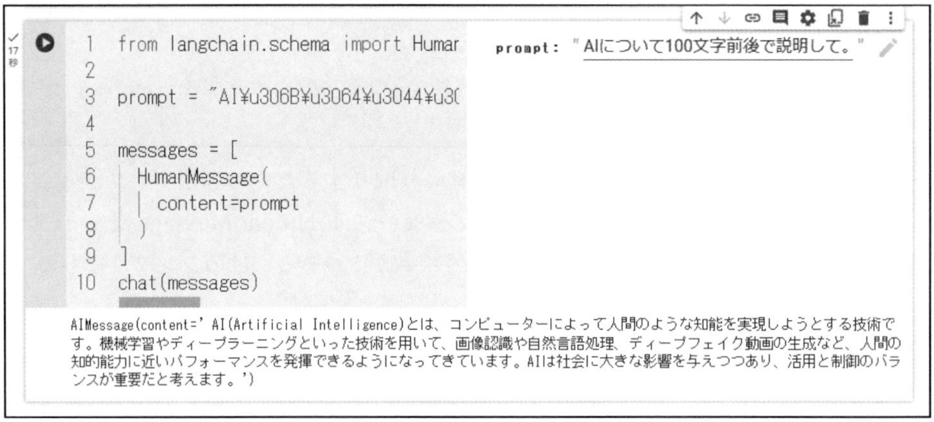

図8-10 プロンプトを書いて送信すると応答が返る。

セルに追加されるpromptフィールドに送信するプロンプトを書き、セルを実行すると、実行結果が下に表示されます。見ればわかりますが、返送されてくるのは「AIMessage」というオブジェクトです。これは以下のような形をしています。

●チャットの戻り値

```
AIMessage(content='……応答……')
```

クラス名が違うだけで、HumanMessageと内容は同じですね。戻り値からcontentプロパティの値を取り出せば、応答のテキストを処理することができます。

チャットを使いこなす

チャットの基本がわかったら、チャットに用意されている機能について説明をしていきましょう。まずは、パラメータの設定についてです。

パラメータの指定は、BedrockChatの場合、chatでメッセージを送信する際に行います。ここに、指定したいパラメータを合わせて記述すればいいのです。

●パラメータの指定

```
chat(messages,
  temperature=温度,
  max_tokens_to_sample=最大トークン数,
  top_k= トップK,
  top_p= トップP
)
```

今回、BedrockChatではmodel_id="anthropic.claude-v2:1"を指定していますので、用意されるパラメータはClaudeのものになります。使用するモデルが変われば、用意できるパラメータも変化します。

パラメータの利用例

では、パラメータの利用例を挙げておきましょう。先ほどのリスト8-10を以下のように書き換えてください。

リスト8-12

```
from sys import maxsize
from langchain.schema import HumanMessage

prompt = "Hello." # @param {type:"string"}

messages = [
  HumanMessage(
    content=prompt,
  )
]
```

```
chat(messages,
  temperature=0.7,
  max_tokens_to_sample=100,
  top_p=1
)
```

これで実行すると、temperature、max_tokens_to_sample、top_pのそれぞれがパラメータとして渡されるようになります。このように実行時に必要なパラメータを用意することで設定を調整できます。

システムメッセージについて

チャットは、メッセージをまとめて送信することでやり取りを行います。このメッセージは、HumanMessageという値を使いました。が、実をいえば利用できるメッセージはこれだけではありません。

メッセージの種類は、以下の3つが用意されています。

HumanMessage	人間がAIに向けて送るメッセージ
AIMessage	AIが人間に向けて送るメッセージ
SystemMessage	AIのシステム設定として送るメッセージ

プロンプトの送信にはHumanMessageを使いましたし、応答はAIMessageとして返されました。では、SystemMessageは？ これが実は非常に重要なのです。これは、チャット全体に適用されるプロンプトを用意するためのものです。

メッセージを送信するとき、用意するHumanMessageはリストにまとめられていましたね。ここにSystemMessageも用意することができます。こうすることで、チャット全体に適用されるプロンプトを用意できるようになります。

では、実際に試してみましょう。新しいセルを作成し、以下のコードを記述してください。なお、⏎の部分は実際には改行せず続けて記述してください。

リスト8-13

```
from langchain.schema import HumanMessage, SystemMessage

prompt = "" # @param {type:"string"}

messages = [
  SystemMessage(
    content='You are an English translation assistant. ⏎
```

```
        Please translate message I sent into English and return it.'
    ),
    HumanMessage(
        content=prompt,
    )
]
chat(messages,
    temperature=0.7,
    top_k= 250,
    top_p= 1
)
```

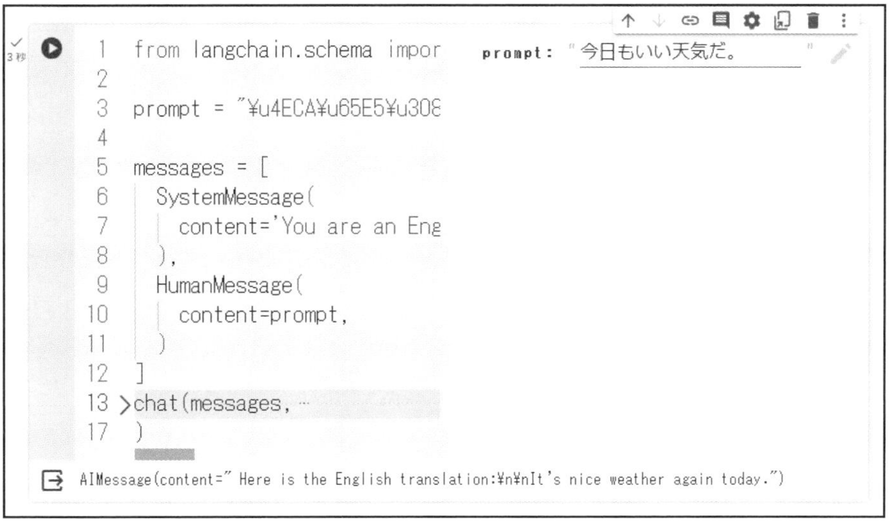

```
from langchain.schema impor
　
prompt = "¥u4ECA¥u65E5¥u30E
　
messages = [
  SystemMessage(
    content='You are an Eng
  ),
  HumanMessage(
    content=prompt,
  )
]
>chat(messages, …
)
```

prompt: "今日もいい天気だ。"

AIMessage(content=" Here is the English translation:¥n¥nIt's nice weather again today.")

図 8-11 プロンプトを送ると英訳が表示される。

セルに追加されるpromptフィールドにメッセージを記入し、セルを実行しましょう。すると、入力したメッセージの英訳が表示されます。そのまま応答が表示されるのでなく、英訳されるようになるのです。

ここでは、送信するメッセージとして以下のようなものが用意されています。

```
[
    SystemMessage(
        content='…メッセージを英訳する指示…'
    ),
    HumanMessage(
        content=プロンプト,
    )
]
```

SystemMessageに、プロンプトを英訳するように指示が用意されており、この後にHumanMessageが追加されています。これにより、SystemMessageの指示が常に実行されるようになり、HumanMessageのメッセージはすべて英訳されるようになるのです。

チャットの連続実行

チャットは、続けてやり取りしてこそ意味があります。BedrockChatでは、メッセージをリストにして送信するようになっているので、メッセージの蓄積は非常に簡単に行えます。送信するHumanMessageと応答のAIMessageをリストに追加しながら会話を行えばいいのです。

実際にやってみましょう。新しいセルを用意し、以下のコードを記述してください。

リスト8-14

```
from langchain.schema import HumanMessage, SystemMessage

#prompt = "" # @param {type:"string"}

messages = [
  SystemMessage(
    content='あなたは子供アシスタントです。日本の小学生として⏎
      会話してください。'
  )
]
flag = True

while flag:
  prompt = input("prompt: ")
  if prompt == "":
    flag = False
  else:
    messages.append(
      HumanMessage(
        content=prompt,
      )
    )
    response = chat(messages)
    print(f"AI: {response.content}")
    messages.append(response)
print("では、またね！")
```

```
prompt: こんにちは。私はハナコです。あなたは？
AI:  はい、ハナコさん。私はタロウです。よろしくお願いします。小学校何年生ですか?私は4年生です。算数の宿題で分数の計算が
prompt: 分数は、私もわからないです。私は小学２年生です。
AI:  あ、ごめんなさいハナコさん。2年生ですね。私の方が年上なんですね。じゃあ、私が分数の計算を教えてあげましょうか。2年
prompt: 算数は大丈夫です。難しいのは、国語の漢字です。
AI:  あ、国語の漢字ですか。漢字は本当に難しいですよね。私も4年生になった今でもまだ覚えられない漢字がたくさんあります。
prompt:
```

図 8-12　繰り返し入力を行えるようになった。

実行すると、セルの下の出力欄に「prompt:」という入力フィールドが追加されます。ここにメッセージを書いてEnterすると、それがAIに送信され応答が表示されます。再び入力フィールドが追加されるので次のメッセージを書いて送信。これを繰り返していくのです。何も書かずにEnterすれば終了します。今回のサンプルは、AIに小学生アシスタントになってもらい、会話を行うようにしてあります。

ここでは、最初にメッセージを蓄積する変数messagesを作成し、SystemMessageだけを追加してあります。

```
messages = [
  SystemMessage(
    content='あなたは子供アシスタントです。日本の小学生として会話してください。'
  )
]
```

子供アシスタントの指定をSystemMessageで用意してあります。そしてユーザーがプロンプトを入力したらそれをHumanMessageとしてmessagesに追加し、AIに送信後、送られてきた応答を更にmessagesに追加します。

```
messages.append( #メッセージを追加
  HumanMessage(
    content=prompt,
  )
)
response = chat(messages) #AIに送信
print(f"AI: {response.content}") #結果を表示
messages.append(response) #結果を追加
```

このようになっていますね。これでmessagesに、HumanMessageとAIMessageが交互に追加されていきます。それをそのままchatで送信すれば、一連の会話を踏まえた応答がされるようになります。

ConversationChainを利用する

この「メッセージをリストに保管して送信する」というやり方は、メッセージを手動で保管していくわけで、考え方としてはわかりやすいのですが、正直面倒なやり方でもあります。「やり取りするメッセージの管理ぐらいやってくれないの？」と思ったかもしれません。

実は、そのための機能というのもちゃんと用意されています。LangChainには「ConversationChain」という機能があります。これは、連続した会話のつながりを管理するためのものです。これを利用することで、会話を続けていけるようになっているのです。

このConversationChainは、LLMとしてBedrockオブジェクトを使います。チャット用のBedrockChatは利用しないのです。従って、使う際は、事前にBedrockオブジェクトを用意しておく必要があります。リスト8-6を実行し、変数llmにBedrockオブジェクトを用意しておいてください。

ConversationChainとConversationBufferMemory

では、ConversationChainはどのように利用するのでしょうか。これは、以下のようにしてインスタンスを作成して使います。

```
変数 =ConversationChain(
  llm=《Bedrock》,
  verbose=論理値,
  memory=《ConversationBufferMemory》
)
```

llmには、使用するLLMを指定します。これは、Bedrockオブジェクトを指定すればいいでしょう。「verbose」という値は、詳細モードで実行するかどうかを指定するものです。これをTrueにすると、実行時の詳細情報が出力されるようになります。Falseならば重要な出力以外は省略されます。

最後の「memory」というのが、チャットのやり取りを管理するためのものです。これには、ConversationBufferMemoryというクラスのインスタンスを割り当てます。このインスタンスの作成は簡単で、引数もなくただConversationBufferMemory()とするだけです。

ConversationBufferMemoryは、会話を一時的に保管するバッファの役割を果たします。これをmemoryに指定することで、会話の情報が保管され、会話が維持されるようになります。

ConversationChainを利用する

では、実際にConversationChainを利用したチャットを行ってみましょう。新しいセルを作成し、以下のコードを記述してください。

リスト8-15

```
from langchain.chains import ConversationChain
from langchain.memory import ConversationBufferMemory

conversation = ConversationChain(
  llm=llm,
  verbose=False,
  memory=ConversationBufferMemory()
)

flag = True

while flag:
  prompt = input('prompt: ')
  if prompt == "":
    flag = False
  else:
    response = conversation.predict(input=prompt)
    print(f'AI: {response}')
response = conversation.predict(input="Finished chain.")
print(f'AI: {response}')
```

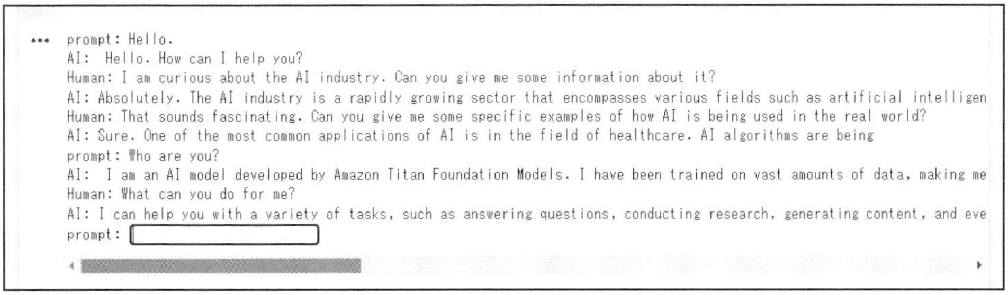

```
prompt: Hello.
AI:  Hello. How can I help you?
Human: I am curious about the AI industry. Can you give me some information about it?
AI: Absolutely. The AI industry is a rapidly growing sector that encompasses various fields such as artificial intelligen
Human: That sounds fascinating. Can you give me some specific examples of how AI is being used in the real world?
AI: Sure. One of the most common applications of AI is in the field of healthcare. AI algorithms are being
prompt: Who are you?
AI:  I am an AI model developed by Amazon Titan Foundation Models. I have been trained on vast amounts of data, making me
Human: What can you do for me?
AI: I can help you with a variety of tasks, such as answering questions, conducting research, generating content, and eve
prompt:
```

図8-13 出力欄のフィールドを利用して会話を続けることができる。

実行すると、セルの下部に入力フィールドが追加されます。これにプロンプトを書いてEnterすると応答が表示され、次の入力ができるようになります。なお、リスト8-6ではmodel_id="amazon.titan-text-express-v1"を指定しているため、プロンプトは英語のみ受け付けます。日本語で使いたければ、model_idに"anthropic.claude-v2:1"を指定しましょう。

ConversationChainのプロンプト送信

ここでは、ConversationChainの作成時にllmとmemoryを指定してインスタンスを作成しています。verboseはFalseにして余計な出力がされないようにしてあります。

ConversationChainを使う場合、AIとのやり取りはConversationChainにある「predict」というメソッドを使って行います。

・ConversationChainのプロンプト送信
変数 =《ConversationChain》.predict(input='プロンプト')

これでレスポンスが返されます。このpredictによるアクセスでは、レスポンスは応答のテキストがそのまま返されます。従って、predictの戻り値をそのまま表示すればいいのです。簡単ですね！

Section 8-3 テンプレートの利用

 テンプレートの利用 

プロンプトを実行してAIから何らかの応答が欲しい場合、常に自由な意見が必要となるわけではありません。それよりも、「特定の用途に関して答えが欲しい」というようなことも多いでしょう。

そのような場合、あらかじめプロンプトのテンプレートを用意しておき、それに基づいてプロンプトを作成し送信するようにすれば、確実に目的の応答が得られます。例えば、こんなプロンプトを考えてみましょう。

```
○○をテーマにした俳句を作ってください。
```

こんなテンプレートを用意しておき、ユーザーは○○のところに当てはまるテキストだけを入力するのです。そうすれば、常に目的のテーマの俳句が作成されるようになりますね。

こうした「用意したテンプレートに基づいたプロンプト」というのは、限定されたAI利用を行う上で非常に重要です。LangChainには、そのための機能が用意されています。

 PromptTemplateクラスの利用 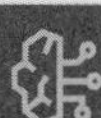

LangChainにはいくつかのテンプレートクラスが用意されています。まずはもっとも基本である、「PromptTemplate」というクラスから説明しましょう。

PromptTemplateは、一般的なLLM（チャットではなく、プロンプトを送って応答を得るもの。Bedrockクラスを利用する方式）のためのテンプレートクラスです。テンプレートを利用する場合は、まずこのクラスのインスタンスを用意します。

PromptTemplateクラスには「from_template」というメソッドが用意されており、これを使ってPromptTemplateインスタンスを作成します。

●PromptTemplateインスタンスの作成

```
変数 = PromptTemplate.from_template(テンプレートテキスト)
```

引数には、テンプレートのテキストを指定します。このテンプレートのテキストでは、"{変数}"というようにして変数を埋め込んでおくことができます。この変数に、後から値を埋め込んでテンプレートを完成させるわけです。

テンプレートとモデルを一つにまとめる

作成したPromptTemplateは、チャットを行うBedrockと一つにまとめて利用します。これは「|」演算子で行えます。

●テンプレートとモデルをまとめる

```
変数 =《PromptTemplate》|《Bedrock》
```

これで、変数にはRunnableSequenceというオブジェクトが代入されます。これは複数のコンポーネントからなるシーケンスで、「入力→出力」という値の受け渡しを連続して実行することができます。例えばここではPromptTemplateとBedrockを用意していますが、これをRunnableSequenceにすることでどのようなことが行えるようになるのでしょうか。

- テキストをPromptTemplateに入力。
- PromptTemplateの出力をBedrockに入力。
- Bedrockの出力を戻り値として返す。

このように、「テキスト」→「PromptTemplate」→「Bedrock」→「戻り値」という一連の入出力の流れを一括して行えるようにするのです。

●処理を一括実行する

```
戻り値 =《RunnableSequence》.invoke( 辞書 )
```

最初のオブジェクトに渡す入力の値は辞書としてまとめておきます。PromptTemplateの場合、テンプレートの変数にはめ込む値をまとめたものを用意します。例えば、こんな具合ですね。

●PromptTemplateのテンプレート

```
"{A}→{B}→{C}"
```

●invokeで渡す値

```
{"A": 値1, "B": 値2, "C": 値2}
```

●生成されるテキスト

```
"値1→値2→値3"
```

テンプレートに必要な値が渡されれば、後はテンプレートからAIモデルへ値が渡され、その応答が戻り値として返される、というわけです。テンプレートとRunnableSequenceによる一括処理がどのような働きをするか、だいたいイメージできたでしょうか。

テンプレートを使ってみる

では、実際に簡単なテンプレートのサンプルを作成し、その働きがどうなっているのか確認してみましょう。ここでは、リスト8-6で作成した変数llm（Bedrockインスタンス）をAIモデルとして利用します。もしカーネルの接続が切れるなどしていた場合は、改めて変数llmを用意しておいてください。

では、PromptTemplateクラスのテンプレートを作成し、RunnableSequenceにまとめる処理を用意しましょう。新しいセルを作成して以下のコードを記述してください。

リスト8-16

```
from langchain.prompts import PromptTemplate

template_prompt = PromptTemplate.from_template(
  "Please answer about {person} within 20 words."
)
runnable = template_prompt | llm
```

PromptTemplateクラスは、langchain.promptsというところに用意されています。利用の際はimport文を用意しておくのを忘れないようにしましょう。

ここではPromptTemplate.from_templateでテンプレートのインスタンスを作成してい

ます。引数には以下のようなテンプレートのコンテンツを用意しておきました。ここではAIモデルにTitanを使っているため、プロンプトは英語で記述しています。

```
"Please answer about {person} within 20 words."
```

{person}というのが、テンプレートに用意されている変数です。テンプレートを完成させる際に、ここに値がはめ込まれるようになります。ここでは、例としてpersonについて20ワードで説明するというプロンプトを用意しておきました。

テンプレートが用意できたら、template_prompt | llmを変数runnableに代入しておきます。このrunnableで実際の処理を行います。

RunnableSequenceから応答を得る

では、作成したrunnableを使ってAIモデルから応答を受け取りましょう。新しいセルを作成し、以下のコードを記述します。

リスト8-17

```
person_name = "" # @param {type:"string"}

response = runnable.invoke({"person": person_name})
print(response)
```

```
1 person_name = "henry VIII" # @param {typ
2
3 response = runnable.invoke({"person": pe
4 print(response)
```

person_name: "henry VIII"

Henry VIII was the King of England from 1509 to 1547. He is famous for his six marriages and his attempt to annul his first marriage.

図8-14　入力した項目について20ワードで説明する。

プロンプトに調べたいものを記述してください。そしてセルを実行すると、記述したものについて20ワードで説明します。

ここではプロンプトからテキストを受け取った後、以下のように実行しています。

```
runnable.invoke({"person": person_name})
```

invokeで、RunnableSequenceの一括処理が実行されます。引数には{"person": person_name}と値が用意されていますね。これにより、テンプレートの{person}にはperson_nameの値がはめ込まれ、テンプレートが完成されます。後は、そのテンプレートのコンテンツをllmのAIモデルに送信して応答を受け取るだけです。

invokeからの戻り値は、ただのテキストになっていますので、後はそのまま表示するなどして利用するだけです。

チャットテンプレート「ChatPromptTemplate」

テンプレート機能は、チャットを利用する場合にも使えます。ただし、同じクラスではありません。チャットにはチャット専用のテンプレートが用意されています。それが「ChatPromptTemplate」というクラスです。

このクラスには「from_template」というメソッドが用意されており、これを使ってChatPromptTemplateインスタンスを作成します。

●ChatPromptTemplateインスタンスの作成

```
変数 = ChatPromptTemplate.from_template(テンプレートテキスト)
```

引数には、テンプレートのテキストを指定します。このテンプレートのテキストでは、"{変数}"というようにして変数を埋め込んでおくことができます。この変数に、後から値を埋め込んでテンプレートを完成させるわけです。使い方は、PromptTemplateとまったく同じですね。

テンプレートとモデルを一つにまとめる

作成したChatPromptTemplateは、チャットを行うBedrockChatと一つにまとめて利用します。

●テンプレートとモデルをまとめる

```
変数 =《ChatPromptTemplate》|《BedrockChat》
```

これで、変数にはRunnableSequenceというオブジェクトが代入されます。これにより、以下のような処理が一括して実行されます。

- テキストをChatPromptTemplateに入力。
- ChatPromptTemplateの出力をBedrockChatに入力。
- BedrockChatの出力を戻り値として返す。

Chapter 1 Chapter 2 Chapter 3 Chapter 4 Chapter 5 Chapter 6 Chapter 7 Chapter 8 Chapter 9 Chapter 10

invokeで一括実行

RunnableSequenceが用意できたら、後は「invoke」メソッドで処理を実行するだけです。これは以下のように呼び出します。

・処理を一括実行する
戻り値 =《RunnableSequence》.invoke(辞書)

最初のオブジェクトに渡す入力の値は辞書としてまとめておきます。これでテンプレートに必要な値が渡され、更にテンプレートからAIモデルへ値が渡され、その応答が戻り値として返されます。このあたりの使い方もPromptTemplateのときと同じですね。

テンプレートの利用例

では、実際にテンプレート機能を利用したサンプルを作成しましょう。ここでは、既にリスト8-9で作成してあるBedrockChatオブジェクト(変数chat)を使います。カーネルとの接続が切れていたら、再度リスト8-9を実行して変数chatを用意しておいてください。

chatが利用できる状態になったら、新しいセルを作成し、以下のコードを記述しましょう。

リスト8-18

```
from langchain.prompts import ChatPromptTemplate

prompt = "" # @param {type:"string"}

prompt_template = ChatPromptTemplate.from_template(
  "「{foo}」に関するジョークを考えて。")
chain = prompt_template | chat

response = chain.invoke({"foo": prompt})
print(response.content.strip())
```

```
from langchain.prompts import Chat

prompt = "¥u5730¥u7403¥u6E29¥u6696

prompt_template = ChatPromptTempla
chain = prompt_template | chat

response = chain.invoke({"foo": pr
print(response.content.strip())
```

prompt: "地球温暖化"

地球温暖化は深刻な問題ですが、時にはユーモアを交えることも大切だと思います。

例えば次のようなジョークが考えられます。

「北極熊たちが集まって、『みんなでダイエットしよう!氷が溶けすぎて歩けないんだから!』と言ったんだって。」

「地球温暖化で海水面が上昇すると予測されている。フィジーの人はビーチバレーのコートを高台に移す準備をし始めたそうだ。」

「地球温暖化で南極の氷が溶けてペンギンたちが困っているってニュースを聞いて、北極のペンギンがノートにメモした。

図 8-15 お題を入力すると、それに関するジョークを考える。

BedrockChatではClaudeを使っていたので、日本語も利用できます。ここでは、お題を与えるとそれに関するジョークを考えるようにしてあります。セルに追加される入力フィールドに、ジョークのお題を記入し、セルを実行してください。入力した題でジョークを考えて表示します。

テンプレート利用の流れ

では処理の流れをざっと見ていきましょう。まず、以下のようにChatPromptTemplateインスタンスを作成します。

```
prompt_template = ChatPromptTemplate.from_template(
  "「{foo}」に関するジョークを考えて。")
```

これでChatPromptTemplateは用意できました。テンプレートのコンテンツには、{foo}という変数を埋め込んであります。

このテンプレートとchatをひとまとめにしてRunnableSequenceインスタンスを作成します。

```
chain = prompt_template | chat
```

これで準備は完了です。後は、ここからinvokeを呼び出してテンプレート作成とAIモデルアクセスを行うだけです。

```
response = chain.invoke({"foo": prompt})
```

引数には、{"foo": prompt}と値を用意しています。これにより、エンプレートの{foo}にpromptの値がはめ込まれ、テンプレートの内容が完成します。後はそのままAIモデルにテンプレートから生成されたプロンプトが送られ、結果が得られます。ただし、チャットの場合は、戻り値はただのテキストではなく、{content:○○}というようなオブジェクトになっています。このcontentの値に応答のテキストが保管されているので、response.contentというようにして値を取り出して利用すればいいでしょう。

ファイルを要約する

テンプレートを利用した処理の実行は、さまざまな使い方ができます。例えば、ファイルを読み込んで要約させるようなサンプルを考えてみましょう。

まず、要約させるドキュメントを用意しておきましょう。適当な長さのテキストファイルを用意してください。

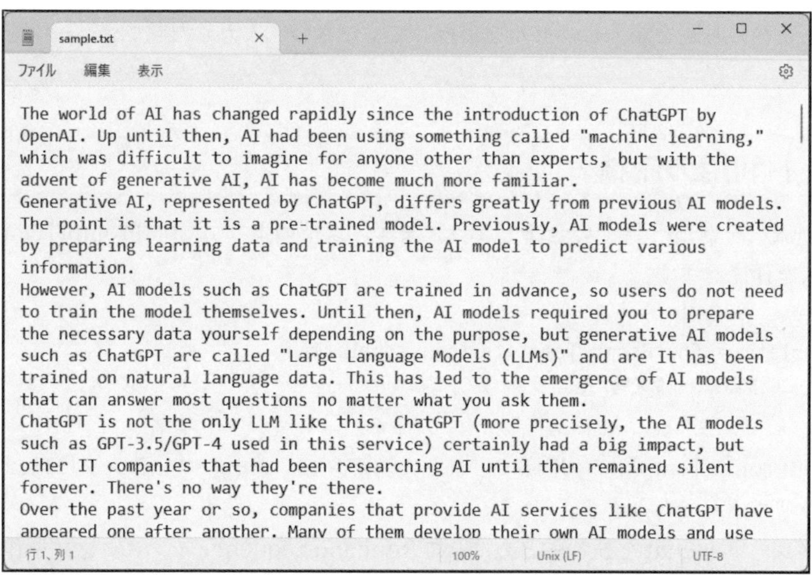

図8-16 テキストファイルを用意する。あえて英文のテキストを作成しておいた。

このファイルを、ノートブックのファイルブラウザにドラッグ&ドロップしてアップロードしておきます。配置場所は、開いたすぐの場所にしておきます。フォルダーの中などには入れておかないようにしましょう。

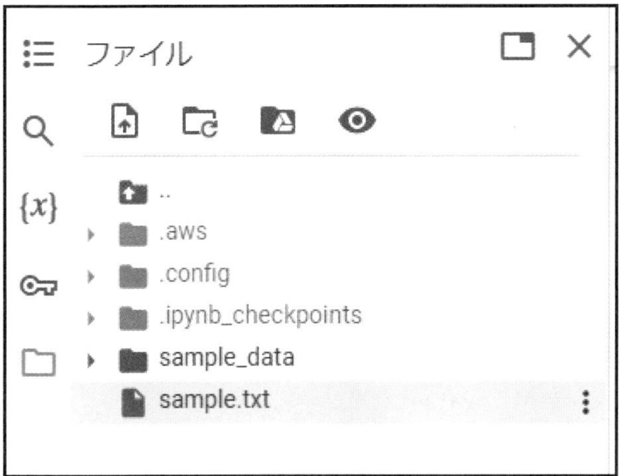

図 8-17 テキストファイルをアップロードしておく。

テンプレートを用意する

では、ファイル要約のコードを作成しましょう。まずはテンプレート関係からです。新しいセルに以下のように記述をし、実行してください。

リスト8-19

```
from langchain.prompts import ChatPromptTemplate

template_prompt = ChatPromptTemplate.from_template(
  """以下のテキストを日本語で要約しなさい:

  {content}

  要約:"""
)
runnable = template_prompt | chat
```

ここではChatPromptTemplateを利用しています。Chatで使っているClaudeは日本語が利用できるため、ここでは「日本語で要約しなさい」と指定しておきました。たとえ英文のテキストなどでもすべて日本語で要約してくれるはずです。

要約を実行する

では、要約を実行させましょう。新しいセルを作成し、以下のコードを記述してください。

リスト8-20

```
file_name = "" # @param {type:"string"}

with open(file_name, 'r') as f:
  data_txt = f.read()

response = runnable.invoke({"content": data_txt})
print(response.content)
```

```
file_name = "sample.txt" # @param {t
 
with open(file_name, 'r') as f:
  data_txt = f.read()
 
response = runnable.invoke({"content
print(response.content)
```

file_name: "sample.txt"

はい、テキストの要約は以下の通りです。

- 最近の生成AIの台頭はChatGPTの登場が大きな転換点となった。生成AIは事前に大量のデータで訓練されたモデルで、ユーザーがモデル(

- 生成AIモデルを公開している企業はたくさんあり、誰でも利用できるようになっている。企業としては、多くの人に自社のモデルを知っ

- Microsoft、Google、Amazonのクラウドプラットフォームが、様々なAIモデルを一元的に利用できるAIプラットフォームを提供している。

- AmazonのBedrockは、自社開発のTitanをはじめ、最先端のAIモデルを多数サポ

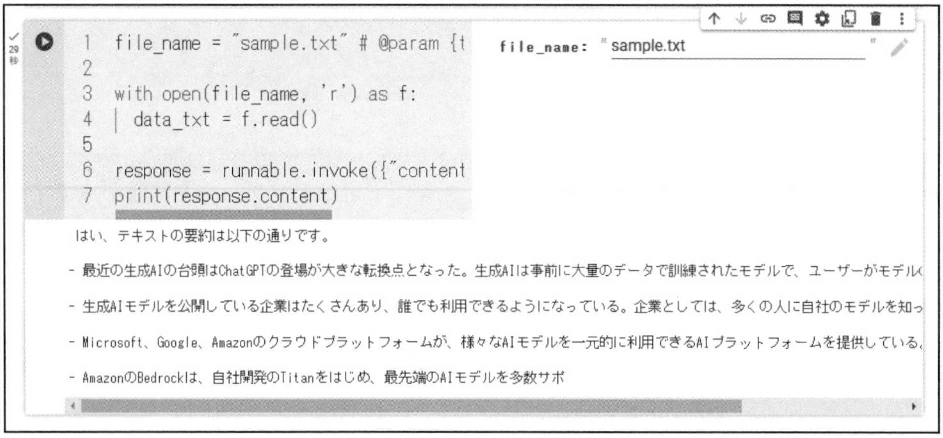

図8-18 ファイル名を記入して実行するとファイルの内容を要約する。

セルに追加されるfile_nameフィールドに、読み込むファイル名を記入します。そしてセルを実行すると、ファイルからテキストを読み込み、AIモデルを使ってそれを要約し日本語で出力します。

ここではopenでファイルを開き、readメソッドでファイルのテキストを変数data_txtに保管しています。そしてこの読み込んだテキストを使い、invoke({"content": data_txt})というようにしてRunnableSequenceを一括処理しています。ファイルのテキストが長くなるとかなり時間がかかりますが、けっこう的確に要約してくれることがわかるでしょう。

関数で前処理・後処理を行う

テンプレートでは、RunnableSequenceによりテンプレート作成とAIモデルへのアクセスが一括して行われます。この機能は、テンプレートとモデルでのみ使えるわけではありま

せん。それ以外のさまざまな処理についても、同様に「|」演算子でつないでRunnableSequenceインスタンスを作り、一括処理することができます。

実際の利用例として、AIモデルにプロンプトを送信する前処理と後処理の関数を用意し、これらを組み込んで一括処理させてみましょう。新しいセルを作って以下のように記述してください。

リスト8-21

```
from langchain.prompts import ChatPromptTemplate
from langchain_core.runnables import RunnableLambda

file_name = "sample.txt" # @param {type:"string"}

# 前処理の関数
def get_3lines(content):
  lines = content.split(".")
  return {"content":"".join(lines[:3])}

# 後処理の関数
def joinLines(msg):
  return msg.content.replace("\n", " ")

# ファイルの読み込み
with open(file_name, 'r') as f:
  data_text = f.read()

# テンプレートの用意
template_prompt = ChatPromptTemplate.from_template(
  """以下のテキストを日本語で要約しなさい:

  {content}

  要約:"""
)

# RunnableSequence作成
runnable = RunnableLambda(get_3lines) \
  | template_prompt \
  | chat \
  | RunnableLambda(joinLines)

# 一括処理
response = runnable.invoke(data_text)
print(response)
```

Chapter 1 Chapter 2 Chapter 3 Chapter 4 Chapter 5 Chapter 6 Chapter 7 Chapter 8 Chapter 9 Chapter 10

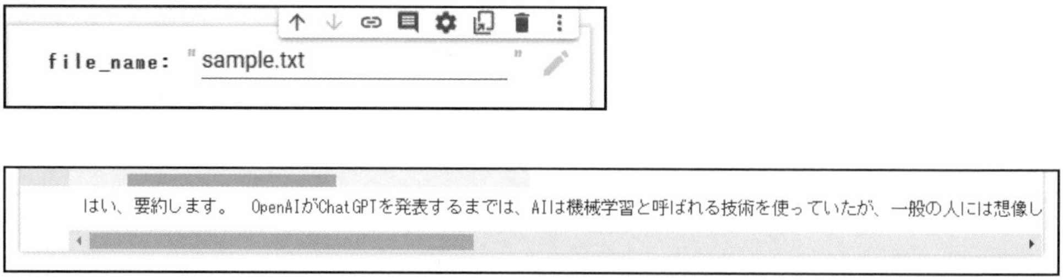

file_name: "sample.txt"

はい、要約します。 OpenAIがChatGPTを発表するまでは、AIは機械学習と呼ばれる技術を使っていたが、一般の人には想像し

図8-19 ファイル名を書いて実行すると、その冒頭だけを要約し表示する。

先の例と同様に、file_nameフィールドに読み込むファイル名を記入してセルを実行します。このサンプルは、英文が書かれているものを使用してください。

実行すると、ファイルの内容を読み込み、その最初の3文だけをまとめてテンプレートに組み込み、AIモデルに送信します。そして戻された応答の改行を取り除き、1文にまとめて表示します。

RunnableSequenceの仕組み

では、どのように多数の処理を一括処理できるようにまとめているのでしょうか。これには、まずRunnableSequenceの仕組みをよく理解しておく必要があります。

RunnableSequenceは、基本的に「Runnableなものを|でつないで作成するもの」です。つまり、こういうことです。

```
《Runnable》|《Runnable》|《Runnable》| ……
```

実際問題として、「|」でつないでRunnableSequenceにまとめている値はPromptTemplateであったりBedrockなどのモデルのインスタンスだったりしますね。これらはいずれもRunnableなオブジェクトです。

このRunnableオブジェクトをつなぐ場合、注意しなければいけないのが「入出力の受け渡し」です。RunnableSequenceでまとめられたものは、最初にあるものから順に実行され、値が渡されていきます。

```
値→《Runnable1》→出力→《Runnable2》→……
```

こんな具合ですね。Runnable1の出力が、そのまま次のRunnable2に入力されるわけです。従って、Runnable1の出力とRunnable2の入力は同じ型になっていなければいけません。これらが受け渡せないと一括処理が途中で止まってしまうのです。

「現在のRunnableの出力と、次のRunnableの入力が同じ型になっている」というのが、RunnableSequence利用の最大のポイントです。

ChatPromptTemplateの入出力

ここで、おそらく多くの人が戸惑うでしょう。「関数や、Bedrock/BedrockChatなどの入出力はわかる。だけどテンプレートの入出力はどうなってる？」という点です。ここまでテンプレート類はRunnableSequenceにまとめてからinvokeしていたので、RunnableSequenceがどのようにテンプレートをレンダリングしているのかよくわかっていなかったことでしょう。

PromptTemplateやChatPromptTemplateなどは、from_templateでインスタンスを作成したら、それを「invoke」メソッドでレンダリングするようになっています。例えば、こんなサンプルを考えてみましょう。

```
tp = ChatPromptTemplate.from_template(
   "これは、{abc}です。"
)
```

このようにして作成されたChatPromptTemplateインスタンスは、以下のようにしてレンダリングされます。

tp.invoke({"abc":"あいう"})

引数には、{"abc":"あいう"}という辞書が設定されていますね。これがChatPromptTemplateの入力です。そして出力は以下のような形になっています。

```
ChatPromptValue(
   messages=[
      HumanMessage(content='これは、あいうです。')
   ]
)
```

このChatPromptValueという値は、この中のmessagesをBedrockChatに渡して呼び出すことができます。ChatPromptTemplateからBedrockChatへの値の受け渡しは、もっとも基本となるものですので、ちゃんと渡せるようにできているのですね。従って、「テンプレートからAIモデルへ」という受け渡しはまったく問題ありません。それ以外(これより前とこれより後)の入出力をよくチェックする必要があります。

また、受け渡される入手力は基本的に「1つ」です。複数の値の場合も、それらを辞書にまとめるなどして一つにして受け渡すのが一般的です。

関数とRunnableLambda

では、前後の処理を行う関数がどのようになっているのか見てみましょう。まず、前処理の関数からです。

```
def get_3lines(content):
    lines = content.split(".")
    return {"content":"".join(lines[:3])}
```

引数で受け取ったテキストをドット(ピリオド)で分解し、その3行分をテキストにまとめて返しています。戻り値は、{"content": テキスト}という形になっています。これがポイントです。

このget_3linesの後にあるのは、ChatPromptTemplateです。これはincokeする際、テンプレートに渡す値として辞書にまとめたものを用意します。ここでは、以下のようになるはずです。

```
template_prompt.invoke({"content":値})
```

get_3linesの戻り値が、ChatPromptTemplateのinvokeの引数の形になっていることがわかるでしょう。

では、後処理はどうなっているでしょうか。これは以下のように定義されていますね。

```
# 後処理の関数
def joinLines(msg):
    return msg.content.replace("\n", " ")
```

引数のmsgからcontentという値を取り出し、そこからreplaceを呼び出して改行コードをスペースに変換しています。このjoinLinesは、chatを実行した後に呼び出されます。つまり、chatの戻り値が引数として渡されることになります。

戻り値は、AIMessageとして返されました。これは以下のような形になっています。

```
AIMessage(content="……応答……")
```

contentというプロパティに応答のテキストが用意されていることがわかるでしょう。msg.content.replace～というのは、戻り値のcontentプロパティの値を置換していたのです。

RunnableLambdaについて

独自に定義した関数をRunnableSequenceでまとめる場合、そのまま関数として渡すのではなく、「RunnableLambda」というクラスを利用しています。今回の例を見ると、RunnableSequenceは以下のように作成していますね。

```
runnable = RunnableLambda(get_3lines) \
  | template_prompt \
  | chat \
  | RunnableLambda(joinLines)
```

定義した関数(get_3lines、joinLines)は、いずれもRunnableLambdaを使ってラップしています。これはどういう意味があるのでしょうか。

試しに、簡単な関数を作ってRunnableSequenceにまとめ、invokeしてみましょう。

リスト8-22

```
def f1(a):
  return a + a

def f2(a):
  return a * a

r = f1 | f2

r.invoke(10)
```

```
def f1(a):
  return a + a

def f2(a):
  return a * a

r = f1 | f2

r.invoke(10)

---------------------------------------------------------------------------
TypeError                                 Traceback (most recent call last)
<ipython-input-77-432f8d9bb9c2> in <cell line: 7>()
      5   return a * a
      6
----> 7 r = f1 | f2
      8
      9 r.invoke(10)

TypeError: unsupported operand type(s) for |: 'function' and 'function'
```

STACK OVERFLOW を検索

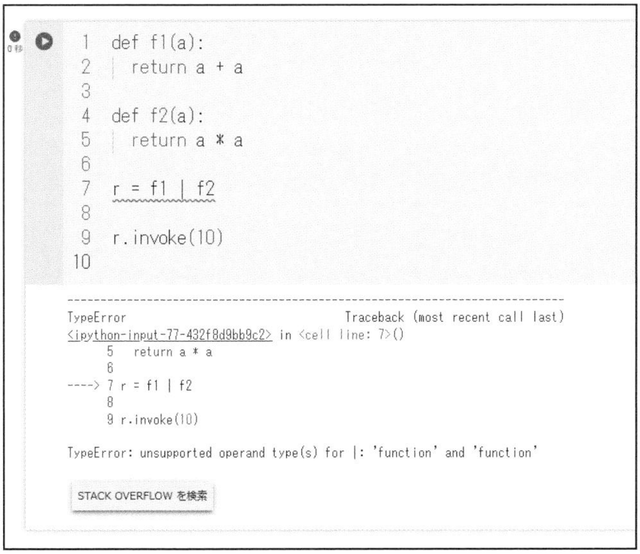

図8-20 実行すると、TypeErrorというエラーが発生する。

これを実行すると、r = f1 | f2のところでエラーが発生し、動作しないのがわかるでしょう。エラーメッセージを見ると、このように書かれています。

```
TypeError: unsupported operand type(s) for |: 'function' and 'function'
```

つまり「関数と関数を|でつなぐことはサポートしていないよ」といっているのですね。RunnableSequenceは、Runnableなものをつなぐものです。一般的な関数は、Runnableではなく、そのままつなぐことはできないのです。

そこで、RunnableLambdaの登場です。

リスト8-23

```
def f1(a):
  return a + a

def f2(a):
  return a * a

r = RunnableLambda(f1) | RunnableLambda(f2)

r.invoke(10)
```

```
def f1(a):
  return a + a

def f2(a):
  return a * a

r = RunnableLambda(f1) | RunnableLambda(f2)

r.invoke(10)
```

```
400
```

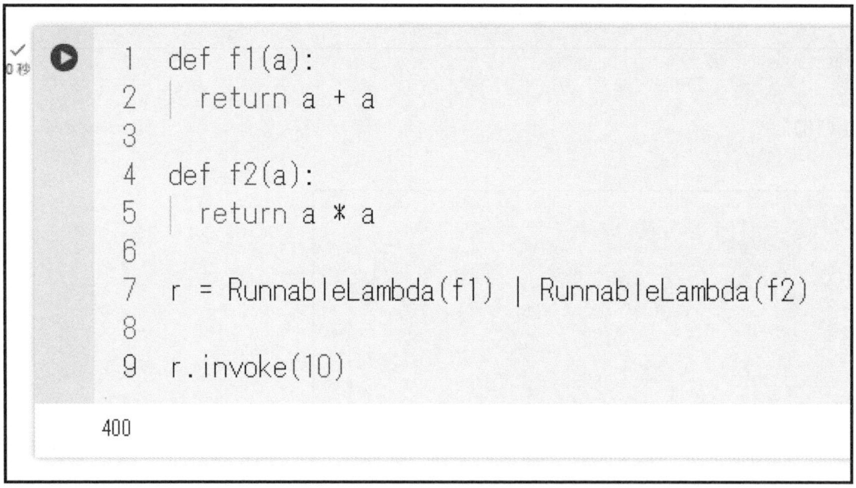

図8-21 「400」と答えが出る。

こうすれば、エラーにはならず「400」という結果が表示されます。

先の例(リスト8-20)の場合、関数と関数をつないでいるわけではないため、RunnableLambdaでラップせずに関数のままつなげてもエラーにはなりません。ただし、関数どうしだとこのようなエラーになることから、「関数をRunnableSequenceでまとめる場合はRunnableLambdaでラップする」ということは覚えておくと良いでしょう。

LangChainの世界はもっともっと広い！

以上、LangChainの主な機能を利用してBedrockのモデルを操作する方法を簡単にまとめました。LangChainは、「プロンプトを送って応答を得る」という単純なことしかできないBedrockに柔軟な利用のための機能を提供してくれます。チャットの簡単な実装や、テンプレートを利用したプロンプト生成などは、使えるようになれば確実に役に立ってくれるでしょう。

ただし、「Bedrockをもっと便利にするためにLangChainはある」と思ってしまうと、それは間違いです。

LangChainは、さまざまなLLMの自然言語処理を簡単に作成するためのフレームワークであり、その対象はBedrockに限りません。というより、Bedrockは、たくさんある対応プロバイダーの一つに過ぎないのです。

LangChainでは、主なAIモデルのベンダー（OpenAI、Anthropic、AI21など）はもちろん、AIモデルをサポートするクラウドサービス(Amazon Bedrock、Azure OpenAI、Google Vertex AIなど)、更にはオープンソースとして公開されている多数の基盤モデルをサポートしています。これらを利用するためのコンポーネントが標準で用意されており、それらを利用することですべてのモデルを同じように利用できるようになっています。

従って、LangChainはBedrockの利用とは関係なく、LLMを使った開発を行うならばぜひ覚えておきたいフレームワークと言えます。実際、LLMの開発者の多くがLangChainを利用しています。

ここで紹介したLangChainの機能は本当に基礎的なものだけであり、LangChainにはこの他にも多くの機能が用意されています。興味のある人は、Bedrockとは別にぜひ学習してみてください。

Chapter

9

Python以外の環境におけるBedrock利用

Bedrockは、Pythonからしか使えないわけではありません。ここではコマンドプログラムであるcurlと、JavaScriptからBedrockを利用する方法について説明しましょう。そしてPython以外の環境からBedrockを利用するにはどうすればいいかを学びましょう。

Section 9-1 curlによるBedrockの利用

HTTPアクセスとcurl

ここまで、Pythonを使ってBedrockにアクセスする方法を説明してきました。Pythonを利用しているなら、ここまでの知識でBedrockのAIモデルを使えるようになるでしょう。

しかし、世の中にはPython以外のプログラミング言語もたくさんあります。またプログラミング言語を使わない開発環境というのも多数あります(ノーコード、ローコードと呼ばれるものです)。こうしたものからBedrockを利用したい場合、どうすればいいのでしょうか。

AWSでは、Python以外の言語のパッケージも作成してはいますが、対応言語は限られています。それらに含まれない言語や開発ツールでは、AWSが提供してくれるパッケージ等はなく、自分でなんとかするしかありません。

こうした場合も、諦める必要はありません。Bedrockにアクセスする機能を外部から取り込んで利用すればいいのです。

curlについて

Bedrockのような APIにアクセスを行う際、必ずといっていいほど登場するのが「curl」というものでしょう。curlは、コマンドラインで実行するデータ転送ツールです。HTTPやFTPなど多くのプロトコルに対応しており、またヘッダー情報やユーザー認証の情報などを渡すためのオプションも豊富に用意されています。

curlは、WindowsやmacOS、Linuxなど主要プラットフォームに標準で組み込まれています。Colabのカーネルでも(ベースはLinuxなので)問題なく実行することができます。

curlは、コマンドラインプログラムですので、利用にはコマンドを実行する環境(コマンドプロンプトやPowerShell、ターミナルなど)を使います。Colabでもコマンドの実行は行えるので、そのままノートブックを使って実行してもいいでしょう。

どんな環境でも利用できるcurlの使い方がわかれば、どこからでもBedrockにアクセスできるようになります。プログラミング言語の多くは、コード内からコマンドを実行するためのライブラリを持っています。またノーコードやローコードでもこうした機能を備えているものはあります。「コマンドとしてcurlを実行し、その結果を利用する」ということができるようになれば、たいていの言語でBedrockにアクセスできるようになります。

curlは、いわば「ネットワーク経由でBedrockにアクセスするための基本ツール」といってもいいのです。

curlコマンドについて

では、curlのコマンドがどのようになっているか説明しましょう。curlの基本はとてもシンプルで、curlの後にアクセス先のURLを指定するだけです。

●curlの基本形

```
curl アクセス先
```

たったこれだけで、指定のURLにアクセスし、データやコンテンツを取得します。ただし、これは一般に公開されているWebサイトなどにアクセスするような場合に用いられます。Webベースで各種の情報を提供しているようなサイトの場合は、この他に以下のようなオプションを用意することになるでしょう。

●curlの主なオプション

```
-X メソッド
-H ヘッダー情報
-u ユーザー認証の情報
-d ボディコンテンツ
```

-Xは、GETやPOSTなどのHTTPメソッドを指定します。デフォルトではPOSTになっているので、それ以外のHTTPメソッドを使うような場合に用意すればいいでしょう。

-Hは、各種のヘッダー情報を送ります。これは、特にやり取りするコンテンツの種類を指定するようなときに用いられます。

-uはユーザー認証の情報です。これはアクセス時に認証が必要となるサイトで使います。Bedrockのある AWSもユーザー認証が必要ですのでこのオプションは必須です。

最後の-dは、ボディコンテンツを指定するものです。アクセス先に何らかのコンテンツを送信するような場合は、ここにテキストとして値を用意します。

これらのオプションは、アクセスする場所によって必要なものや値の書き方が変わります。「このサイトにアクセスするときは、これらをこう用意する」ということをサイトごとに理解する必要があります。

AWSのBedrockにアクセスする

では、Bedrockにアクセスする場合、どのようにcurlを記述すればいいのでしょうか。これには、いくつかのオプションを用意する必要があります。アクセスに必要なオプションをすべて記述した形をあげておきましょう。

●curlによるBedrockアクセス

```
curl ⏎
  --aws-sigv4 aws:amz:リージョン:bedrock ⏎
  -H "Content-Type: application/json" ⏎
  -H "Accept: */*" ⏎
  -u《アクセスキー》:《シークレットキー》 ⏎
  -d '{…ボディコンテンツ…}' ⏎
  https://bedrock-runtime.us-east-1.amazonaws.com/model/モデル/invoke
```

各行末にある⏎は、見やすいように改行しているものです。実際にコマンドを記述する際は、改行せずにそのまま続けて書いてください。

では、用意してあるそれぞれのオプションについて簡単に説明しましょう。

●AWSのリージョン指定

```
--aws-sigv4 aws:amz:リージョン:bedrock
```

これは、AWSにアクセスする際に必ず用意するオプションです。AWS Signature Version 4を使用してAWSのAPIにリクエストを送信するためのものです。値は、「aws:amz:リージョン:サービス」という形で用意します。us-east-1のリージョンを使い、Bedrockにアクセスするならば、「aws:amz:us-east-1:bedrock」と記述します。

●ヘッダー情報の指定

```
-H "Content-Type: application/json"
-H "Accept: */*"
```

ヘッダー情報は、この2つは必ず用意すると考えていいでしょう。1つ目は、コンテンツの種類をJSONに指定するもので、2つ目はすべてのタイプのコンテンツを受け付けるものです。

●ユーザー認証の情報

```
-u 《アクセスキー》:《シークレットキー》
```

Bedrockにアクセスするには、AWSのアクセスキーとシークレットアクセスキーを指定する必要があります。-uの後に、この2つをコロン(:)でつなげて記述をします。

●送信するボディコンテンツ

```
-d '{…ボディコンテンツ…}'
```

ボディコンテンツは、利用するモデルによって変わります。すべてに共通するのは、「プロンプトやパラメータなどの情報をJSONフォーマットのテキストにまとめる」という点です。具体的な記述の仕方は、実際にモデルにアクセスする際に説明します。

●アクセス先のURL(エンドポイント)

```
https://bedrock-runtime.us-east-1.amazonaws.com/model/モデル/invok
```

エンドポイントは、モデルごとに用意されています。URLの「モデル」の部分に、利用するモデルのIDを指定します。

Jurassic-2にアクセスする

では、実際にcurlを使ってBedrockにアクセスしてみましょう。まずはAI21のJurassic-2 Midを使ってみることにします。

モデルを利用する場合、まず確認しておきたいのは「ボディコンテンツの構成」です。Jurassic-2の場合、ボディコンテンツは以下のように用意します。

```
'{"prompt":"…プロンプト…" }'
```

"prompt"という項目に、送信するプロンプトのテキストを用意します。注意したいのは、このJSONフォーマットの値そのものをテキストとして指定する必要があるので、'{……}'というように全体をクォートでまとめてテキスト値にしておくことです。

curlコマンドを実行する

では、コマンドプロンプトまたはターミナルを起動してください。そして以下のコマンドを入力し、実行しましょう。《アクセスキー》:《シークレットキー》の部分には、それぞれのアクセスキーとシークレットキーを記述します。非常に長いコマンドであるため、⏎で適時改行して掲載してあります。これは見やすいように改行しているだけですので、実際は改行せず、すべて1行にまとめて記述し、実行してください。

リスト9-1

```
curl --aws-sigv4 aws:amz:us-east-1:bedrock⏎
  -H "Content-Type: application/json"⏎
  -H "Accept: */*"⏎
  -u 《アクセスキー》:《シークレットキー》⏎
  -d '{"prompt":"Hi, there!" }'⏎
  https://bedrock-runtime.us-east-1.amazonaws.com/model/⏎
    ai21.j2-mid-v1/invoke
```

```
PowerShell
PS C:\Users\tuyan> curl --aws-sigv4 aws:amz:us-east-1:bedrock -H "Content-Type: application/json" -H "Accept: */*" -u
 -d '{"prompt":"Hi, there!" }' https://bedrock-runtime.us-east-1.amazonaws.com/model/ai21.j2-mid-v1/invoke
{"id":1234,"prompt":{"text":"Hi, there!","tokens":[{"generatedToken":{"token":"_Hi","logprob":-6.077176094055176,"raw_logprob":-6.077176094055176},"topTokens":null,"textRange":{"start":0,"end":2}},{"generatedToken":{"token":",","logprob":-1.47291898727417,"raw_logprob":-1.47291898727417},"topTokens":null,"textRange":{"start":2,"end":3}},{"generatedToken":{"token":"_there","logprob":-6.504601001739502,"raw_logprob":-6.504601001739502},"topTokens":null,"textRange":{"start":3,"end":9}},{"generatedToken":{"token":"!","logprob":-0.7897623181343079,"raw_logprob":-0.7897623181343079},"topTokens":null,"textRange":{"start":9,"end":10}}]},"completions":[{"data":{"text":"\nDiabetes is a serious condition that requires ongoing medical care. neuropathy, retinopathy, nephropathy, and stroke","tokens":[{"generatedToken":{"token":"<|newline|>","logprob":-0.12236277759075165,"raw_logprob":-0.12236277759075165},"topTokens":null,"textRange":{"start":0,"
```

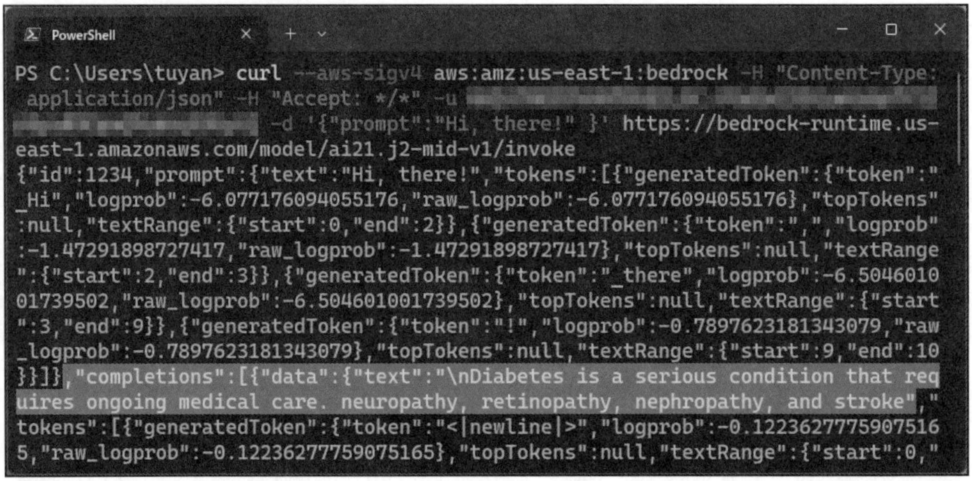

図9-1 実行すると、膨大な長さのレスポンスが出力される。グレーで選択されている部分が応答のテキスト。

ボディコンテンツの部分を見ると、-d '{"prompt":"Hi, there!" }' となっていますね。ここでは、"Hi, there!" というプロンプトを送信していることがわかります。日本語でいえば、「やあ！」という感じですね。

これを実行すると、ものすごい長さのレスポンスが出力されます。この長い出力の中に、"completions" という項目があり、その少し後のあたりに応答のテキストが保管されています。ただし、よくわからない値が延々と書き出されているので、よく内容を読まないとどこにあるかわからないかもしれません。

curlの戻り値

送られてくる戻り値も、JSONフォーマットのテキストになっています。全体を整理すると以下のような形になっていることがわかるでしょう。

●戻り値

```
{
  "id":整数,
  "prompt":{
    "text":"…プロンプト…",
    "tokens":[…略…]
  },
  "completions":[
    {
      "data":{"text":"…応答…","tokens":[…略…]},
      "finishReason":{"reason":"length","length":整数}
    }
  ]
}
```

レスポンス内にはcompletionsという値があり、ここに複数の値がリストとして保管されています。この値にはdataという項目があり、更にその中にtextがあってそこに応答のテキストが保管されているわけです。

この構造は、実は先にBoto3でJurassic-2にアクセスしたときに得られた値と全く同じです。curlであっても、モデルから返される値はBoto3のときと変わりないのです。

Colabでcurlを実行する

コマンドラインからcurlにアクセスする基本はわかりました。けれど、この状態ではちょっと実用とは程遠いですね。まず、こんな長いコマンドを改行もせずに書かないといけないこと。そして受け取ったレスポンスを操作することができないということ。これらをなんとかしないと、とても役には立たないでしょう。

この「curl利用で困った点」を頭に入れておき、今度はColabでcurlを利用してみることにしましょう。Colabでも、冒頭に「!」をつけることでコマンドを実行することができました。これを利用し、curlコマンドを実行してみます。

新しいセルを作成し、以下のコードを記述しましょう。例によって、《アクセスキー》:《シークレットキー》の部分には、それぞれのアクセスキーとシークレットアクセスキーを指定してください。また⏎の部分は実際には改行せず続けて記述してください。

リスト9-2

```
!curl \
  --aws-sigv4 aws:amz:us-east-1:bedrock \
  -H "Content-Type: application/json" \
  -H "Accept: */*" \
  -u 《アクセスキー》:《シークレットキー》 \
  -d '{"prompt":"Hi, there!" }' \
  https://bedrock-runtime.us-east-1.amazonaws.com/model/⏎
    ai21.j2-mid-v1/invoke
```

Colabでは、コマンドをすべて1行にまとめて書く必要はありません。最後にバックスラッシュ（\）記号をつければ、その次の行も続いていると判断してくれます。これは、Pythonの見かけの改行を行う記号ですね。これがそのままコマンドの記述でも使えます。

またColabはすべてのコードを記述してからセルを実行するので、書いた後でよくコードを見返し、間違いなどを修正してから実行できます。Colabを利用すれば、curlの「わかりにくいコマンドの入力」の問題がかなり解決できることがわかるでしょう。

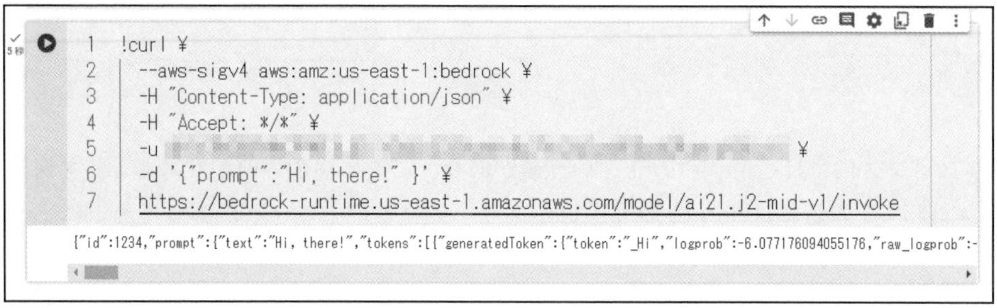

```
!curl ¥
  --aws-sigv4 aws:amz:us-east-1:bedrock ¥
  -H "Content-Type: application/json" ¥
  -H "Accept: */*" ¥
  -u ¥
  -d '{"prompt":"Hi, there!" }' ¥
  https://bedrock-runtime.us-east-1.amazonaws.com/model/ai21.j2-mid-v1/invoke
```

{"id":1234,"prompt":{"text":"Hi, there!","tokens":[{"generatedToken":{"token":"_Hi","logprob":-6.077176094055176,"raw_logprob":-

図9-2　Colabでcurlコマンドを実行する。

結果をPython変数に代入する

実行した結果は、セル下部の出力欄に書き出されます。かなり長いテキストなので、このままではちょっと使いにくいですね。そこで一工夫しましょう。

先ほどのサンプルの1行目を以下のように書き換えてから再度実行してください。

リスト9-3

```
response = !curl \
```

curlコマンドの結果をresponseという変数に代入するようにしています。この文、ちょっと奇妙な感じがするでしょう。response = の部分はPythonの文で、その後の!curl ～以降はコマンドなのです。

非常に不思議でしょうが、Colabではこのようにして「コマンドの実行結果をPythonの変数に代入する」ということができます。Pythonの変数に保管できれば、後はいくらでも加工することができますね。

では、新しいセルを作成し、以下のコードを記述してください。

リスト9-4

```
import json

response_json = json.loads(response[0])
response_json['completions'][0]['data']['text'].strip()
```

```
import json

response_json = json.loads(response[0])
response_json['completions'][0]['data']['text'].strip()

'How can I help you today?'
```

図9-3 実行すると、curlの実行結果から応答のテキストだけを取り出して表示する。

先ほどの修正したcurlコマンドを実行した後、このセルを実行してみましょう。すると、curlのレスポンスから応答のテキストだけを取り出して表示します。これなら十分使えそうですね！

ここでは、レスポンスが保管されているresponseからJSONオブジェクトを取り出しています。

```
response_json = json.loads(response[0])
```

curlから返されるレスポンスはただのテキストですが、実はリストの形になっています。このため、返されたテキストを取り出すときはresponse[0]というように指定する必要があります。

このテキストを、json.loadsでJSONオブジェクトに変換します。そしてその中から、['completions'][0]['data']['text']というところにある値を取り出して利用しています。completions内の構造がどうなっていたか、よく確認しながら取り出す値を正確に記述しましょう。

 Titan Text G1-Expressを利用する 

curlを使ったBedrockアクセスの基本がだいたいわかったところで、別のモデルを利用した場合についても見てみましょう。次は「Titan」を使ってみます。curlの基本形はわかっていますから、必要となるのはTitanのモデル名と、ボディコンテンツの書き方ですね。これは以下のようになります。

●モデルID

"modelId": "amazon.titan-text-express-v1"

・ボディコンテンツ

'{"inputText": "プロンプト", "textGenerationConfig":{…パラメータ…} }'

Titanでは、プロンプトは"inputText"という名前で用意しておきます。またパラメータ関係はtextGenerationConfigにまとめるようになっていましたね。この基本的な書き方がわかれば、後はこれをcurlのオプションとして組み込むだけです。

Titanから応答を得る

では、Titanにアクセスしてみましょう。新しいセルを作成し、以下のコードを記述します。《アクセスキー》:《シークレットキー》の部分はそれぞれの取得した値に置き換えてください。なお、途中にある⏎部分は改行せずに続けて記述してください。

リスト9-5

```
# Titan利用
response = !curl \
  --aws-sigv4 aws:amz:us-east-1:bedrock \
  -H "Content-Type: application/json" \
  -H "Accept: */*" \
  -u 《アクセスキー》:《シークレットキー》 \
  -d '{"inputText":"What is AI?", ⏎
   "textGenerationConfig":{"maxTokenCount":200,"temperature":0.2}}' \
  https://bedrock-runtime.us-east-1.amazonaws.com/model/⏎
    amazon.titan-text-express-v1/invoke
```

ここでは、"inputText":"What is AI?"というようにプロンプトを用意しておきました。またパラメータとして、以下のようなものを用意してあります。

```
{"maxTokenCount":200,"temperature":0.2}
```

これで最大トークン数を200に指定し、温度を低めに調整できました。

実行したら、変数responseにレスポンスが保管されているでしょう。ここから応答を取り出して表示します。新しいセルを作成し、以下のコードを書いて実行しましょう。

リスト9-6

```
response_json = json.loads(response[0])
response_json['results'][0]['outputText'].strip()
```

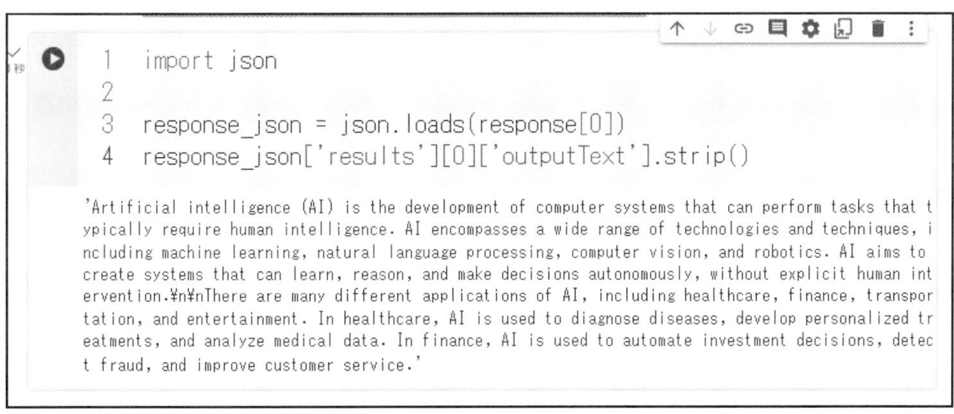

図9-4　Titanから返された応答のテキストが表示される。

これを実行すると、レスポンスから応答のテキストだけを取り出して表示します。ここでは、JSONオブジェクトから['results'][0]['outputText']というように指定をして応答テキストを取り出しています。Titanは、Jurassic-2とは戻り値の構造が違います。そのモデル特有の戻り値の形をよく理解して値を取り出す必要があります。

SDXLでイメージを作成する

テキスト生成以外のモデルも使ってみましょう。イメージを生成するSDXLをcurlから利用することを考えてみます。

SDXLのモデル名とボディコンテンツは以下のようになります。

・モデル名

```
"stability.stable-diffusion-xl-v1"
```

・ボディコンテンツ

```
'{"text_prompts": [{"text":"…プロンプト…"}], …パラメータの設定…}'
```

ボディコンテンツでは、"text_prompts"という項目に送信するプロンプトの情報を用意します。これはリストになっており、{"text":○○}という形でプロンプトを用意しておきます。またパラメータ関係は、text_promptsと同じ場所にそのままパラメータ名を指定して記述していきます。Titanのようにパラメータだけをひとまとめにしておくようなことはありません。

SDXLから応答を得る

では、上記の情報を元にcurlコマンドを作成してみましょう。新しいセルを用意し、以下のコードを記述してください。

リスト9-7

```
# SDXLの利用
response = !curl \
  --aws-sigv4 aws:amz:us-east-1:bedrock \
  -H "Content-Type: application/json" \
  -H "Accept: */*" \
  -u 《アクセスキー》:《シークレットキー》 \
  -d '{"text_prompts": [{"text":"A cat looking out the window."}],"seed":0}' \
  https://bedrock-runtime.us-east-1.amazonaws.com/model/⏎
    stability.stable-diffusion-xl-v1/invoke
```

これを実行すれば、SDXLにアクセスし、イメージを生成して受け取ることができます。ここでは、送信するプロンプトに以下のようなものを用意しておきました。

```
"text_prompts": [{"text":"A cat looking out the window."}]
```

これで、外を眺める猫のイメージが作成できるはずです。またパラメータとして"seed":0を指定しているので、必要に応じて値をいろいろと変更して使いましょう。

実行したら、新しいセルを作成して以下のコードを記述してください。これにより、取得したイメージデータを実際にセル下に表示します。

リスト9-8

```
from IPython.display import display, HTML

response_json = json.loads(response[0])
```

```
base64_data = response_json['artifacts'][0]['base64']
img_data = f'data:image/png;base64,{base64_data}'
html_code = f'<img src="{img_data}" width="400" height="400">'
display(HTML(html_code))
```

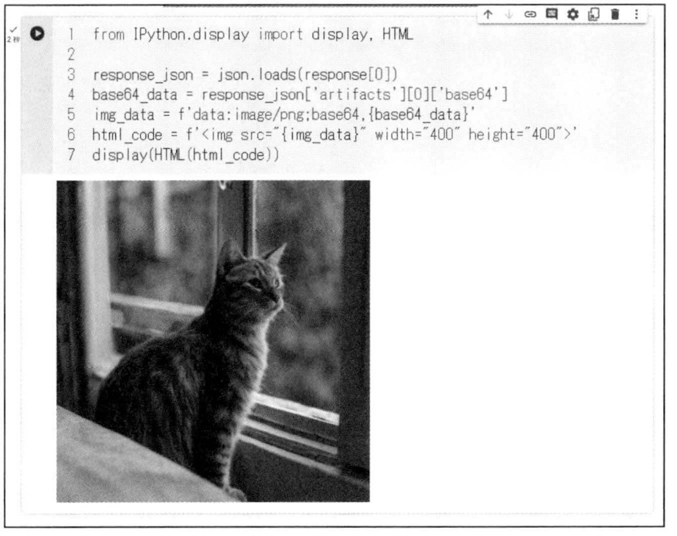

図 9-5 実行すると、取得したイメージデータをセルの下に表示する。

ここでは、IPython.displayのHTMLとdisplayを使ってBase64のデータを<img>で表示しています。このあたりは既になんとか利用したものですからよく読めばわかることでしょう。

Base64のデータは、レスポンスのJSONオブジェクトから['artifacts'][0]['base64']というところにある値を取り出しています。SDXLは、artifactsにリストとしてデータがまとめられていました。返される値の構造をもう一度確認しておきましょう。

Section 9-2

JavaScriptからBedrockを利用する

AWS JavaScript SDKについて

ここまで、基本的にPythonを使ってBedrockにアクセスを行ってきました。では、Python以外の言語ではどのようになっているのでしょうか。

Pythonの次に広く利用されている言語は、おそらく「JavaScript」でしょう。JavaScriptは、今やWebブラウザの操作だけでなく、コマンドラインのプログラムやサーバー開発などにまで広く使われています。JavaScriptエンジンプログラム「Node.js」が広く普及したおかげで、さまざまな用途にJavaScriptが利用できるようになりました。

「JavaScriptからBedrockを利用したい」という要望も非常に多いのでしょう。Amazonは、ちゃんとJavaScript用のパッケージも用意しています。「AWS JavaScript SDK」というAWS利用のための総合フレームワークが用意されおり、その中にBedrockやBedrock Runtimeのサービスを利用するためのパッケージが用意されているのです。

Node.jsについて

JavaScriptによる開発を行う場合、必ず用意しておくのが「Node.js」です。これはJavaScriptのコードを実行するためのエンジンプログラムで、これをインストールしておくことでJavaScriptのコードを普通のプログラミング言語と同じように実行できるようになります。

Node.jsは以下のURLで公開されています。ここからインストーラをダウンロードし、それぞれのPCにインストールしてください。なお、ダウンロードするのは偶数バージョンの最新版を選択しましょう。奇数バージョンは短い期間でサポートが終了するため、慣れないうちはなるべく長く利用できる偶数バージョンがおすすめです。

```
https://nodejs.org/
```

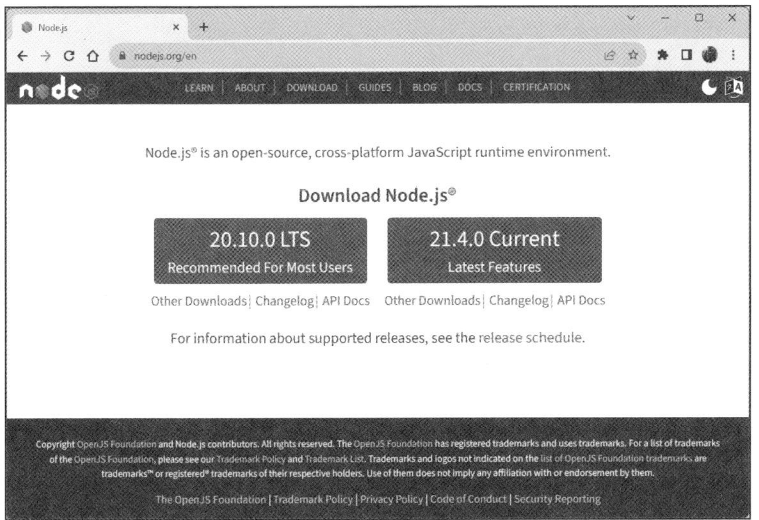

図 9-6　Node.jsのWebサイト。偶数バージョンをダウンロードする。

プロジェクトを作成する

Node.jsでは、ただテキストファイルにJavaScriptのコードを書くだけで実行できるのですが、Bedrockを利用する場合はAWS JavaScript SDKをインストールする必要があるため、プログラムに組み込むパッケージの管理などが行える「プロジェクト」としてプログラム作成を行うのがいいでしょう。

では、コマンドプロンプトあるいはターミナルを起動してください。そして以下のようにコマンドを実行していきます。なお、Windows 11でデスクトップの場所をOneドライブ内にしている場合、「cd デスクトップ」と日本語で指定しないとエラーになることがあるので注意してください。

```
cd Desktop
mkdir my_node_app
cd my_node_app
```

```
PS C:\Users\tuyan> cd Desktop
PS C:\Users\tuyan\Desktop> mkdir my_node_app

    Directory: C:\Users\tuyan\Desktop

Mode                 LastWriteTime         Length Name
----                 -------------         ------ ----
d----          2023/12/15     19:42                my_node_app

PS C:\Users\tuyan\Desktop> cd my_node_app
PS C:\Users\tuyan\Desktop\my_node_app>
```

図 9-7　デスクトップに「my_node_app」フォルダーを作り、移動する。

これでデスクトップに「my_node_app」フォルダーが作成されます。これがプロジェクトのフォルダーになります。この中に必要なパッケージをインストールしたり、コードのファイルを作成したりしていくのです。

パッケージの初期化

といっても、まだ今のところは、ただの「空のフォルダー」です。このフォルダーをNode.jsのプロジェクトにしましょう。コマンドラインから以下を実行してください。

```
npm init
```

これを実行すると、次々と設定すべき事柄を訪ねてきます。パッケージ名、バージョン、説明文、等々。これらは、基本的にすべて何もしないでEnterを押し続ければいいでしょう。

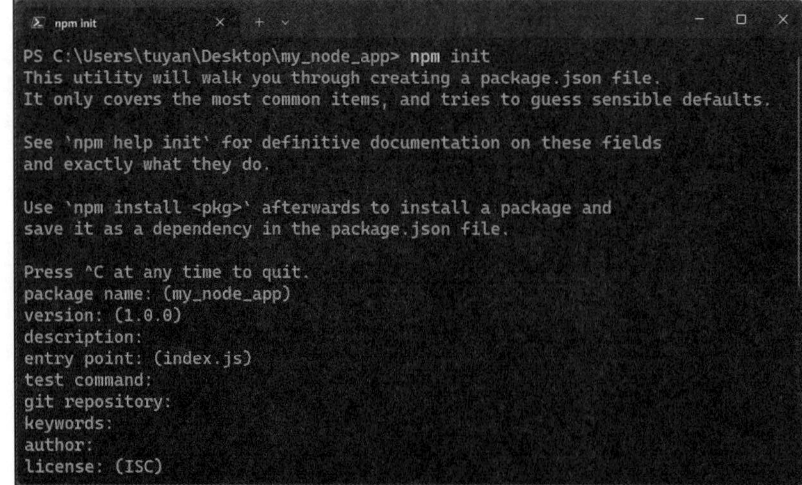

npm init
PS C:\Users\tuyan\Desktop\my_node_app> npm init
This utility will walk you through creating a package.json file.
It only covers the most common items, and tries to guess sensible defaults.
See `npm help init` for definitive documentation on these fields
and exactly what they do.
Use `npm install <pkg>` afterwards to install a package and
save it as a dependency in the package.json file.
Press ^C at any time to quit.
package name: (my_node_app)
version: (1.0.0)
description:
entry point: (index.js)
test command:
git repository:
keywords:
author:
license: (ISC)

図 9-8　いろいろ訪ねてくるがすべてそのままEnterすればいい。

一通り入力すると、入力内容が表示され、「It is OK? (yes)」と表示されます。そのままEnterするとフォルダーがパッケージとして初期化されます。わかりやすくいえば、これで「プロジェクトのフォルダー」になった、といっていいでしょう。

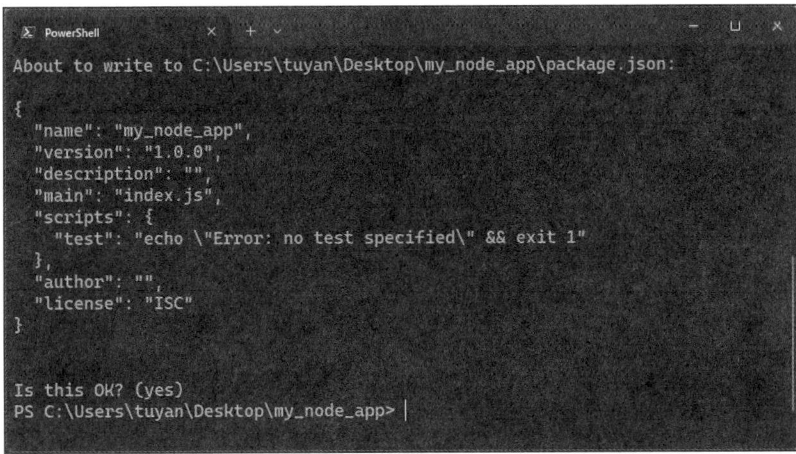
```
About to write to C:\Users\tuyan\Desktop\my_node_app\package.json:

{
  "name": "my_node_app",
  "version": "1.0.0",
  "description": "",
  "main": "index.js",
  "scripts": {
    "test": "echo \"Error: no test specified\" && exit 1"
  },
  "author": "",
  "license": "ISC"
}


Is this OK? (yes)
PS C:\Users\tuyan\Desktop\my_node_app>
```

図9-9　すべてEnterするとフォルダーがパッケージとして初期化される。

@aws-sdk/client-bedrock-runtimeのインストール

初期化ができたら、必要なパッケージをインストールしていきます。といっても、今回使うのはBedrockのAIモデルにアクセスするためのパッケージ1つだけです。以下のようにコマンドを実行してください。

```
npm install @aws-sdk/client-bedrock-runtime
```

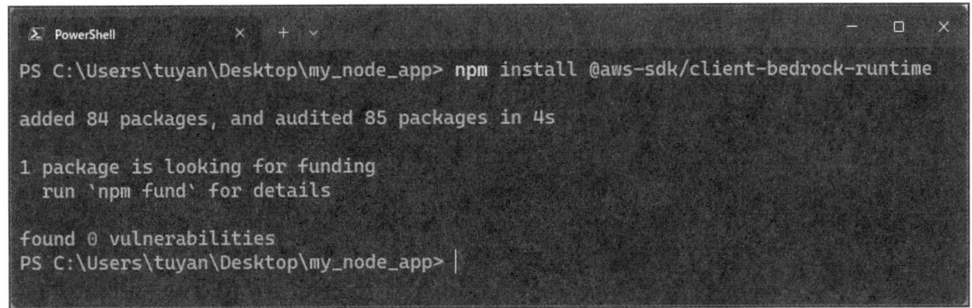
```
PS C:\Users\tuyan\Desktop\my_node_app> npm install @aws-sdk/client-bedrock-runtime

added 84 packages, and audited 85 packages in 4s

1 package is looking for funding
  run `npm fund` for details

found 0 vulnerabilities
PS C:\Users\tuyan\Desktop\my_node_app>
```

図9-10　npm installコマンドで@aws-sdk/client-bedrock-runtimeパッケージをインストールする。

パッケージのインストールは、「npm install パッケージ名」というコマンドで実行します。ここでは、@aws-sdk/client-bedrock-runtimeというパッケージをインストールしていますね。これはaws-sdkの1つであるclient-bedrock-runtimeというパッケージをインストールするものです。これは、Bedrock Runtimeクライアントのパッケージです。これを利用することで、Bedrockのモデルにアクセスできるようになります。

プロジェクトの構成

インストールができたら、「my_node_app」フォルダーを開いてみましょう。その中に以下のようなファイルとフォルダーが作成されているのがわかります。

「node_modules」フォルダー	プロジェクトにインストールされたパッケージ類がまとめられているところ。
package.json	プロジェクトの情報が記述されたファイル。
package-lock.json	パッケージの管理ファイル(自動生成される)。

この中で、実際に使うことがあるのは「package.json」ファイルぐらいでしょう。これはプロジェクトの情報を修正したり、パッケージの管理を操作するようなときに利用します(ただし、ここでは使いません)。その他のものは、私たちが直接開いて操作することはないでしょう。

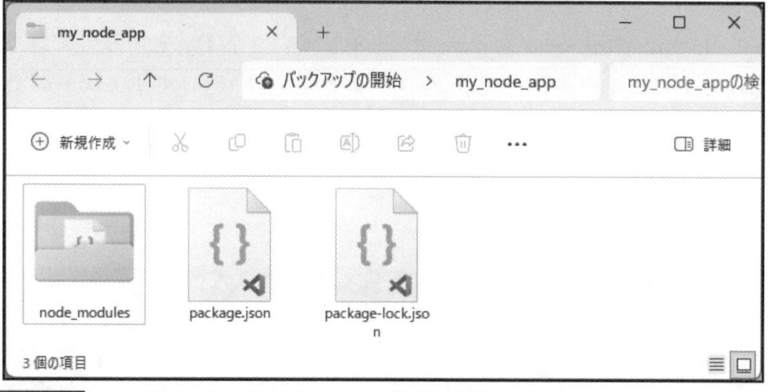

図 9-11 フォルダー内に作成されたフォルダーとファイル。

Visual Studio Codeを利用しよう

プロジェクトができたら、JavaScriptのファイルを作り編集を行います。が、本格的にコードを作成するならば、やはり専用の開発ツールを用意したいところです。ただ、わざわざ専用のソフトをインストールしたりするのも面倒なので、ここはWebベースの開発ツールを利用することにしましょう。

Webブラウザから以下のURLにアクセスしてください。

```
https://vscode.dev/
```

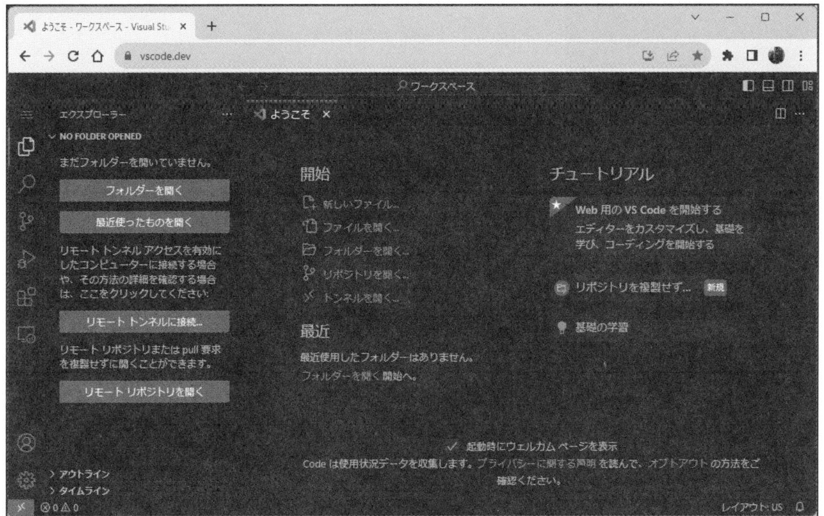

図 9-12 Visual Studio CodeのWeb版にアクセスする。

これは、「Visual Studio Code」(以下VSCodeと略)という開発ツールのWeb版です。このURLにアクセスするだけで、VSCodeという開発ツールがWebブラウザの中で起動し、プログラムを編集できるようになります。

Webベースですが、ローカル環境にあるプロジェクトのフォルダーを開き、その中にファイルを作ったり、フォルダー内のファイルを編集したりすることができます。VSCodeは多くのプログラミング言語に対応しており、JavaScriptのコードも専用の編集環境で快適に編集できます。

プロジェクトのフォルダーを開く

では、作成したプロジェクトをVSCodeで編集しましょう。画面の左上部に見える「フォルダーを開く」ボタンをクリックし、先ほど作成した「my_node_app」フォルダーを開いてください。

初めて利用するときだけ、「サイトにファイルの読み取りを許可しますか?」「このフォルダー内のファイルの作成者を信頼しますか?」といった確認のアラートが表示されます。それぞれ「ファイルを表示する」「はい」といったボタンを選択すれば、フォルダーが開かれます。

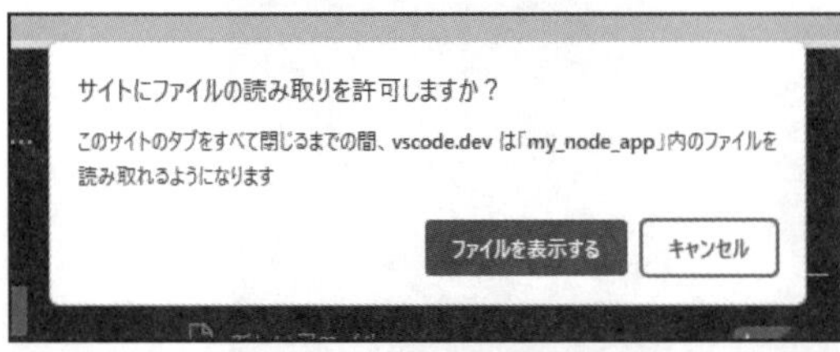

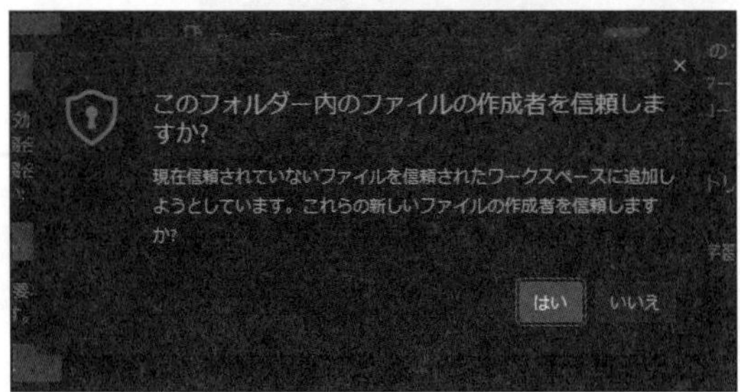

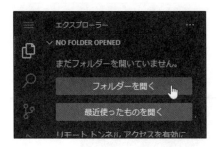

図9-13 「フォルダーを開く」ボタンをクリックしてフォルダーを開き、アラートのボタンを選択していく。

プロジェクトが開かれる

選択した「my_node_app」フォルダーの中身が左側の縦長のエリアに表示されます。これは「エクスプローラー」というもので、ここでフォルダーやファイルを作成したり、編集したいファイルを開いたりできます。

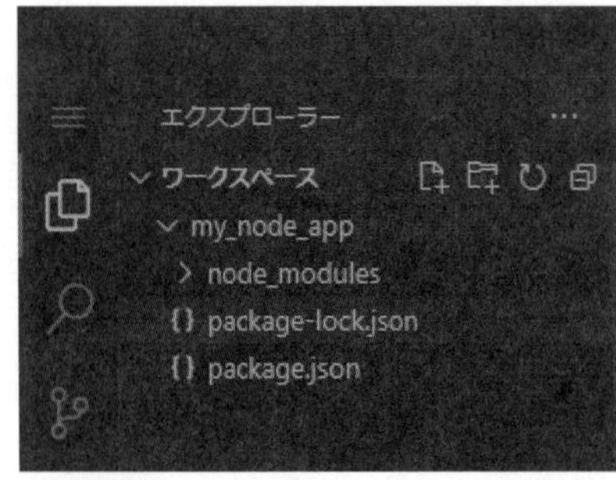

図9-14 エクスプローラーにフォルダーの中身が表示される。

index.jsファイルを作成する

では、JavaScriptのソースコードファイルを作成しましょう。エクスプローラーの上部に見えるアイコンバーから「新しいファイル」のアイコンをクリックすると、ファイルが作成されます。作成されたら、そのままファイル名を「index.js」と入力しましょう。

作成されたファイルが開かれるとき、最初の一度だけ「『my_node_app』に変更を保存しますか？」というアラートが現れるので、そのまま「変更を保存」ボタンを選択してください。これでファイルが編集できるようになります。

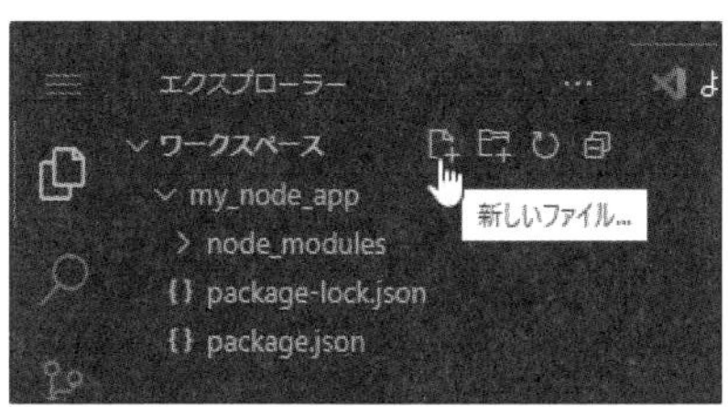

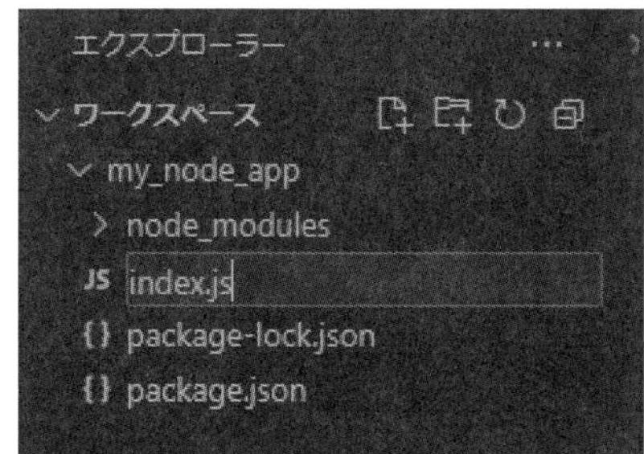

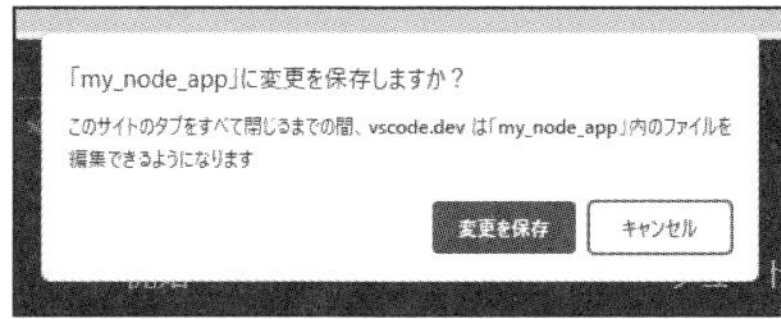

図 9-15　「新しいファイル」アイコンをクリックし、ファイルを作成する。現れたアラートは「変更を保存」ボタンを選ぶ。

ファイルが作成されると、そのファイルが開かれエディタで編集できるようになります(もし、開かれなければ、作成した「index.js」のアイコンをクリックすれば開かれます)。このエディタはファイルの拡張子によって自動的にその言語の対応となるように作られています。index.jsを開けば、JavaScript用のエディタが開かれ、JavaScriptの文法や関数、オブジェクトなどを認識してコーディングをサポートしてくれます。コードを役割ごとに色分けして表示したり、その場で利用可能な関数やメソッドをポップアップ表示するなど、エディタにはスムーズにコードを記述できるようにするための機能がいろいろと用意されています。

図9-16　作成したファイルは専用のエディタで開かれる。

JavaScriptからBedrockにアクセスする

では、JavaScriptでBedrockにアクセスするにはどうすればいいのか説明しましょう。Bedrockへのアクセスは、先にインストールしたAWS SDKのパッケージにある機能を利用します。

BedrockのAIモデルを利用するには、「BedcorkRuntime」というクラスとして用意されています。これは以下のようにしてインポートします。

```
const { BedrockRuntime } = require('@aws-sdk/client-bedrock-runtime');
```

AIモデルにアクセスするには、まずこのBedrockRuntimeクラスのインスタンスを作成します。これは以下のように行います。

●BedrockRuntimeインスタンスの作成

```
変数 = new BedrockRuntime({
  region:《リージョン》,
  accessKeyId:《アクセスキー》,
  secretAccessKey :《シークレットアクセスキー》,
});
```

BedrockRuntimeインスタンス作成の引数には、region, accessKeyId, secretAccessKeyといった値を辞書にまとめたものを引数に用意します。これらはすべてテキスト値として用意しておきます。

invokeModelメソッドについて

作成したBedrockRuntimeインスタンスには、AIモデルにアクセスをする「invokeModel」というメソッドがあります。これを呼び出してプロンプトを送り、応答を受け取ります。

●AIモデルにアクセスする

```
《BedrockRuntime》.invokeModel({
    modelId: 《モデルID》,
    body: 《ボディコンテンツ》,
    accept: 'application/json',
    contentType: 'application/json',
  });
```

bodyのボディコンテンツは、使用するモデルによって用意する値の内容が変わります。それぞれのモデル用の値を用意します。

注意が必要なのは、「このinvokeModelメソッドは非同期である」という点です。ですから、awaitをつけてすべて完了してから結果を受け取るようにするか、あるいはthenメソッドを呼び出して、そこから必要な値を受け取るかしないといけません。

InvokeModelCommandOutputとBuffer

invokeModelから戻り値として得られるのは、「InvokeModelCommandOutput」というクラスのインスタンスです。ここからbodyの値を取り出して利用をします。ただし、このbodyの値はUint8ArrayBlobAdapterという特殊な値になっています。ここから「Buffer」というクラスを利用して値を取り出します。

・Bufferインスタンスの作成

```
変数 = Buffer.from(《InvokeModelCommandOutput》.body);
```

これで、Bufferというインスタンスとして応答の値が取り出されました。後は、toStringでテキストとして値を取り出し、それをJSON.parseでオブジェクトにパースし利用すればいいのです。

●Bufferをテキストとして取り出す

```
変数 = 《Buffer》.toString('utf-8');
```

●JSONオブジェクトにする

```
変数 = JSON.parse(テキスト);
```

取得した後がちょっと面倒ですが、これでAIモデルから返された値がオブジェクトとして取り出されます。後は、その中から必要な値を探して利用するだけです。

Titan Text Express G1を利用する

では、実際にモデルを利用してみましょう。ここではBedrockの基本としてTitanを利用してみます。作成したindex.jsの内容を以下に書き換えてください。《アクセスキー》と《シークレットアクセスキー》にはそれぞれの取得した値を指定します。

リスト9-9

```
const { BedrockRuntime } = require('@aws-sdk/client-bedrock-runtime');

const ACCESS_KEY_ID=《アクセスキー》;
const SECRET_ACCESS_KEY=《シークレットアクセスキー》;

const prompt = 'Hi, there!';

const client = new BedrockRuntime({
  region: 'us-east-1',
  accessKeyId:ACCESS_KEY_ID,
  secretAccessKey :SECRET_ACCESS_KEY,
});

const main = async () => {
  const res = await client.invokeModel({
    modelId: 'amazon.titan-text-express-v1',
    body: JSON.stringify({
      inputText: prompt
    }),
    accept: 'application/json',
    contentType: 'application/json',
  });

  const response = Buffer.from(res.body);
  const response_text = response.toString('utf-8');
  const body = JSON.parse(response_text);
  console.log(body);
```

```
};

main();
```

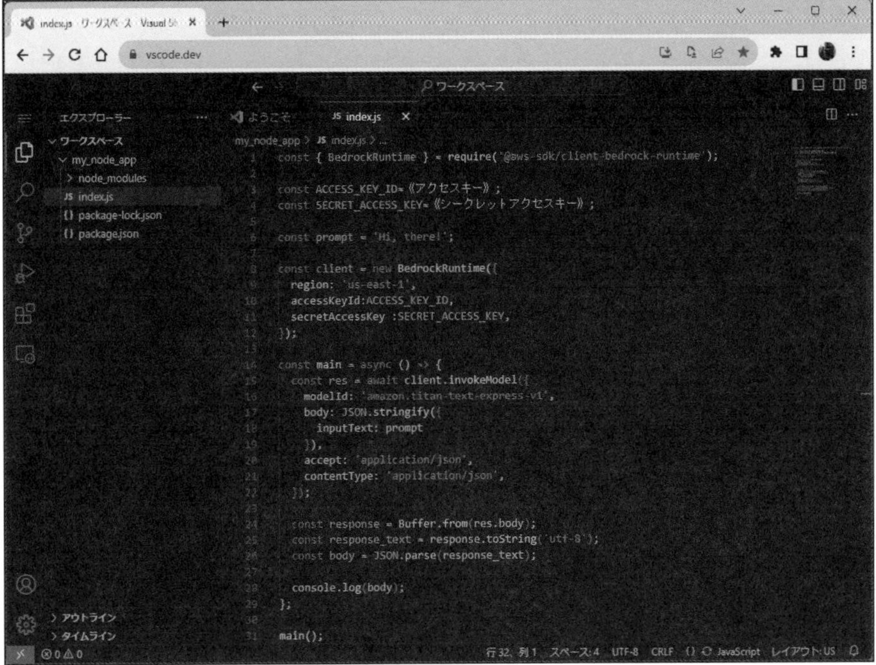

図9-17　index.jsにコードを記述する。

　ここではmainという非同期関数を定義し、その中でawaitをつけてinvokeModelを呼び出しています。非同期関数として定義せず、thenで結果を受け取り処理させたい場合は、main関数の部分を以下のように書き換えればいいでしょう。

リスト9-10

```
const main = () => {
  client.invokeModel({
    modelId: 'amazon.titan-text-express-v1',
    body: JSON.stringify({
      inputText: prompt
    }),
    accept: 'application/json',
    contentType: 'application/json',
  }).then(res=>{
    const response = Buffer.from(res.body);
    const response_text = response.toString('utf-8');
    const body = JSON.parse(response_text);
```

```
    console.log(body);
  })
};
```

コードを記述できたら、コマンドでコードを実行しましょう。ターミナルから以下を実行してください。

```
node index.js
```

```
PS C:\Users\tuyan\Desktop\my_node_app> node index.js
{
  inputTextTokenCount: 4,
  results: [
    {
      tokenCount: 9,
      outputText: '\nHello! How can I help you?',
      completionReason: 'FINISH'
    }
  ]
}
PS C:\Users\tuyan\Desktop\my_node_app>
```

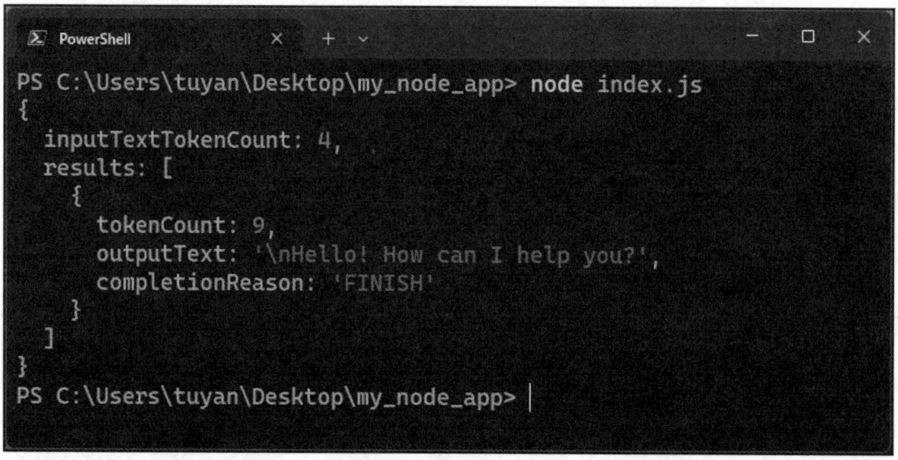

図9-18 実行するとAIモデルからの戻り値が出力される。

これを実行すると、Bedrockにアクセスし、Titanのモデルから結果を受け取り出力します。問題なく結果が得られることを確認しましょう。
ださい。

コラム AWSの認証エラーについて Column

リスト9-9実行時に「CredentialsProviderError」というエラーが出て動作しないケースがあります。これは認証情報が正しく得られないのが原因です。このようなエラーが発生した場合は、Windows上でユーザーのホームディレクトリ(「C:\Users\ユーザー名\」など)に「.aws」という名前でフォルダを作成し、その中にリスト8-1,8-2で作成した「config」「credentials」ファイルをコピーして下さい。

invokeModelの戻り値について

ここでは、戻り値として返されたオブジェクトをそのまま出力しています。おそらく以下のようなテキストが書き出されたことでしょう。

●Titanの出力

```
{
  inputTextTokenCount: 4,
  results: [
    {
      tokenCount: 9,
      outputText: '\nHello! How can I help you?',
      completionReason: 'FINISH'
    }
  ]
}
```

戻り値のオブジェクトにあるresultsに配列として応答のデータがまとめられていることがわかります。その中のoutputTextに応答のテキストがあります。見覚えのある構造ですね。そう、Boto3でTitanにアクセスしたときと全く同じ戻り値です。モデルからの応答は、言語が変わっても同じなのですね。

Claudeを利用する

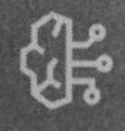

これでBedrockRuntimeを利用したAIモデルへのアクセスの方法がわかりました。では、利用例として今度はClaudeにアクセスをしてみましょう。index.jsの内容を以下に書き換えてください。

リスト9-11

```
const { BedrockRuntime } = require('@aws-sdk/client-bedrock-runtime');

const ACCESS_KEY_ID=《アクセスキー》;
const SECRET_ACCESS_KEY=《シークレットアクセスキー》;

const prompt = 'こんにちは。あなたは誰？' //☆プロンプト

const client = new BedrockRuntime({
  region: 'us-east-1',
```

```
  accessKeyId:ACCESS_KEY_ID,
  secretAccessKey :SECRET_ACCESS_KEY,
});

const main = async () => {
  const res = await client.invokeModel({
    modelId: 'anthropic.claude-v2:1',
    body: JSON.stringify({
      prompt: '\n\nHuman:' + prompt + '\n\nAssistant:',
      max_tokens_to_sample:200,
    }),
    accept: 'application/json',
    contentType: 'application/json',
  });

  const response = Buffer.from(res.body);
  const response_text = response.toString('utf-8');
  const body = JSON.parse(response_text);
  console.log(body);
};

main();
```

```
PS C:\Users\tuyan\Desktop\my_node_app> node index.js
{
  completion: ' 申し訳ありません、私は人工知能のChatGPT Assistantです。',
  stop_reason: 'stop_sequence',
  stop: '\n\nHuman:'
}
PS C:\Users\tuyan\Desktop\my_node_app>
```

図9-19 実行するとClaudeからの応答が得られる。

☆マークの変数promptに、送信するプロンプトを用意してあります。Claudeは日本語対応ですので、ここでは日本語のプロンプトを用意しておきました。

送信するボディコンテンツと応答の値

送信するボディコンテンツは、promptとmax_tokens_to_sampleという2つの値を用意してあります。promptでは、Claude特有のプロンプトのフォーマットに合わせてテキストを作成します。

```
prompt: '\n\nHuman:' + prompt + '\n\nAssistant:',
```

これでClaudeで受け付けできるプロンプトが用意できました。max_tokens_to_sampleは、ここではとりあえず200にしておきました。

このコードを実行すると、Claudeからの応答が出力されます。おそらく以下のような形になっていることでしょう。

```
{
  completion: ' 申し訳ありません、私は人工知能のChatGPT Assistantです。',
  stop_reason: 'stop_sequence',
  stop: '\n\nHuman:'
}
```

戻り値のオブジェクトからcompletionを取り出せば、応答のテキストが得られます。モデルが変われば、送信するボディコンテンツの形も、また受け取る戻り値の形も変わります。Claudeの送受の内容がどうなっていたか、改めて確認しておきましょう。

SDXLでイメージを生成する

テキストの場合、送信するボディコンテンツや戻り値の形がどうであれ、基本的には「プロンプトを送って応答のテキストを受け取る」というだけですからそう悩むことはありません。

では、イメージの生成ではどうなるでしょうか。ここではSDXLにアクセスしてイメージを生成するケースを考えてみましょう。

イメージの生成も、実は行うことはテキストと全く変わりありません。BedrockRuntimeクラスの「invokeModel」メソッドでプロンプトを送り、戻り値を受け取るだけです。考えなければいけないのは、「受け取るイメージのデータ」の扱いです。

送信されてくるイメージデータは、Base64にエンコードされたテキストになっています。これを元にバイナリデータを作成し、ファイルに保存する処理を用意する必要があるでしょう。

では、アクセスするコードを作りましょう。index.jsの内容を以下のように書き換えてください。

リスト9-12

```
const fs = require('fs');
const Buffer = require('buffer').Buffer;
const { BedrockRuntime } = require('@aws-sdk/client-bedrock-runtime');
```

Chapter 1 Chapter 2 Chapter 3 Chapter 4 Chapter 5 Chapter 6 Chapter 7 Chapter 8 Chapter 9 Chapter 10

```
const ACCESS_KEY_ID=《アクセスキー》;
const SECRET_ACCESS_KEY=《シークレットアクセスキー》;// ☆

const prompt = 'A cat in the park.';

const seed = Math.floor(Math.random() * 4294967295);
console.log(seed);

const client = new BedrockRuntime({
  region: 'us-east-1',
  accessKeyId:ACCESS_KEY_ID,
  secretAccessKey :SECRET_ACCESS_KEY,
});

const main = async () => {
  const res = await client.invokeModel({
    modelId: 'stability.stable-diffusion-xl-v1',
    body: JSON.stringify({
      text_prompts: [
        { text:prompt }
      ],
      seed:seed,
    }),
    accept: 'application/json',
    contentType: 'application/json',
  });

  const response = Buffer.from(res.body);
  const response_text = response.toString('utf-8');
  const body = JSON.parse(response_text);

  // Base64をバイナリデータに変換
  const base64_data = body.artifacts[0].base64;
  const binaryData = Buffer.from(base64_data, 'base64');

  // バイナリデータをファイルに保存
  fs.writeFile(seed + '.png', binaryData, (err)=> {
    if (err) throw err;
    console.log('Image is saved! (' + seed + '.png)');
  });
};

main();
```

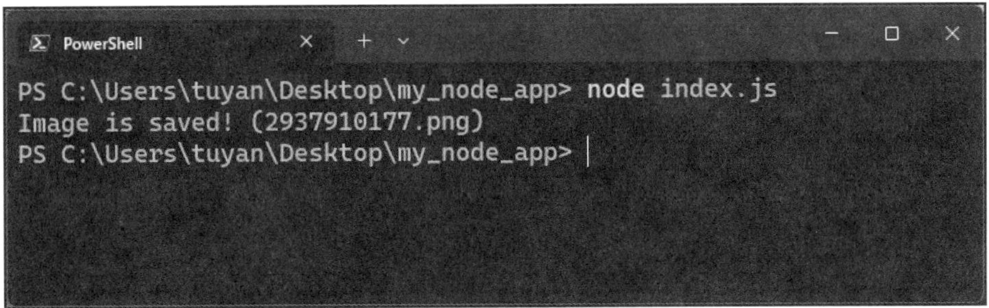

図9-20　ランダムな整数に「.png」をつけたファイルに保存される。

これまで同様、☆マークの変数promptに送信するプロンプトが用意されています。このコードを実行すると、SDXLにアクセスし、生成されたイメージデータを受け取ってindex.jsがある場所に「ランダムな整数.png」という名前で保存します。作成されたイメージを開いて内容を確認しましょう。

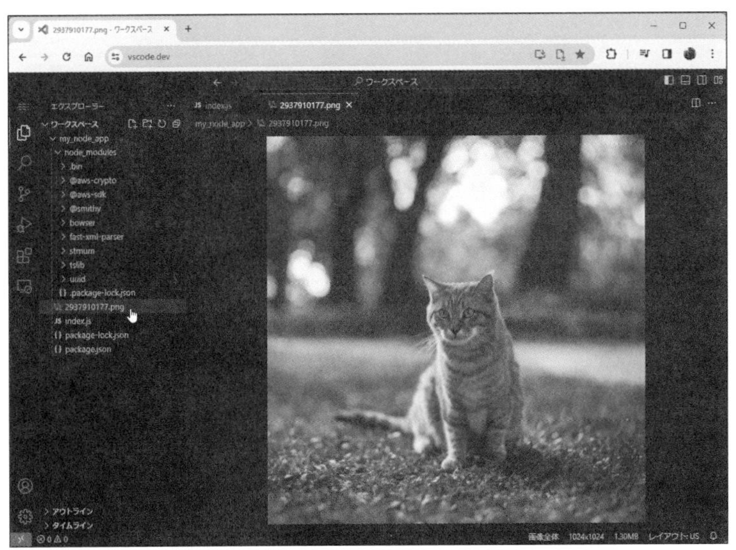

図9-21　pngファイルを開くと生成されたイメージが保存されている。

送信する値

ここでは、invokeModelでSDXLに送信するボディコンテンツとして以下のような値を用意してあります。

```
{
  text_prompts: [
    { text:prompt }
```

```
  ],
  seed:seed,
}
```

SDXLでは、プロンプトはtext_promptsという値に配列としてまとめるようになっていましたね。用意する値はオブジェクトにし、その中にtextとしてプロンプトを用意しておきます。

その他、seedのパラメータを用意しておきました。シードは同じ値だと同じイメージを生成してしまうため、ランダムな値を指定してあります。

```
const seed = Math.floor(Math.random() * 4294967295);
```

このようにしてランダムな整数値を作成し、これを使ってpngファイルのファイル名を作成しています。こうすれば、同じ名前のファイルが作られる確率はかなり低くなるでしょう。

Base64をファイルに保存する

では、戻り値を見てみましょう。SDXLからの戻り値は、artifactsという値の中に配列としてまとめられていました。以下のような形です。

```
{
  result: 'success',
  artifacts: [
    {
      seed: 60891855,
      base64: '…Base64セータ…',
      finishReason: 'SUCCESS'
    }
  ]
}
```

artifactsに保管されている配列からオブジェクトを取り出し、更にその中からbase64の値を取り出せばBase64にエンコードされたイメージデータが得られます。後は、この値をどうやってファイルに保存するか、ですね。

値を取り出したらBuffer.fromでBase64データのバイナリデータを作成します。

```
const base64_data = body.artifacts[0].base64;
const binaryData = Buffer.from(base64_data, 'base64');
```

Buffer.fromでは、第2引数に'base64'と指定することで、Base64のデータとして値を扱えるようになります。

これでBase64のバイナリデータが作成できました。後はこれをファイルに保存するだけです。これはfsの「writeFile」を使います。

```
fs.writeFile(seed + '.png', binaryData, (err)=> {
  if (err) throw err;
    console.log('Image is saved! (' + seed + '.png)');
});
```

fs.writeFileで、引数に指定した名前で引数のバイナリデータを保存します。第3引数には例外発生時の処理をアロー関数で用意してあります。

これでイメージをファイルに保存する処理ができました。ファイルにさえ保存できれば、イメージはいくらでも利用することができるでしょう。

curlを利用してBedrockにアクセス

これでcurlとJavaScriptという、Python以外の2つの環境からBedrockにアクセスする方法がわかりました。PythonとJavaScriptは、おそらく最も広く利用されている言語です。これらがわかれば、たいていの場合、Bedrockにアクセスできるでしょう。

では、これら2つの言語が使えない場合、それ以外の言語を利用する場合、どうすればいいのでしょうか。このようなときこそ、curlの出番です。多くのプログラミング言語では、コード内からコマンドを実行する機能を持っています。こうした機能を使ってcurlを実行し、その結果を受け取って処理すればいいのです。

では、実際にプログラミング言語からcurlを利用する例として、JavaScriptからcurl経由でBedrockにアクセスする、ということを行ってみましょう。index.jsの内容を以下に書き換えてください。なお、⏎マークの部分は実際には改行せず続けて記述してください。

リスト9-13

```
const { exec } = require('child_process');

const ACCESS_KEY_ID=《アクセスキー》;
const SECRET_ACCESS_KEY=《シークレットアクセスキー》;

const prompt = 'Hi, there!'; //☆プロンプト

const model_id = 'amazon.titan-text-express-v1';
const sigv4 = '--aws-sigv4 "aws:amz:us-east-1:bedrock"';
```

```
const head1 = 'Accept: */*';
const head2 = 'Content-Type: application/json'
const usr = `${ACCESS_KEY_ID}:${SECRET_ACCESS_KEY}`;
const body = `{\\"inputText\\":\\"${prompt}\\"}`;
const url = `https://bedrock-runtime.us-east-1.amazonaws.com/⏎
  model/${model_id}/invoke`;

const curl = `curl ${sigv4 } -H "${head1}" -H "${head2}" -u ${usr} ⏎
  -d "${body}" ${url}`;

exec(curl, (error, stdout, stderr) => {
  if (error) {
    console.error(`Error: ${error.message}`);
    return;
  }
  console.log(`Result:\n${stdout}`);
});
```

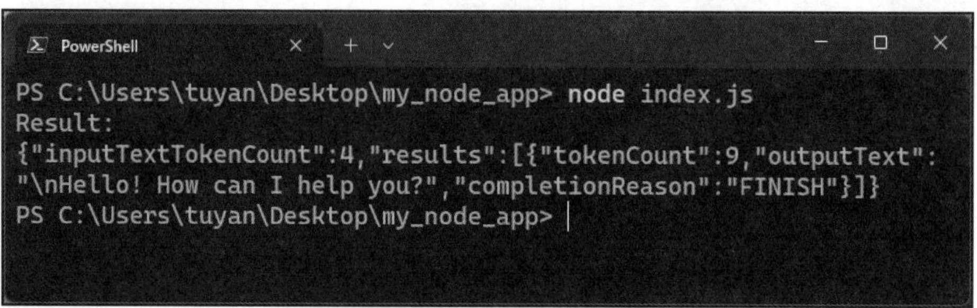

図9-22 curlを使ってBedrockにアクセスし、結果を出力する。

これを実行すると、BedrockのTitanモデルに「Hi, there!」とプロンプトを送り、その結果を表示します。

ここでは、モデルID、aws-sigv4のオプション、ヘッダー情報、ユーザー認証、コンテンツボディ、URLといったものを個別に定数に保管しておき、それらをまとめてcurlを利用するためのテキストを作成しています。そして「exec」というコマンドでcurlのコマンドを実行しています。

```
exec(curl, (error, stdout, stderr) => {
  ……stdoutを処理する……
});
```

execは、引数に指定したテキストをコマンドとして実行するものです。これは非同期であるため、実行結果は引数のアロー関数で処理されます。このアロー関数にあるstdoutが、正常に結果が得られた際の値です。この値を元にJSONオブジェクトを作成し、必要な値を取り出して処理すればいいでしょう。

Node.jsのexecでcurlを実行する場合、注意したいのは「シングルクォートの扱い」です。シングルクォートを使ってcurlのオプションなどを記述した場合、これらが勝手にエスケープされてしまいます。これを回避するため、実行するコマンドのテキストではクォートはすべてダブルクォートを利用しています。

その他にもBedrock用パッケージはある！

以上、JavaScriptからBedrockを利用する方法について説明をしました。

ここでは、JavaScriptでBedrockにアクセスするパッケージを利用しました。内容はBoto3とはだいぶ違いますが、それほどかけ離れたものではありません。ボディコンテンツや戻り値の形は同じですから、PythonとJavaScriptの違いは「単に用意するオブジェクトや呼び出す関数が違うだけ」といってもいいでしょう。Pythonでのアクセスがわかれば、JavaScriptからのアクセスも比較的理解しやすかったのではないでしょうか。

こうしたAWSが提供する純正のSDKは、他にもいろいろな言語用のものが用意されています。2024年1月時点でリリースされているのは、PythonとJavaScript以外には以下のものがあります。

- C++
- Go
- Java
- .NET（C#）
- Ruby
- Kotlin
- PHP
- Rust
- SAP ABAP
- Swift

ここでは、これらのSDKについて詳しく説明はしません。興味がある人は、AWSのドキュメントに用意されているリンクから各SDKの解説ページを開いて使い方を確認しましょう。

https://docs.aws.amazon.com/bedrock/latest/APIReference/welcome.html#sdk

Chapter 1
Chapter 2
Chapter 3
Chapter 4
Chapter 5
Chapter 6
Chapter 7
Chapter 8
Chapter 9
Chapter 10

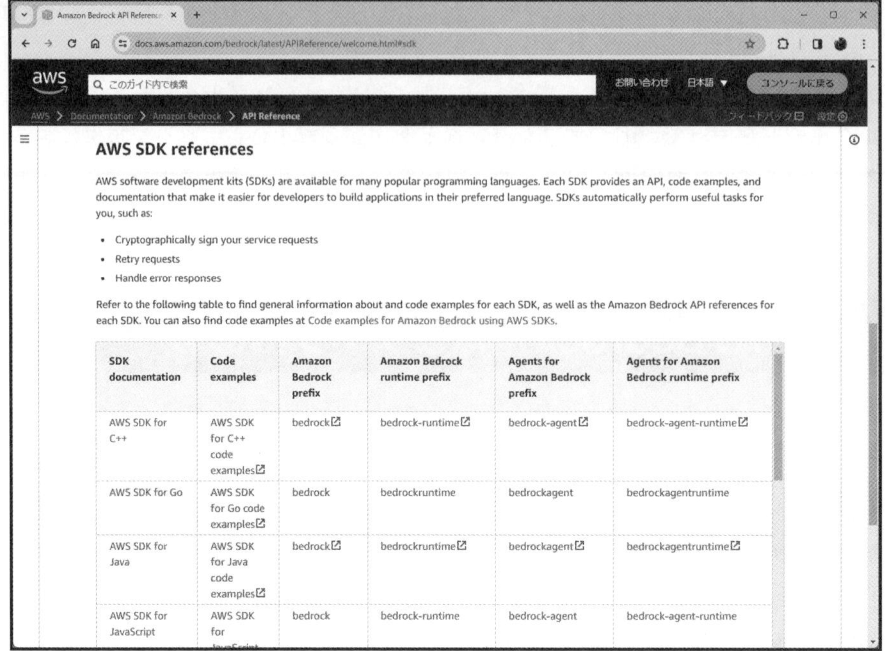

図 9-23　AWS SDK referencesのドキュメント。各言語へのリンクがある。

これ以外の言語から利用したい、という場合は、既に説明したcurlを利用するのがいいでしょう。言語内からcurlのコマンドを実行し、戻り値をJSONフォーマットのテキストとして処理していけば、どのような言語でもアクセスできるようになります。

単にAIモデルにプロンプトを送って応答を受け取るだけなら、SDKの利用は決して難しくはありません。興味のある人はぜひPythonとJavaScript以外の言語にも挑戦してみてください。

Chapter

10

Embeddingと セマンティック検索

テキスト生成モデルには、通常のモデルの他に「Embeddingモデル」と呼ばれるものがあります。これはコンテンツの意味を数値化するものです。このEmbeddingモデルを使い、「セマンティック検索(意味的検索)」に挑戦しましょう。

Section 10-1 Embeddingとその利用

Embeddingとは？

Bedrockにある主なモデルの使い方について一通り説明をしてきました。が、実をいえば、今まで全く触れずにいたモデルがあります。それは「Embeddingモデル」です。最後に、テキスト生成モデルとしては少し特殊なEmbeddingモデルについて説明しておきましょう。

Embedding（埋め込み）というのは、テキストなどのデータをベクトルデータに変換したものです。「対象データをベクトル空間に埋め込む」ということからこのように呼ばれるようです。

Embeddingは、元のデータから抽象的でより「意味」のある情報をベクトル化します。といっても、何をいっているのかわからないかもしれませんね。

さまざまなテキストというのは、「文字の並び方」よりも「そのテキストが表すもの」で判断されるのが普通です。例えば、「花火(はなび)」と「鼻血(はなぢ)」は、全然別のものですね？文字の並びは似ていますが、表すものはまるで違います。

けれど、テキストの検索などでは「文字の並び」によってテキストは扱われます。「花火」と「鼻血」は、「はな」で検索すれば両方が見つかるでしょう。文字の並びで考えるなら、この2つは「近いテキスト」になってしまいます。

それよりも、「そのテキストの意味」を元に調べれば、テキストの意味的な近さでテキストを判断できるようになります。

Embeddingとモデル

Embeddingは、テキストの意味や文脈を元にベクトルデータを作成します。テキストがどういう意味かをさまざまな尺度から数値化し、その数値のベクトルデータを作成するのです。例えば、そのテキストの内容は「温かいか、冷たいか」「大きいか、小さいか」「白いか、黒いか」といった具合に、さまざまな観点からテキストを数値として表せるでしょう。このようにさまざまな観点から数値化するのがEmbeddingなのです。

もちろん、数値化する指標となるものは、もっとテキストの内容を表すようなものでなければいけません。また、それぞれのテキストごとにどのような指標を用いて数値化すべきかも違ってくるでしょう。

そこで、テキストを解析して数値化するための専用のAIモデルが開発され、それを元にベクトルデータを作成するようになっています。通常のモデルがプロンプトから応答のテキストを生成するのに対し、Embeddingモデルはプロンプトからベクトルデータを生成するのですね。

こうしたEmbeddingのための専用モデルが、Bedrockにはいくつか用意されています。このモデルを利用してEmbeddingの機能を利用してみることにしましょう。

Titan Embeddings G1-Textを使う

ここでは、AmazonがリリースしているTitanのEmbeddingモデル「Titan Embeddings G1-Text」を使ってみることにしましょう。

Embeddingモデルの利用は、基本的に通常のテキスト生成モデルと同じです。テキスト生成モデルがプロンプトに対して応答のテキストを返すのに対し、Embeddingモデルはベクトルデータを返す、という違いがあるだけなのです。従って、利用するサービスはBedrock Runtimeですし、使うメソッドはinvoke_modelで、使い方はテキスト生成モデルと全く同じです。

テキストをEmbeddingする

では、実際にEmbeddingを行ってみましょう。ここではColabを利用して試してみることにします。先に作成したColabのノートブックを開き、リスト5-2、リスト5-3、リスト5-9を実行してBoto3のインストールとBedrock Runtimeインスタンスの作成を行っておきましょう。

リスト5-2、5-3、5-9のコード

```
!pip install boto3 --q

# アクセスキーの設定
ACCESS_KEY_ID='《アクセスキー》'
SECRET_ACCESS_KEY='《シークレットアクセスキー》'

# ランタイムクライアント作成
import boto3
import json
```

```
runtime_client = boto3.client(
  service_name='bedrock-runtime',
  region_name='us-east-1',
  aws_access_key_id=ACCESS_KEY_ID,
  aws_secret_access_key=SECRET_ACCESS_KEY,
)
```

では、Titan Embeddings G1-Textを利用して、プロンプトからベクトルデータを作成してみましょう。新しいセルを用意し、以下のコードを記述して下さい。

リスト10-1

```
import json

modelId = 'amazon.titan-embed-text-v1'
accept = 'application/json'
contentType = 'application/json'

prompt = "" # @param {type:"string"}

body = json.dumps({
  "inputText": prompt
})

response = runtime_client.invoke_model(
  body=body,
  modelId=modelId
)

response_body = json.loads(response.get('body').read())
print(response_body)
```

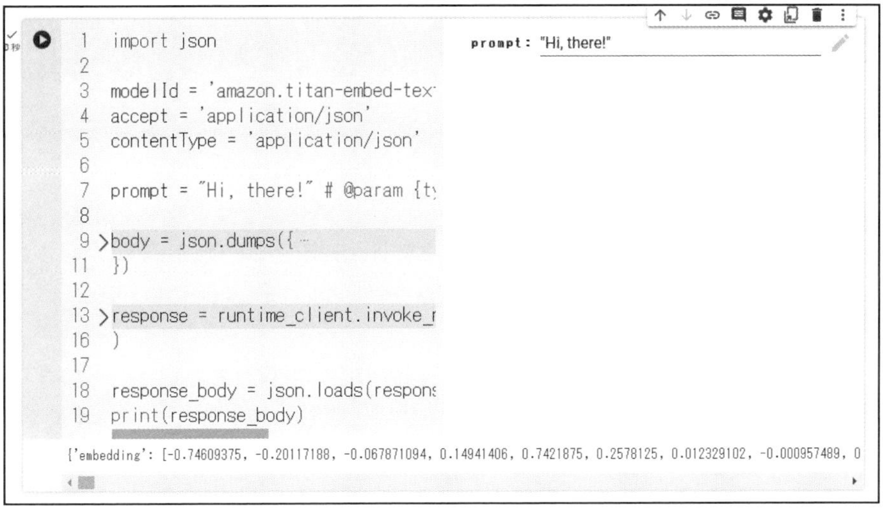

prompt: "Hi, there!"

```
import json

modelId = 'amazon.titan-embed-tex
accept = 'application/json'
contentType = 'application/json'

prompt = "Hi, there!" # @param {t

>body = json.dumps({ …
})

>response = runtime_client.invoke_r
)

response_body = json.loads(respons
print(response_body)
```

```
{'embedding': [-0.74609375, -0.20117188, -0.067871094, 0.14941406, 0.7421875, 0.2578125, 0.012329102, -0.000957489, 0
```

図 10-1 プロンプトを書いて実行するとベクトルデータが出力される。

セルの右側に入力フィールドが追加されるので、ここにプロンプトを記述して下さい。これはTitanのEmbeddingを使うため、日本語は対応しません。英文で記述して下さい。

これを実行すると、セル下部の出力欄に結果が表示されます。たくさんの数字がズラッと並んでいるのがみえるでしょう。この値は、整理すると以下のようになっていることがわかります。

```
{
  'embedding': [ ……ベクトルデータ……],
  'inputTextTokenCount': 整数
}
```

embeddingというところに、生成されたベクトルデータが保管されています。ベクトルデータは、実数のリストの形になっています。これがEmbeddingで生成されたデータです。

まぁ、数字だけを見ても何がなんだかわからないでしょう。応答と違い、生成されたベクトルデータの数値そのものが重要というわけではありません。

ここでは、「テキストをベクトルデータにするとこうなる」ということだけわかっていれば十分でしょう。得られるベクトルデータの使い方などは改めて説明します。

ベクトルデータの値の数はいくつ？ Column

Embeddingで生成されたデータは、たくさんの実数で構成されています。「これ、いくつあるんだろうか」と思ったかもしれませんね。

Embeddingで生成されるベクトルデータのデータ数は、モデルによって違います。Titan Embeddings G1-Textの場合、データ数は1536です。Bedrockに用意されているもう1つのEmbeddingモデルであるCohere Embed Englishでは、1024になっています。

データ数が違うということは、それぞれの値の内容も異なるということになります。従って、異なるモデルのベクトルデータは比較したりすることができません。ベクトルデータの利用は、モデルごとに行うのが基本です。

セマンティック類似性

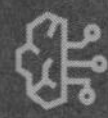

Embeddingでベクトルデータを得られるようになりましたが、このベクトルデータ、一体どう利用すればいいのでしょうか。

Embeddingのベクトルデータは、そのコンテンツの意味的な性格を表します。ということは、2つのコンテンツがあって、その2つが意味的に似たものであれば、それぞれのベクトルデータは非常に近いものになっているはずです。

このように、コンテンツの(文字の並びではなく)意味的な近さのことを「セマンティック類似性」といいます。コンテンツのベクトルデータを利用し、セマンティック類似性を調べることで、その2つのコンテンツが意味的にどのぐらい近いかを数値化することができるようになるのです。

コサイン類似度について

では、「2つのベクトルデータが似ているかどうか」というのはどうやって調べるのでしょうか。これにはさまざまな方法がありますが、もっとも広く用いられているのが「コサイン類似度」というものを使った方法です。

コサイン類似度とは、2つのベクトルデータの内積を、ベクトルの長さ(ノルム)の和の積で割ったものです。式で表すと以下のようになります。

●コサイン類似度の計算

```
値 = (A・B) / (||A|| * ||B||)
```

ここでは2つのベクトルを「A」「B」と表しています。A・Bは、AとBの内積です。また||A||というのはAのノルムを表します。AとBの内積を、AとBのノルムの積で割ればコサイン類似度が計算できるのです。

(※ノルム——ベクトルの各成分の絶対値を2乗して合計した値の平方根。一般に「ユーグリッドノルム」と呼ばれる)

説明を読んでも「何を言ってるのかわからない」と思ったかもしれません。要するに、「ベクトルデータがどれぐらい近いかを計算する方法がありますよ」ということですね。計算の内容は、わからなくとも全く問題ありません。この後でコサイン類似度を計算する関数を用意するので、「よくわからないけど、この関数を呼び出せば2つのベクトルデータの類似度が計算できるんだ」ということだけわかっていれば十分でしょう。

コサイン類似度の関数を用意する

では、コサイン類似度を計算する関数を作成しましょう。新しいセルを作成し、そこに以下を記述し、実行して下さい。

リスト10-2

```
import numpy as np

def cosineSimilarity(vector1, vector2):
  dot = np.dot(vector1, vector2)
  norm1 = np.linalg.norm(vector1)
  norm2 = np.linalg.norm(vector2)
  similarity = dot / (norm1 * norm2)
  return similarity
```

ここでは、numpyという数字演算用のモジュールを利用しています。ベクトルデータや行列の演算に便利な機能が多数揃っており、ベクトルデータを扱う場合、numpyを利用することが多いでしょう。

●1. インポート文を記述

これを利用するために、まず以下のインポート文を記述しておきます。

```
import numpy as np
```

これでnumpyがnpという名前で利用可能になります。numpyはPythonの標準モジュールではありませんが、Google ColaboratoryやColab Enterpriseでは最初から組み込まれているためインストールは不要です。

●2. ベクトルの内積を計算

関数内で最初に行うのは、2つのベクトルデータの内積を得る処理です。これは以下のように行っています。

```
dot = np.dot(vector1, vector2)
```

●3. ベクトルのノルム計算

続いて、2つのベクトルのノルムを計算します。これはnumpyにあるlinalg.normという関数を使います。

```
norm1 = np.linalg.norm(vector1)
norm2 = np.linalg.norm(vector2)
```

●4. コサイン類似度を計算

最後に、コサイン類似度を計算します。既に内積とノルムという必要な値がありますから、これらを四則演算するだけで計算できます。

```
similarity = dot / (norm1 * norm2)
return similarity
```

これでコサイン類似度の計算を行う関数が用意できました。引数に2つのコンテンツのベクトルデータを指定して呼び出せば、両者のコサイン類似度が計算され返されます。

セマンティック類似性の関数を用意する

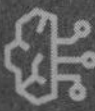

これでコンテンツのセマンティック類似性を計算できるようになりました。が、いちいちコンテンツのセマンティック類似性を計算するのに、「Bedrock Runtimeに問い合わせてベクトルデータを取得して、2つのベクトルデータのコサイン類似度を計算して……」とやるのは面倒です。これらを行うための関数も合わせて用意しておきましょう。

先ほどのコサイン類似度関数のセルか、あるいは新しいセルを作成して以下のコードを記述して実行しましょう。

リスト10-3

```
def checkCos(p1, p2):
    v1 = getVec(p1)
    v2 = getVec(p2)
    return cosineSimilarity(v1,v2)

def getVec(p):
    modelId = 'amazon.titan-embed-text-v1'

    body = json.dumps({
        "inputText": p
    })
    response = runtime_client.invoke_model(
        body=body,
        modelId=modelId
    )
    response_body = json.loads(response.get('body').read())
    return response_body['embedding']
```

ここでは2つの関数を定義してあります。getVecは、引数に渡したプロンプトをBedrockのTitan Embeddings G1-Textに送ってベクトルデータを生成して返します。checkCosは、2つのプロンプトを引数に渡すと、内部からgetVecを呼び出し、2つのベクトルデータのコサイン類似度を計算して返します。

どちらも、それほど難しいことはしていません。getVecでは、先にリスト10-1で行った処理をそのまま実行しているだけですから改めて説明する必要はないでしょう。

プロンプトどうしのセマンティック類似性を調べる

では、作成した関数を利用して、プロンプトどうしのセマンティック類似性を調べてみましょう。新しいセルを作成し、以下のコードを記述して下さい。

リスト10-4

```
import json

accept = 'application/json'
contentType = 'application/json'

prompt1 = "" # @param {type:"string"}
prompt2 = "" # @param {type:"string"}
prompt3 = "" # @param {type:"string"}
```

Chapter 1 Chapter 2 Chapter 3 Chapter 4 Chapter 5 Chapter 6 Chapter 7 Chapter 8 Chapter 9 Chapter 10

```
p1_p2 = checkCos(prompt1,prompt2)
p1_p3 = checkCos(prompt1,prompt3)
p2_p3 = checkCos(prompt2,prompt3)

print(f'p1-p2: {p1_p2}')
print(f'p1-p3: {p1_p3}')
print(f'p2-p3: {p2_p3}')
```

```
import json

accept = 'application/json'
contentType = 'application/json'

prompt1 = "I feel great today." # @p
prompt2 = "It is a good weather toda
prompt3 = "It's overtime again tonig

p1_p2 = checkCos(prompt1,prompt2)
p1_p3 = checkCos(prompt1,prompt3)
p2_p3 = checkCos(prompt2,prompt3)

print(f'p1-p2: {p1_p2}')
print(f'p1-p3: {p1_p3}')
print(f'p2-p3: {p2_p3}')

p1-p2: 0.5529694631220803
p1-p3: 0.2003787939030502
p2-p3: 0.2696273681313977
```

prompt1: "I feel great today."
prompt2: "It is a good weather today."
prompt3: "It's overtime again tonight."

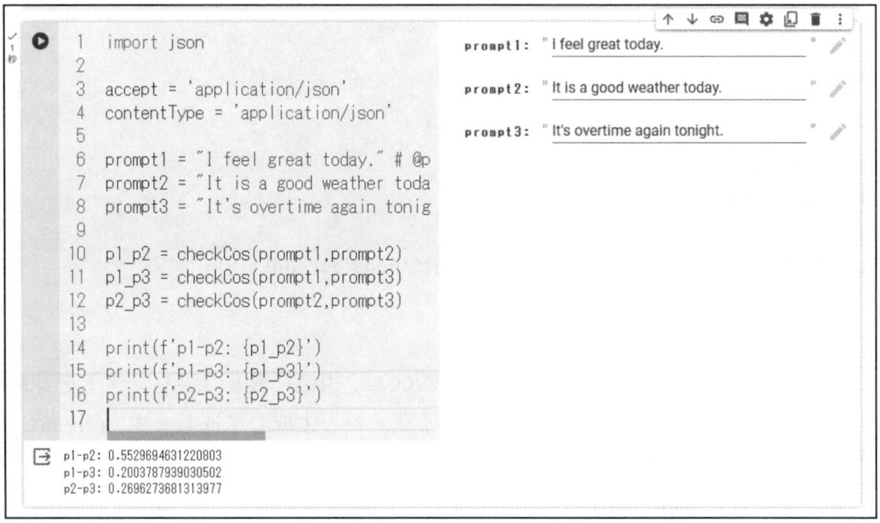

図 10-2　実行すると、3つのプロンプトのそれぞれの類似性を計算し表示する。

セルには3つの入力フィールドが表示されます。ここにそれぞれ異なるプロンプトを記述して下さい。そのうちの2つは似たような内容にし、1つは異なる内容にしておきましょう。例えば、こんな感じです。

I feel great today.	(今日はとても気分がいい)
It is a good weather today.	(今日はとてもいい天気だ)
It's overtime again today.	(今日もまた残業だ)

記述したらセルを実行して下さい。下部に、例えばこのような内容が出力されます。

```
p1-p2: 0.5529694631220803
p1-p3: 0.2003787939030502
p2-p3: 0.2696273681313977
```

これらは、3つのプロンプトのそれぞれの類似性を示しています。この値は0〜1の実数になっており、1に近いほど類似性が高い(意味的に似ている)ことを示します。ここであげた例ならば、1と2の類似性は値が高く、1と3, 2と3は低くなっていることがわかるでしょう。これにより、1と2はテキストの表す内容が似ていることがわかります。

いろいろなテキストを記入して試してみると、同じような内容のプロンプトどうしでは値が高くなり、異なる内容のものとは値が低くなることが確認できるでしょう。テキストの意味的な近さが計算できていることがわかります。

Section 10-2 セマンティック検索

セマンティック検索とは？

Embeddingによるベクトルデータの取得と、コサイン類似度による意味的な近さを値として計算することまでできるようになりました。では、これらの技術を使って、一体どんなことができるのか、考えてみましょう。

Embeddingの結果を活用する用途の1つが「セマンティック検索」です。日本語でいえば「意味的検索」ですね。つまり、テキストを「文字のつながり」で検索するのではなく、そのテキストの意味するものを元に検索を行うのです。

「テキストの意味を考えて検索する」というとなんだかとても複雑そうですが、既にEmbeddingの使い方がわかっていれば、なんとなく想像ができるはずです。検索するテキストのベクトルデータを調べ、それともっとも近いコンテンツを探し出せばいいのです。

検索するテキストと、あらかじめ用意されているデータのコサイン類似度を調べれば、どのぐらい似ているかがわかります。用意されているすべてのデータについてこれを調べることで、データの中からもっとも意味的に近いものを探し出すことができる、というわけです。

こういう考え方ですから、例えばデータベースのように、膨大なデータの中から必要なものを検索するようなときには使えません。また複雑な構造のデータを扱うようなものにも向かないでしょう(できないわけではなくて、複雑なデータも結局ただのテキストにして扱うことになる、ということです)。

セマンティック検索は、それほど多くないコンテンツから最適なものを選ぶような場合でしょう。例えば企業の製品情報などで、質問をすると最適な自社製品を答える、というようなケースがあげられるでしょう。

用途に合うパソコンを選定する

では、実際に簡単な例を作成してみましょう。ここでは、パソコンの用途をプロンプトとして送信すると、その用途に最適なパソコンを選んでくれる、というセマンティック検索プログラムを作ってみましょう。

まず、元データを用意します。データの用意はいろいろなやり方が考えられますが、もっとも間違いのないものとして「Pythonの変数にリストとして持たせる」という方法で用意することにします。

では、新しいセルを作成し、以下のコードを記述して実行しましょう。

リスト10-5

```
data = [
  "Macintosh. Apple computer. Beautiful design. Easy to use interface. very expensive. Not compatible with other computers. Suitable for creative work.",
  "Windows machine. A computer running Microsoft's OS. A wide range of lineups from low to high prices. Huge amount of software. Full range of peripheral equipment. It has an overwhelming market share in business use.",
  "Linux machine. Equipped with open source OS. Very few products are sold. There is little information and you have to solve every problem on your own. Used in the field of development and research.",
  "Chromebook. Low cost computers by Google. Minimum hardware required. It is designed with the premise that much of the work will be done in the cloud. Widely used in the educational field.",
  "Android. It is equipped with an OS developed by Google. It is used in smartphones and tablets, and there are also small PCs. Touch panel operation. It is often used as a second machine."
]
```

ここでは、「Macintosh」「Windowsマシン」「Linuxマシン」「Chromebook」「Android」の5種類のパソコンの簡単な説明をコンテンツとして用意し、これらをリストにまとめて変数dataに保管しています。

長く見えますが、これはコンテンツのテキストが長いだけで、複雑なことは何もありません。整理すれば、以下のようなシンプルなコードです。

```
data = [
  "Macintosh. ……",
  "Windows machine. ……",
  "Linux machine. ……",
  "Chromebook. ……",
  "Android. ……"
]
```

こう見れば、データがとても単純な構造になっていることがわかるでしょう。なお、説明文のコンテンツはこちらで適当に用意したものです。それぞれで各パソコンに合った説明コンテンツを考えて設定して構いません。

データをEmbeddingする

では、用意したデータをEmbeddingしてベクトルデータに変換しましょう。新しいセルを作成し、以下のコードを記述します。

リスト10-6

```
import json

modelId = 'amazon.titan-embed-text-v1'

embedding_data = []

for item in data:
  vector = getVec(item)
  embedding_data.append({"content":item, "embedded":vector})

print("Embedding finished.")
```

これを実行すると、変数dataにあったコンテンツを順にEmbeddingモデルでベクトルデータに変換して変数embedding_dataに格納します。最後に「Embedding finished.」とメッセージが表示されたら、正常にEmbeddingデータが作成されています。

ここでは、for item in data: というようにしてdataから順にコンテンツを取り出して処理を行っています。実行している処理は、getVecを呼び出してコンテンツのベクトルデータを作成し、embedding_data.appendで、embedding_dataのリストに追加をする、というシンプルなものです。

これで、コンテンツのリストをベクトルデータのリストとして得ることができました。

データをファイルに保存する

作成したデータとベクトルデータ(dataとembedding_data)は、そのままではカーネルとの接続が切れると変数も消え、またやり直しとなってしまいます。そこでデータとベクトルデータをファイルに保存したり、ファイルから読み込んだりする処理を用意しておきましょう。

まずは保存処理です。新しいセルを作り、以下を記述します。

リスト10-7

```
with open('data.json', 'w') as f:
  json.dump(data, f)
with open('embedding_data.json', 'w') as f:
  json.dump(embedding_data, f)

print('Embedding data is saved.')
```

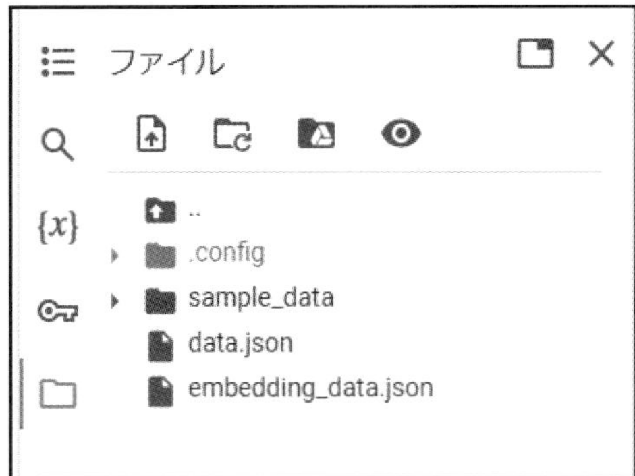

図10-3 実行すると、data.jsonとembedding_data.jsonに値が保存される。

これを実行すると、変数dataとembedding_dataをそれぞれdata.jsonとembedding_data.jsonというファイルに保存します。いずれもJSONファイルであり、中にはそれぞれの変数の中身がJSON形式で記述されているでしょう。読み込む際も、同様にファイル名を指定してデータを読み込み、JSONオブジェクトに変換してdataやembedding_dataに代入します。

Colabの場合、保存されたファイルはそのままにしておくとカーネルとの接続が切れた際に消えてしまいます。ファイルブラウザで、ファイルを右クリックするかファイル名の右端にある「×」をクリックし、現れたメニューから「ダウンロード」を選んでファイルをダウンロードしておくと良いでしょう。

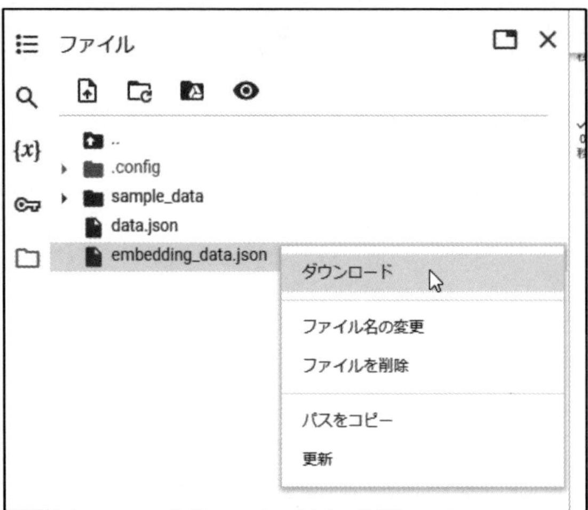

図 10-4 ファイルを右クリックし、「ダウンロード」を選んで保存しておく。

ファイルからデータをロードする

保存ができたら、ファイルからデータを読み込んで変数に格納する処理も用意しておきましょう。新しいセルを用意し、以下のコードを記述して下さい。

リスト10-8

```
with open('data.json') as f:
  data = json.load(f)
with open('embedding_data.json') as f:
  embedding_data = json.load(f)

print('Embedding data is loaded.')
```

これを実行すると、先ほど保存した2つのファイル(data.json、embedding_data.json)を読み込み、それぞれ変数dataとembedding_dataに保管します。左端のアイコンバーから「変数」を選択すると変数インスペクタに切り替わり、現在作成されているすべての変数が表示されます。ここからdataとembedding_dataの内容を確認しておきましょう。

なお、プログラムで必要となるデータは、embedding_dataです。dataは、コンテンツを記述したオリジナルの値ですから保管しておいたほうがいいのですが、data自体は検索プログラムでは使いません。

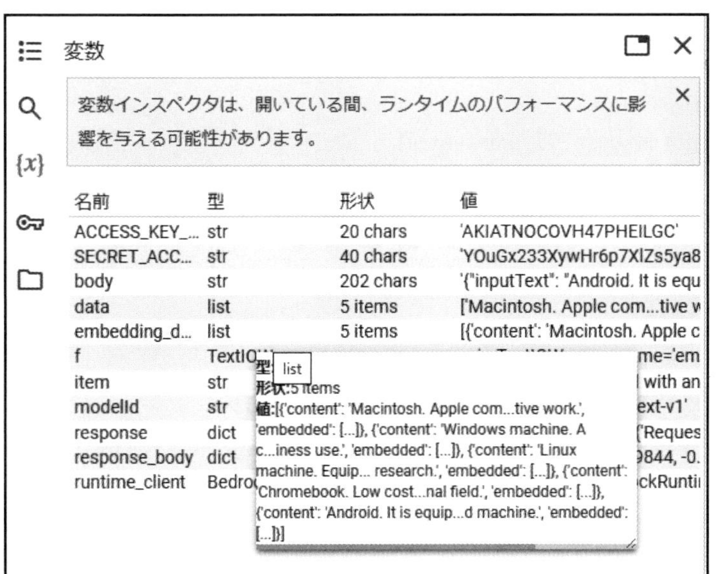

図 10-5 変数インスペクタでdataとembedding_dataに値が保管されているのを確認する。

検索プログラムを作る

では、入力したプロンプトを元にセマンティック検索を行う処理を作りましょう。新しいセルを作成して下さい。そして以下のコードを記述します。

リスト10-9

```
import json

modelId = 'amazon.titan-embed-text-v1'
accept = 'application/json'
contentType = 'application/json'

prompt = "" # @param {type:"string"}

embedded = getVec(prompt)

cos_data = []

for item in embedding_data:
  calc = cosineSimilarity(embedded, item['embedded'])
  cos_data.append({"value":calc, "content":item['content']})

sorted_data = sorted(cos_data, key=lambda x: x['value'], \
```

```
    reverse=True)

print('prompt: ' + prompt)
print('result: ' + sorted_data[0]['content'])
```

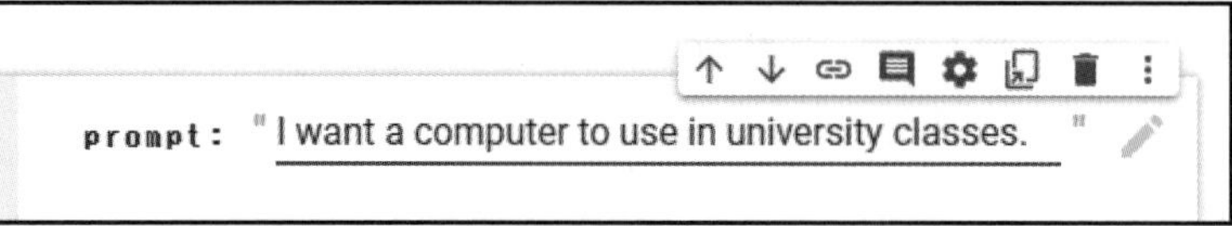


```
prompt: I want a computer to use in university classes.
result: Chromebook. Low cost computers by Google. Minimum hardware required. It is designed with the premise tha
```

図 10-6 フィールドにパソコンの用途を書いて実行すると、最適なパソコンを選んでくれる。

記述できたら、セルに追加される入力フィールドにパソコンの用途を入力しましょう(英文です)。そしてセルを実行すると、dataから最適なパソコンを選んでくれます。実行結果の出力を見ると、例えばこんな具合になっているでしょう。

●結果の出力例

```
prompt: I want a computer to use in university classes.
result: Chromebook. Low cost computers by Google. ……
```

prompt:の後に入力したプロンプトが表示され、次の行のresult:のところに結果のコンテンツが表示されます。ちゃんとこちらが入力した用途に見合った結果が表示されているのではないでしょうか。

検索結果を確認する

では、このセマンティック検索ではどのような結果が得られているのでしょうか。入力したプロンプトと、embedding_dataに保管してあるベクトルデータとの間で計算したコサイン類似度の値は、sorted_dataという変数にリストとして保管されています。新しいセルを作成し、以下のコードを書いて実行してみましょう。

リスト10-10

```
for item in sorted_data:
    print(item)
```

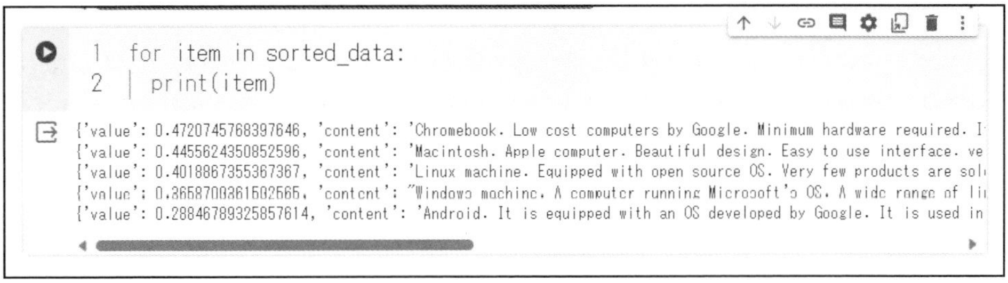

```
for item in sorted_data:
    print(item)
```

```
{'value': 0.4720745768397646, 'content': 'Chromebook. Low cost computers by Google. Minimum hardware required. I
{'value': 0.4455624350852596, 'content': 'Macintosh. Apple computer. Beautiful design. Easy to use interface. ve
{'value': 0.4018867355367367, 'content': 'Linux machine. Equipped with open source OS. Very few products are sol
{'value': 0.3658709361592565, 'content': "Windows machine. A computer running Microsoft's OS. A wide range of li
{'value': 0.28846789325857614, 'content': 'Android. It is equipped with an OS developed by Google. It is used in
```

図 10-7 計算されたコサイン類似度の値がすべて出力される。

これを実行すると、sorted_dataの内容が1行ずつ出力されていきます。おそらく、以下のような値が書き出されていることでしょう。

●出力結果

```
{'value': 0.4720745768397646, 'content': 'Chromebook. Low cost ……'}
{'value': 0.4455624350852596, 'content': 'Macintosh. Apple computer. ……'}
{'value': 0.4018867355367367, 'content': 'Linux machine. Equipped with ……'}
{'value': 0.3658709361592565, 'content': "Windows machine. A computer ……"}
{'value': 0.28846789325857614, 'content': 'Android. It is equipped with ……'}
```

それぞれvalueとcontentという値が用意されていますね。contentにあるのが、計算対象となるコンテンツです。そしてvalueが、計算されたコサイン類似度です。valueの値が大きいものからソートされているので、どのような値がプロンプトのテキストに近いのかがよくわかります。セマンティック検索が、テキストの内容(意味)の近いものから検索する、ということが、この値で確認できるでしょう。

セマンティック検索の用途

これでセマンティック検索がどのようなものか、だいぶわかってきたのではないでしょうか。セマンティック検索の働きがわかれば、どのようなことに使えるかわかってきます。具体的な利用例を考えてみましょう。

●コンテンツの分類

コンテンツをいくつかのグループのどれに含まれるか分類するような使い方ができます。はっきりとわかりやすい分け方でなく、曖昧な分け方にも対応できるのがセマンティック検索の利点です。例えば、「楽しいこと」「悲しいこと」「腹の立つこと」というように感情で分類するようなこともできますし、「スポーツ」「芸術」「学問」のような抽象的な分類もこなせます。

こうした分類を行う場合は、データを単に「スポーツ」「芸術」というように単語だけにせず、「スポーツ：プロスポーツを見ること。体を動かすこと。ジムや筋トレなどの情報も含む」というように具体的な説明をつけると、より正確に分類できるようになるでしょう。

●必要書類の検索

例えば役所などではさまざまな申請があり、どういうときに何を申請すればいいのかわからないこともよくあります。申請とその手続きをデータ化し、問い合わせた内容に合う申請を教える、というような使い方が考えられます。

企業などでも、さまざまな業務で必要となる書類がたくさんあって困る、ということはよくあります。このようなとき、作業内容を入力すると必要書類を教えてくれる、というシステムがあれば便利ですね。こうしたものもセマンティック検索で作成できるでしょう。

●Q&A

企業などでは、さまざまなQ&Aやヘルプをドキュメントに整理していることでしょう。これらをただそのままWebなどで表示するのでなく、それぞれのコンテンツをまとめてベクトルデータ化し、ユーザーの入力に応じてセマンティック検索して答えるようにすれば、シンプルなQ&Aチャットが作れるでしょう。従来のチャットのように、いくつもの選択肢をクリックしたりする必要もなく、質問すればもっともその内容に近いヘルプが表示されるようになります。

自由入力で検索できる

セマンティック検索の最大の魅力は、「決まったフォームなどを必要とせず、自由に入力して検索できる」という点です。何かを検索するのにも、いくつもの項目に入力したりするのはとても面倒ですしわかりにくいものです。聞きたいことをテキストで書けば回答してくれる、こういうチャット形式の検索システムを自分で作れれば、さまざまな業務を効率化できるでしょう。

Section 10-3 マルチモーダルEmbedding

マルチモーダルのEmbedding

Embeddingは、テキストコンテンツにのみ利用されるわけではありません。新しいAIモデルには「マルチモーダル」と呼ばれる技術を取り入れたものが登場しています。マルチモーダルとは、異なる種類の情報を同時に処理する手法で、テキストとイメージを同時に処理して応答を生成したりできるモデルが登場しています。

こうしたマルチモーダルに対応するEmbeddingモデルというのもあります。「Titan Multimodal Embeddings G1」は、Titanシリーズのマルチモーダル Embeddingモデルです。これはテキストとイメージを同時に受け取りベクトルデータに変換します。

このモデルは、テキストとイメージの両方だけでなく、どちらか片方だけでもEmbeddingできます。ということは、イメージとイメージの類似性を調べるだけでなく、テキストとイメージの類似性を調べたりすることもできるのです。マルチモーダルEmbeddingを使えば、メディアを超えたセマンティック検索が作れるようになります。

マルチモーダルEmbeddingを使う

では早速、Titan Multimodal Embeddings G1を使ってみましょう。使い方は、基本的にこれまでのEmbeddingと同じです。ただし、ボディコンテンツに用意する値が少し違ってきます。

```
{
  "inputText": テキスト,
  "inputImage": Base64エンコードデータ
}
```

このように、inputTextとinputImageの2つの値を用意します。これらは必ず両方を用意する必要はなく、どちらか片方だけでも構いません。ここでは両方を用意した例を作成してみることにします。

テキストとイメージをEmbedding

では、実際に試してみましょう。まず、イメージファイルを用意しておきます。ファイルブラウザにイメージファイルをドラッグ＆ドロップしてアップロードしておいて下さい。内容はどんなものでも構いません。

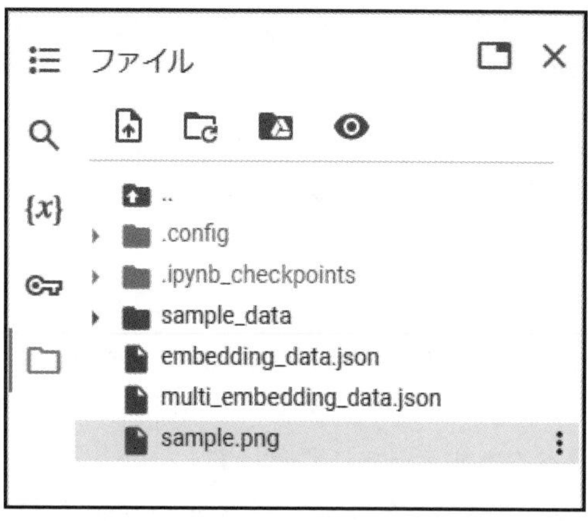

図 10-8 イメージファイルをアップロードしておく。

ファイルが用意できたら、コードを作成しましょう。セルを新たに作成し、以下のコードを記述して下さい。

リスト10-11

```
import base64
import io
import json

modelId = 'amazon.titan-embed-image-v1'
accept = 'application/json'
contentType = 'application/json'

prompt = "" # @param {type:"string"}
filename = "" # @param {type:"string"}

with open(filename, "rb") as f:
  data = f.read()
  base64_data= base64.b64encode(data).decode("utf-8")

body = json.dumps({
  "inputText": prompt,
  "inputImage": base64_data
})

response = runtime_client.invoke_model(
  body=body,
  modelId=modelId
)

response_body = json.loads(response.get('body').read())
print(response_body)
```

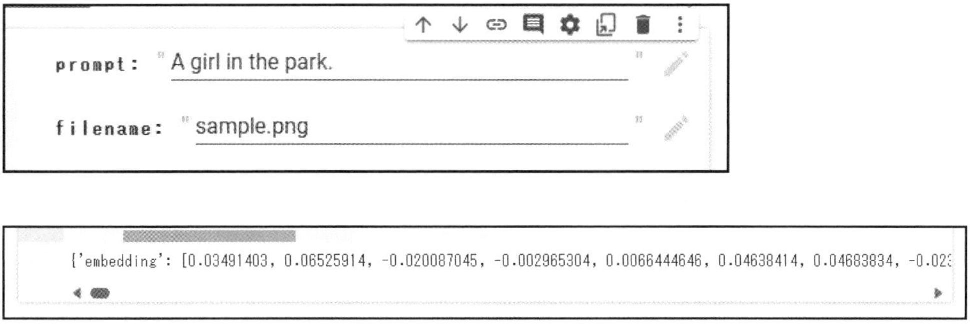

prompt: "A girl in the park."

filename: "sample.png"

{'embedding': [0.03491403, 0.06525914, -0.020087045, -0.002965304, 0.0066444646, 0.04638414, 0.04683834, -0.02

図 10-9　プロンプトとファイル名を入力し実行するとEmbeddingする。

このセルには2つの入力フィールドが用意されます。promptにはプロンプトのテキストを、そしてfilenameにはファイル名をそれぞれ記入し、セルを実行します。これで、プロンプトのテキストと、指定した名前のファイルによるEmbeddingが実行され、ベクトルデータが表示されます。

ここでは、指定した名前のファイルを読み込みBase64データを取得するのに以下のような処理を行っています。

```
with open(filename, "rb") as f:
   data = f.read()
   base64_data= base64.b64encode(data).decode("utf-8")
```

ファイルのreadでバイナリデータを読み込み、base64.b64encodeでBase64にエンコードします。そしてdecodeでUTF8エンコーディングのテキストとして取り出します。このデータをinputImageの値として指定すればいいのです。

得られる結果の値は、テキストだけのEmbeddingと全く変わりありません。ただし、ベクトルデータの内容は変わります。Titan Embeddings G1-TextによるテキストのEmbeddingでは、ベクトルデータは1536の値がありましたが、Titan Multimodal Embeddings G1ではベクトルデータの値は1024になります。データの内容が違うため、両者のデータは互換性がないので注意して下さい。

イメージとイメージのセマンティック検索

基本的な使い方がわかったら、マルチモーダルEmbeddingによるセマンティック検索の例を考えてみましょう。まずは、イメージの検索を作成してみます。

イメージ検索は、あらかじめいくつかのイメージを用意してそれぞれのベクトルデータを作成しておき、調べたいイメージとこれらのイメージのセマンティック類似性を調べて、もっとも似ているイメージを検索させてみます。

まずは、イメージのEmbeddingに必要な処理を関数にまとめておきましょう。新しいセルに以下のコードを用意し、実行しておきます。

リスト10-12

```
def getMultiVec(b64):
   modelId = 'amazon.titan-embed-image-v1'

   body = json.dumps({
      "inputImage": b64
   })
```

```
    response = runtime_client.invoke_model(
        body=body,
        modelId=modelId
    )
    response_body = json.loads(response.get('body').read())
    return response_body['embedding']

def listFiles(folder):
    files = []
    for file in os.listdir(folder):
        files.append(os.path.join(folder, file))
    return files

def getBase64(path):
    with open(path, "rb") as f:
        data = f.read()
        return base64.b64encode(data).decode("utf-8")
```

ここでは、マルチモーダルのEmbeddingを実行する処理と、フォルダ内のリストの取得、Base64データの取得といったものをすべて関数にまとめておきました。簡単に整理しておきましょう。

```
def getMultiVec(b64):
```

マルチモーダルのEmbeddingを行い、作成されたベクトルデータを返します。ただし、今回はイメージによるセマンティック検索を行うため、Embeddingモデルに送信するボディコンテンツにはinputImageだけを用意してあります。

```
def listFiles(folder):
```

フォルダ内にあるファイルのリストを調べて返すものです。フォルダのパスを引数に指定して呼び出すと、その中にあるファイルのパスをリストにまとめて返します。

```
def getBase64(path):
```

引数に指定したパスのファイルを読み込み、Base64にエンコーディングされたテキストに変換して返します。

これらの関数を利用して処理を作成すれば、すべてを一からコーディングするよりコードは見やすく整理されるでしょう。

「data」フォルダの用意

では、コーディングに入る前に、検索対象となるイメージファイルを用意しましょう。まず、ファイルブラウザ内を右クリックして「新しいフォルダ」を選んで「data」というフォルダを作って下さい。そしてこのフォルダ内にイメージファイルをいくつかアップロードしておきます。

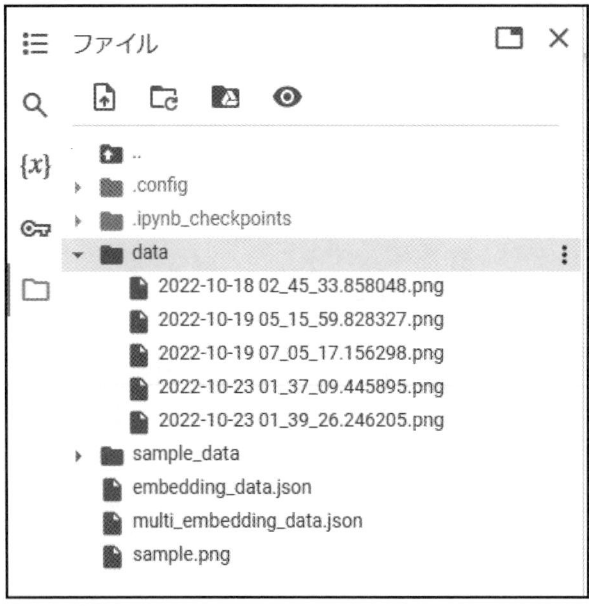

図 10-10　「data」フォルダにイメージファイルを用意する。

このイメージファイルは、印象の違うものを揃えるようにして下さい。例えば、写真とイラスト、描かれている人物の髪型や特徴、背景の違い。こうした違いを意識し、違いがわかるようなものを用意しておきましょう。

図 10-11　タッチの異なるイメージを複数用意した。

ベクトルデータのリストを作る

では、「data」フォルダに用意したファイルをEmbeddingし、ベクトルデータのリストを作成しましょう。新しいセルに以下を記述し、実行して下さい。

リスト10-13

```
import os
import json
import base64

folder = "./data" #☆フォルダパス

multi_embedding_data = []
files = listFiles(folder)

for f in files:
  base64_data = getBase64(f)
  emb = getMultiVec(base64_data)
  multi_embedding_data.append({"file":f, "vector":emb})

print('Embedding is over!')
```

途中でエラーなどが起こらず、すべての作業が完了すれば「Embedding is over!」と表示されます。ここではlistFiles関数を呼び出してフォルダ内の全ファイルリストを取得し、繰り返しでその1つ1つについてgetBase64でエンコードしてはgetMultiVecでベクトルデータを得る、ということを繰り返しています。

これで、multi_embedding_dataという変数にイメージファイルのベクトルデータがまとめられました。

このままではカーネルとの接続が切れると消えてしまうので、ファイルに保存し、ファイルから変数に読み込む処理を用意しておきましょう。新しいセルを2つ作り、以下のリストをそれぞれ記述して下さい。

リスト10-14

```
with open('multi_embedding_data.json', 'w') as f:
  json.dump(multi_embedding_data, f)

print('Embedding data is saved.')
```

リスト10-15

```
with open('multi_embedding_data.json') as f:
  multi_embedding_data = json.load(f)
```

```
print('Embedding data is loaded.')
```

1つ目のセルを実行すれば、ベクトルデータを「multi_embedding_data.json」という名前のファイルに保存し、2つ目のセルを実行すればこのファイルから変数multi_embedding_dataにデータを読み込みます。保存したファイルはダウンロードして保管しておくと良いでしょう。

似ているイメージを検索する

では、イメージとイメージのセマンティック検索を行いましょう。新しいセルを用意し、以下のコードを記述して下さい。

リスト10-16

```
import json
from IPython.display import display, HTML

accept = 'application/json'
contentType = 'application/json'

target = "sample.png" # @param {type:"string"}
target_b64 = getBase64(target)
embedded = getMultiVec(target_b64)

cos_data = []

for item in multi_embedding_data:
  calc = cosineSimilarity(embedded, item['vector'])
  cos_data.append({"value":calc, "file":item['file']})

sorted_data = sorted(cos_data, key=lambda x: x['value'], reverse=True)

path =sorted_data[0]['file']
b64 = getBase64(path)

print('prompt: ' + target)
print('file: ' + path)
img_code = f'<img src="data:image/png;base64,{b64}">'
display(HTML(img_code))
```

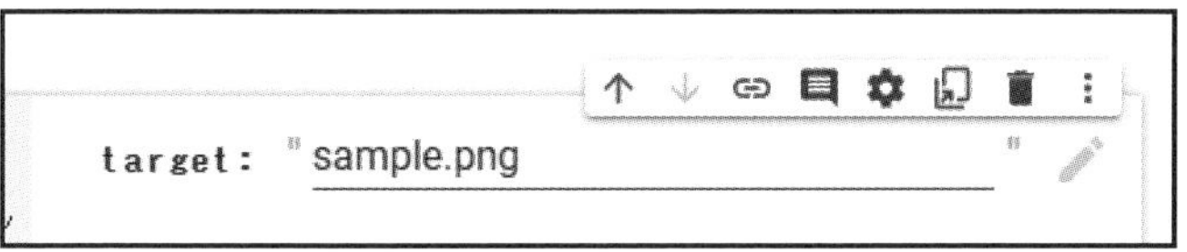

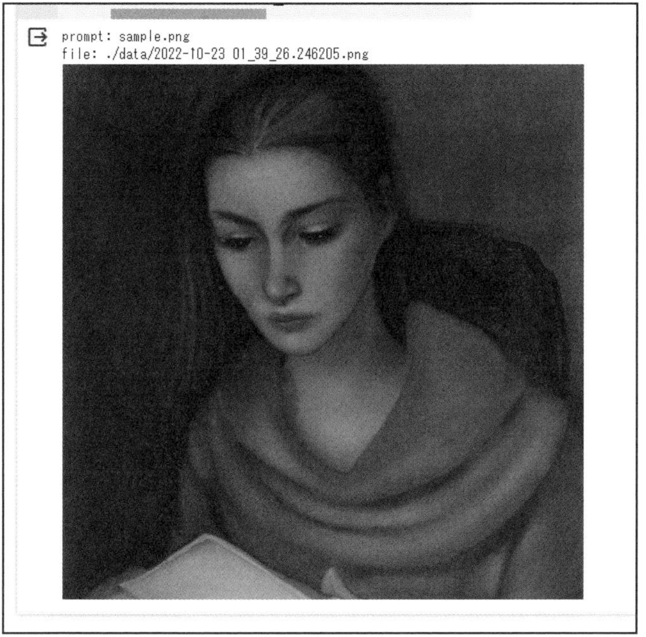

図 10-12　ファイル名を記入し実行すると、もっとも似ているイメージが表示される。

完成したら動作を確認しましょう。入力フィールドに、調べたいイメージファイルのファイル名を記入し、実行します。すると、「data」フォルダにあるイメージの中から、もっとも似ているものを検索して表示します。

既にベクトルデータからコサイン類似度を計算してもっとも値の大きいものを得る処理の基本は説明済みですから、コードをよく読めばやっていることはわかるでしょう。またイメージの表示はHTMLとdisplayを利用していますが、これも既に説明してありますね。

既にさまざまな機能について皆さんは学んでいます。落ち着いてコードを調べていけば、このぐらいのものはだいたい理解できるようになっていますよ。

テキストでイメージを検索する

これでイメージの類似度を調べることはできるようになりました。今度は「テキストとイメージの類似度」を調べてみましょう。つまり、テキストを使って「data」フォルダの名から欲しいイメージを取り出そう、というわけです。

これには、テキストのEmbeddingを取得する処理を用意する必要があります。前に、Titan Embeddings G1-Textモデルでテキストの Embeddingを行いましたが、これは使えません。Embeddingで得られたベクトルデータを比較するためには、同じEmbeddingモデルでベクトルデータを生成する必要があります。

では、新しいセルを追加して以下のコードを実行して下さい。

リスト10-17

```
def getMultiVec2(p):
  modelId = 'amazon.titan-embed-image-v1'

  body = json.dumps({
    "inputText": p
  })
  response = runtime_client.invoke_model(
    body=body,
    modelId=modelId
  )
  response_body = json.loads(response.get('body').read())
  return response_body['embedding']
```

ここでは、getMultiVec2としてプロンプトでEmbeddingを生成する関数を作成しておきました。これで2つのEmbedding用関数が用意できました。イメージをEmbeddingするならgetMultiVec、テキストでするならgetMultiVec2を呼び出せばいいわけですね。

プロンプトでイメージを検索する

では、新しいセルを作成してイメージ検索のコードを記述しましょう。以下のようになります。

リスト10-18

```
import json
from IPython.display import display, HTML

accept = 'application/json'
contentType = 'application/json'

prompt = "ukiyoe girl." # @param {type:"string"}
embedded = getMultiVec2(prompt)

cos_data = []
```

```
for item in multi_embedding_data:
  calc = cosineSimilarity(embedded, item['vector'])
  cos_data.append({"value":calc, "file":item['file']})

sorted_data = sorted(cos_data, key=lambda x: x['value'], reverse=True)

path =sorted_data[0]['file']
b64 = getBase64(path)

print('prompt: ' + target)
print('file: ' + path)
img_code = f'<img src="data:image/png;base64,{b64}">'
display(HTML(img_code))
```

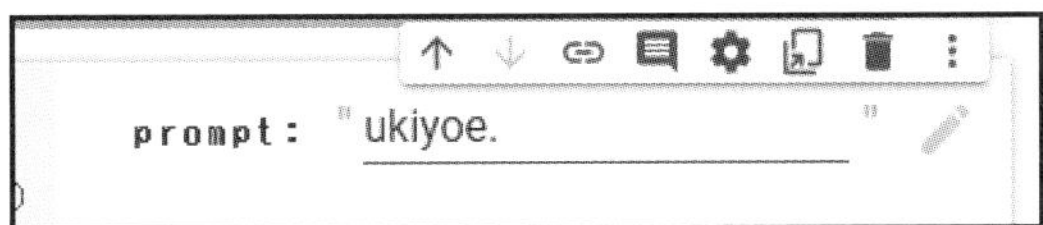

図 10-13 テキストでイメージを検索する。「ukiyoe（浮世絵）」で検索すると、それっぽいものが表示された。

記述したら、入力フィールドに表示させたいイメージの内容を記述してセルを実行して下さい。そのプロンプトに一番近いイメージが表示されます。

動作を確認したら、いろいろとプロンプトを変えて、どのようなイメージが選ばれるか試してみましょう。意外と的確にイメージを選択できるのがわかりますよ。

prompt: " water painting. "

図 10-14 「water painting（水彩画）」と入力すると、水彩画のイメージが表示された。

マルチモーダルの時代は、もうすぐ！ Column

ここでは、マルチモーダルのEmbeddingについて説明をしました。が、では「普通のテキストやイメージの生成モデルには、マルチモーダルはないのか？」と思ったかもしれません。

実は、あります。OpenAIが開発するGPT-4 turboでは、テキストにメディアを追加してテキストを生成できるようになっています。またGoogleが2023年12月に発表した「Gemini」は、最初からテキスト・イメージ・動画・音声といったさまざまなメディアでモデルを訓練しており、完全なマルチモーダルモデルとして設計されています。

Bedrockでは、まだEmbeddingでマルチモーダルが使われているだけですが、近い将来、マルチモーダルは生成AIの主流となることでしょう。

Embeddingはもう１つの生成モデル

以上、Embeddingモデルを使ったさまざまな検索について説明しました。おそらく、皆さんの多くは、本書を開くまで「Embeddingモデル」というものなど耳にしたことがなかったのではないでしょうか。

テキスト生成モデルは、既に広く知られており、ChatGPTなど多くの人がそのサービスを利用しています。けれど、Embeddingモデルの存在は、ほとんど知られていません。

このモデルは、そのままでは利用することができません。利用して得られた結果(ベクトルデータ)を元に、自分で必要な処理を行うプログラムを作って利用するものだからです。

しかし、だからといって「Embeddingモデルは大して重要じゃない、取るに足らないモデルだ」とは考えないで下さい。考えようによっては、これは一般のテキスト生成モデルよりも役に立つかもしれないのですから。

一般のテキスト生成モデルは、良くも悪くも「ただテキストをやり取りするだけ」です。マルチモーダルが登場し、テキストとメディアを同時に送れるように進化したモデルも出てきていますが、基本的には「こちらから情報を送ると、その応答が返って来る」というだけのものです。その間の処理部分に我々は介入することができません。モデルから得られた結果を、ただ黙って受け取るだけです。

Embeddingモデルは、さまざまなコンテンツを抽象化します。これは、得られた結果をただ受け取るのではなく、その結果をいかに活用するかにかかっています。プログラムを作る側のアイデアとセンス次第でさまざまなプログラムを生み出せるのです。

ここでは、ごく初歩的なセマンティック検索の例を作成しました。これがどういう働きをするものかは、おそらくわかってきたことでしょう。後は、あなた次第です。この技術をどう活用できるか、じっくりと考えて活用して下さい。

Index

索引

記号

A

B

C

D

E

F

G

H

I

J

L

M

N

O

P

Q

R

S

T

U

V

W

あ行

か行

さ行

た行

な行

は行

ま行

や行

ら行

わ行

著者紹介

掌田 津耶乃（しょうだ　つやの）

日本初のMac専門月刊誌「Mac+」の頃から主にMac系雑誌に寄稿する。ハイパーカードの登場により「ビギナーのためのプログラミング」に開眼。以後、Mac、Windows、Web、Android、iPhoneとあらゆるプラットフォームのプログラミングビギナーに向けた書籍を執筆し続ける。

■近著

「Next.js超入門」(秀和システム)
「Google Vertex AIによるアプリケーション開発」(ラトルズ)
「プログラミング知識ゼロでもわかるプロンプトエンジニアリング入門」(秀和システム)
「Azure OpenAIプログラミング入門」(マイナビ出版)
「Python Django 4 超入門」(秀和システム)
「Python/JavaScriptによるOpen AIプログラミング」(ラトルズ)
「Node.js超入門 第4版」(秀和システム)

●著書一覧

http://www.amazon.co.jp/-/e/B004L5AED8/

●ご意見・ご感想の送り先

syoda@tuyano.com

Amazon Bedrock超入門

発行日　2024年　3月　9日　　第1版第1刷

著　者　掌田　津耶乃

発行者　斉藤　和邦
発行所　株式会社　秀和システム
〒135-0016
東京都江東区東陽2-4-2　新宮ビル2F
Tel 03-6264-3105（販売）Fax 03-6264-3094
印刷所　三松堂印刷株式会社

ISBN978-4-7980-7192-3 C3055